高等职业教育“十三五”规划教材

计算机应用基础项目教程

主 编 喻 瑗 汪 婧

副主编 付金谋 黄爱梅

電子工業出版社

Publishing House of Electronics Industry

北京 · BEIJING

内 容 简 介

本书分 6 个项目，采用“项目化”教学为导向，将计算机基础知识、Windows 7 基本应用、Word 2010 的应用、Excel 2010 的应用、Powerpoint 2010 的应用、Internet 的基本应用等相关知识和技能融入每一个项目中。

本书侧重于计算机基础应用知识的实用性，项目选取恰当，适合高职高专院校的“计算机应用基础”课程教学，也适合计算机初学者自学参考。

未经许可，不得以任何方式复制或抄袭本书之部分或全部内容。
版权所有，侵权必究。

图书在版编目（CIP）数据

计算机应用基础项目教程 / 喻瑗，汪婧主编. —北京：电子工业出版社，2019.9

ISBN 978-7-121-36913-1

Ⅰ. ①计… Ⅱ. ①喻… ②汪… Ⅲ. ①电子计算机－高等学校－教材 Ⅳ. ①TP3

中国版本图书馆 CIP 数据核字（2019）第 122747 号

责任编辑：胡辛征
印　　刷：三河市良远印务有限公司
装　　订：三河市良远印务有限公司
出版发行：电子工业出版社
　　　　　北京市海淀区万寿路 173 信箱　邮编　100036
开　　本：787×1 092　1/16　印张：11.25　字数：288 千字
版　　次：2019 年 9 月第 1 版
印　　次：2020 年 10 月第 3 次印刷
定　　价：42.00 元

凡所购买电子工业出版社图书有缺损问题，请向购买书店调换。若书店售缺，请与本社发行部联系，联系及邮购电话：（010）88254888，88258888。

质量投诉请发邮件至 zlts@phei.com.cn，盗版侵权举报请发邮件至 dbqq@phei.com.cn。

本书咨询联系方式：peijie@phei.com.cn。

前　　言

随着信息技术的发展及网络通信技术的日新月异，计算机的应用能力已经成为信息社会人才必备的基本素质之一，是当代大学生适应学习和工作必不可少的基本技能。

本书为适应和满足高职高专教育发展的需要，根据教育部制定的《全国高职高专计算机基础课程教学基本要求》，遵循高职高专教育人才培养目标及要求，结合高职高专院校计算机基础课程教学改革的最新动向和当前计算机技术发展的最新成果编写而成。

本书采用项目化案例，每一个项目都结合了学习和工作实际，实用性较强，且案例操作步骤清晰明了，便于学生巩固练习。

本书由喻瑗、汪婧担任主编，付金谋、黄爱梅担任副主编。参加本书编写的人员长期从事高职高专计算机应用基础的课程教学，教学经验丰富，每一个项目都是根据实践经验的总结。

由于时间仓促，书中难免有疏漏和不妥之处，敬请广大读者批评指正。

编　者

目　录

项目一　选购适用的计算机

项目目标

- 了解计算机系统的组成。
- 了解计算机的硬件系统组成和软件系统组成。
- 能在计算机市场选购自己合适的微型计算机。
- 了解 Windows 的桌面、窗口、菜单、任务栏等概念。
- 了解计算机的 CPU、内存、硬盘、主板、显卡等重要部件的查验。

任务 1　选购适用的计算机

情景描述

新生小王入校不久，为更好地学习计算机基础课程和适应专业课的需求，需要购买一台笔记本计算机，小王的父母希望所购计算机的总价控制在 5000 元左右，那么怎么来选购一台性价比较高的笔记本计算机呢？我们需要了解计算机的系统组成，计算机的主要性能指标等情况，比较市场上在售品牌笔记本计算机的主流配置等。

相关知识与技能

一、计算机系统

计算机系统由硬件系统与软件系统两大部分组成，如图 1-1 所示。

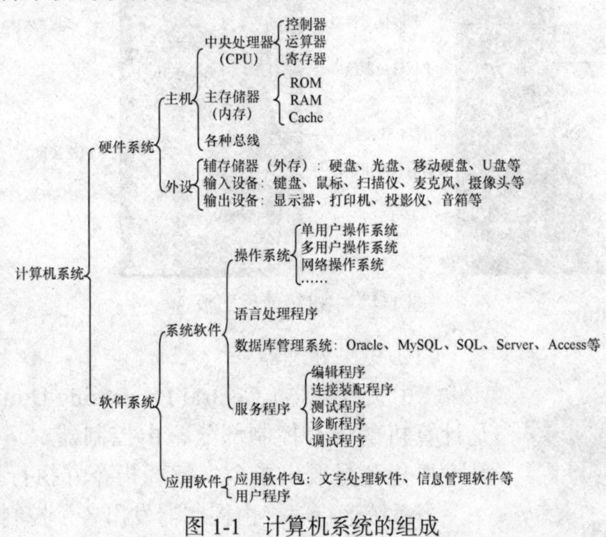

图 1-1　计算机系统的组成

（1）硬件

硬件是指实际的物理设备，组装好的计算机如图 1-2 所示，计算机硬件基本组成包括运算器、控制器、存储器、输入设备和输出设备 5 大基本部件（见图 1-3）。

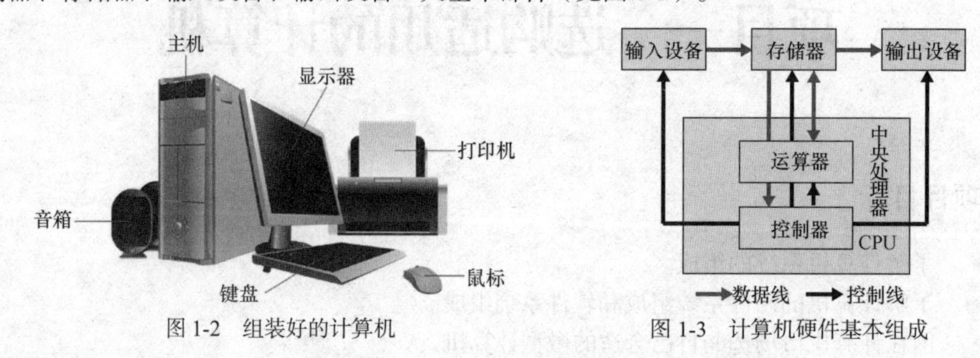

图 1-2　组装好的计算机　　图 1-3　计算机硬件基本组成

（2）软件

软件是指实现算法的程序和相关文档，包括计算机运行所需的系统软件和用户完成特定任务所需的应用软件。

计算机硬件和软件相辅相成，缺一不可。硬件是计算机系统工作的物理实体，是基础；软件控制硬件的运行，发挥硬件的功能。有了这两者，计算机才能正常地开机与运行。没有软件的计算机被称为“裸机”。

二、计算机硬件系统

计算机硬件系统分为主机和外部设备两部分。

1．主机

主机是计算机硬件系统的核心。在主机的内部包含 CPU、内存、主板、显卡、电源、硬盘、光驱等部件，它们共同决定了计算机的性能。

在主机箱的前后面板上通常会配置一些设备接口、按键和指示灯等，如图 1-4 所示。

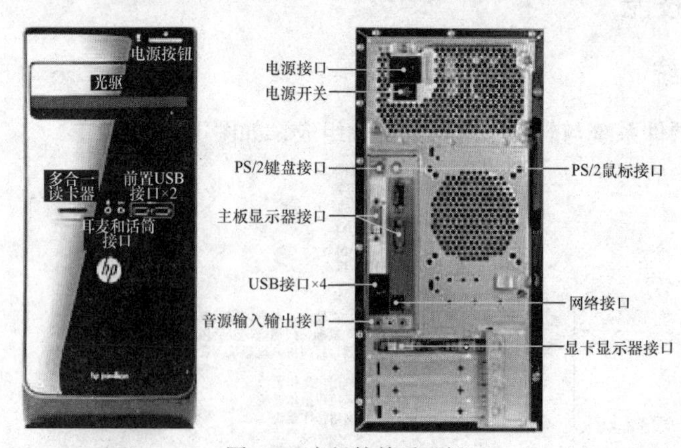

图 1-4　主机箱前后面板

（1）中央处理器

图 1-5　常见的 CPU

①中央处理器（Central Processing Unit，CPU）（见图 1-5）是计算机的核心控制部分，由控制器、运算器和寄存器组成，其主要任务是取出指令、解释指令并执行指令。

当系统运行时，由控制器发出各种控制信号，指挥系统的各个部分有条不紊地协调工作。

运算器又称为算术逻辑部件（Arithmetic Logic Unit，ALU），在计算机中执行加、减、乘、除算术运算，以及与、非、或、移位等逻辑运算。

寄存器是处理器内部的暂存单元，用来存放正在进行解释的指令或正在运算的数据。

②衡量处理器性能的主要指标如下。

- 核心数：目前 CPU 基本上都提供多个核心，即在一个 CPU 内包含两个或多个运算核心，每个核心既可独立工作，也可协同工作，使 CPU 性能在理论上比单核强劲一倍或数倍。
- 主频：即时钟频率。主频通常代表 CPU 的运算速度，在核心数相同的情况下，主频越高，CPU 性能越好。
- 总线：是内存和 CPU 之间传输数据的通道，前端总线越高，CPU 和内存之间传送数据的速度越快，计算机性能越好。
- 高速缓存：高速缓存指可以进行高速数据交接的存储器，先于内存与 CPU 交换数据用来暂时存储 CPU 要读取的数据，解决 CPU 运算速度与内存读写速度不匹配的矛盾，因此，其对 CPU 性能的影响非常大。目前，CPU 的高速缓存主要有一级缓存（L1 Cache）和二级缓存（L2 Cache）。
- 字长：CPU 在单位时间内（同一时间）能一次处理的二进制数的位数。字长越长，计算机的运算速度就越快，运算精度就越高，计算机的功能就越强。

（2）存储器

存储器是计算机中“记忆”、存储程序和数据的部件，分为内存储器（主存储器）和外存储器（辅助存储器）。常见的内存如图 1-6 所示。

图 1-6　常见的内存

①内存储器（简称主存）用来存放正在运行的程序和数据，是 CPU 直接读取信息的地方。计算机在执行程序时，首先要把程序与数据调入内存，才能由 CPU 处理。内存储器存取数据的速度快，但存储容量小。包括随机存储器（Random Access Memory，RAM）、只读存储器（Read Only Memory，ROM）和高速缓冲存储器（Cache）。

- RAM 是随机存储器，可读可写，当机器电源关闭时，存于其中的数据就会丢失，一般用来存放用户的程序和数据。
- ROM 是只读存储器，只能读出，不能写入。信息一旦写入其内，数据就不会因机器掉电而丢失，从而可以永久保存。一般用来存放系统程序和数据。

因为 CPU 读写 RAM 的时间需要等待，为了减少等待时间，在 RAM 和 CPU 间需要设置高速缓存 Cache，断电后其内容丢失。

②外部存储器是存放程序和数据的“仓库”，可以长时间地保存大量信息。与内存相比，外存的存储容量要大得多，但外存的访问速度远比内存要慢。

③衡量内存性能的主要指标如下。

- 存储容量。容量是评判内存性能的基本指标之一。其容量越大，内存可一次性加载的数据也越多，从而有效减少 CPU 从外存调取数据的次数，提高 CPU 的工作效率和计算机整体性能。计算机内外存储器的容量是用字节（Byte，简写为 B）来计算和表示的，除 B 外，还常用 KB、MB、GB、TB 作为存储容量的单位。其换算关系为：1KB（千字节）= 1024B，lMB（兆字节）= 1024KB，1GB（吉字节）= 1024MB，1TB（太字节）= 1024GB。存储容量的最小单位为位（bit），1B = 8bit。
- 内存主频：内存主频代表了内存所能达到的最大工作频率。一般来说，内存主频越大，内存所能达到的速度就越快。

（3）主板

计算机主机所有的内部部件都是由专门的数据线直接连接，或通过显卡、声卡、网卡等设备间接连接在主板上面的。主板（Mainboard 或 Motherboard，MB）上最显眼的是一排排的插槽，呈黑色和白色，长短不一。声卡、显卡、内存条等设备就是插在这些插槽里与主板联系起来的，它们也可以直接集成在主板上。常见的计算机主板如图 1-7 所示。

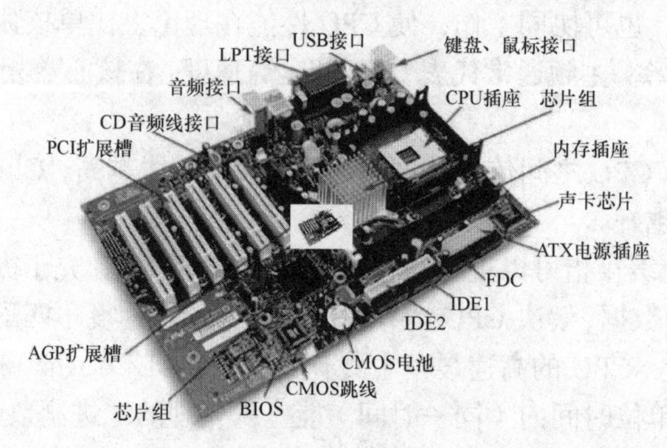

图 1-7　常见的计算机主板

（4）总线

为了实现 CPU、存储器和外部设备的连接，计算机系统采用总线结构，用于在多个数字部件间传送信号。总线由控制总线、地址总线和数据总线组成，主要性能指标是总线宽度和传送速率。

①控制总线：用来传送控制器的各种控制信号，是双向总线。

②地址总线：用来传送存储单元或输入输出接口的地址信息。

③数据总线：用于在 CPU 与内存或输入输出接口间传送数据，是双向总线。

2．计算机外部设备

（1）外存储器

外存储器分为固定存储设备和移动存储设备，包括硬盘（见图 1-8）、光盘、U 盘、移动硬盘等。

①硬盘是计算机最主要的外存设备，固定在主机机箱内。它的存储量大，读写速度相对较快。通常所说的硬盘实际上是硬盘和硬盘驱动器的结合体。

图 1-8　硬盘

衡量硬盘性能的主要指标如下。

- 存储容量。
- 转速：硬盘转速是硬盘电机主轴的旋转速度，即硬盘磁片在单位时间内所能完成的最大转速。硬盘转速越大，读取数据的速度就越快，传输效率就越高，整体性能就越好。

②光盘是外存中对硬盘的补充，用来存储需备份或移动的数据。常见的光盘分为 CD 和 DVD 两种类型，或者分为只读光盘和刻录光盘。光盘内数据的读写需通过光盘驱动器（简称光驱）进行，大多数计算机都配备有光驱。

③U 盘也称闪盘，接口是 USB，使用时不必外接电源，且可在计算机开机状态下进行热插拔和快速读写数据，方便在不同的计算机间进行数据传输，可移动存储。

④移动硬盘具有存储容量大的优点，并且具有可热插拔的 USB 等数据连接接口，可移动存储。

（2）输入设备

输入设备接收用户输入的数据（含多媒体数据）、程序或命令，然后将它们经设备接口传送到计算机的存储器中。常见的输入设备有键盘、鼠标、扫描仪，以及声音、图像识别设备等。

（3）输出设备

输出设备将程序运行结果或存储器中的信息传送到计算机外部，提供给用户。常见的输出设备有显示器、打印机、音频输出设备和绘图仪等。

三、计算机软件系统

计算机软件指在硬件设备上运行的各种程序、数据以及有关的资料，包括系统软件和应用软件两大部分（见图 1-9）。操作系统就是典型的系统软件，应用软件必须在操作系统之上才能运行。

1. 系统软件

系统软件是指管理、监控和维护计算机资源（包括硬件和软件）的软件。常见的系统软件有操作系统、语言处理程序以及各种工具软件和数据库管理系统等。

（1）操作系统

操作系统是现代计算机必须配备的系统软件。它是计算机正常运行的指挥中心，是用户和计算机之间的接口，是最基本的系统软件，是所有系统软件的核心，也是其他系统软件和应用软件能够在计算机上运行的基础。它能控制和有效管理计算机系统的所有软硬件资源，能合理组织整个计算机的工作流程，为用户提供高效、方便、灵活的使用环境。

操作系统有 6 个组成部分：进程管理、存储管理、设备管理、文件管理、程序接口和用户界面；包括 5 大管理功能：处理机管理、存储管理、设备管理、文件管理、作业管理。

操作系统除了 Microsoft 公司出品的 Windows 以外，常见的还有 DOS、Linux、UNIX、Mac OS、OS/2 等操作系统。本书所涉及的、重点讲解的操作系统软件为 Microsoft Windows 7，如图 1-10 所示。

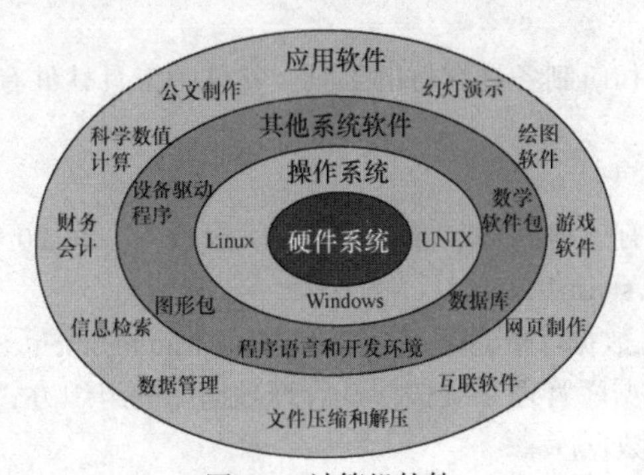

图 1-9 计算机软件

图 1-10 Windows 7 启动画面

①按用户数目分，操作系统可分为单用户操作系统和多用户操作系统。

②按使用环境分，操作系统可分为批处理操作系统、分时操作系统和实时操作系统。

③按硬件结构分，操作系统可分为网络操作系统、分布式操作系统和多媒体操作系统。

（2）语言处理程序

①程序设计语言。

程序设计语言就是用户用来编写程序的语言，它是人与计算机之间交换信息的工具。一般可分为机器语言、汇编语言和高级语言 3 类。

- 机器语言。机器语言是一种用二进制代码“0”和“1”形式表示的、能被计算机直接识别和执行的语言。因此，机器语言的执行速度快，但它的二进制代码会随 CPU 型号的不同而不同，且不便于人们的记忆、阅读和书写，所以通常不用机器语言来编写程序。
- 汇编语言。汇编语言是一种使用助记符表示的面向机器的程序设计语言。每条汇编语言的指令对应一条机器语言的代码，不同型号的计算机系统一般有不同的汇编语言。

由于计算机硬件只能识别机器指令，用助记符表示的汇编指令是不能执行的。所以要执行汇编语言编写的程序，必须先用一个程序将汇编语言翻译成机器语言程序，用于翻译的程序称为汇编程序。用汇编语言编写的程序称为源程序，翻译后得到的机器语言程序称为目标程序。

- 高级语言。机器语言和汇编语言都是面向机器的语言，一般称为低级语言。由于它们对机器的依赖性大，程序的通用性差，要求程序员必须了解计算机硬件的细节，因此它们只适合计算机专业人员。

为了解决上述问题，满足广大非专业人员的编程需求，高级语言应运而生。高级语言是一种比较接近自然语言（英语）和数学表达式的计算机程序设计语言，其与具体的计算机硬件无关，易于人们接受和掌握。常用的高级语言有 C 语言、Visual C++、Visual Basic、Java 等。

但是，任何高级语言编写的程序都要翻译成机器语言程序后才能被计算机执行。与低级语言相比，用高级语言编写的程序的执行时间和效率要差一些。

②语言处理程序。

把程序设计语言翻译成计算机能够识别并正常运行的软件就是语言处理程序。

用高级语言编写的程序称为高级语言源程序，高级语言源程序必须先翻译成机器语言目标程序后计算机才能识别和执行。高级语言翻译的执行方式有编译方式和解释方式两种。

- 编译方式是用相应语言的编译程序将源程序翻译成目标程序，再用连接程序将目标程序与函数库连接，最终成为能够在计算机上运行的可执行程序。

- 解释方式是通过相应的解释程序将源程序逐句翻译成机器指令，并且是每翻译一句就执行一句。解释程序不产生目标程序，执行过程中如果不出现错误，就一直进行到完毕，否则将在错误处停止执行。

（3）工具软件

工具软件有时又称为服务软件，它是开发和研制各种软件的工具。常见的工具软件有诊断程序、调试程序、连接装配程序和编辑程序等。

（4）数据库管理系统

数据处理是计算机应用的重要方面，为了有效地利用、保存和管理大量数据，在 20 世纪 60 年代末人们开发出了数据库系统（Data Base System，DBS）。

一个完整的数据库系统由数据库（DB）、数据库管理系统（Data Base Management System，DBMS）和用户应用程序 3 部分组成。其中数据库管理系统按照其管理数据库的组织方式分为 3 大类：关系型数据库、网络型数据库和层次型数据库。

目前，常用的数据库管理系统有 Access、SQL Server、MySQL、Oracle 等。

2．应用软件

应用软件是指除了系统软件之外的所有软件，它是用户利用计算机及其提供的系统软件为解决各种实际问题而编制的计算机程序，如办公软件 Office、图像处理软件 Photoshop、工程绘图软件 AutoCAD、杀毒软件 360、下载管理软件迅雷、压缩/解压缩软件 WinRAR、网络聊天软件 QQ 等。

任务实施

步骤 1：确定经济预算，明确计算机用途。笔记本计算机就目前的配备而言，因其种类、功能不同，价格有所不同。一般用途包括文书管理、资料处理、网际网络、公司简报、绘图排版、动画制作、音乐编辑、多媒体应用、玩游戏等。因此在选购笔记本计算机时，应该尽量针对自己的具体需求，发挥产品的最大功效，不要过于追求性能强劲的机型。如果平时只是用来看电影、浏览网页，则主流价位的笔记本计算机完全能够满足需要。如果平时用来处理视频、音频、图片并且比较频繁，则要选择一款处理器强劲的笔记本计算机。

步骤 2：了解笔记本计算机的市场行情，考虑笔记本计算机品牌（服务、路程远近、外形和口碑等），有针对性地比较品牌产品主流配置，选择合适的机型（5 种左右）。计算机功能的强弱或性能的好坏，不仅仅取决于某项指标，而是由它的系统结构、指令系统、硬件组成、软件配置等多方面因素综合决定的，各项指标之间也不是彼此孤立的。在实际选购时，应该综合考虑各项指标，并且遵循“性能价格比”的原则。

（1）CPU 的选择

主要看核心数、线程数、主频、缓存。核心数和线程数越多，在运行多任务时处理速度就越快；在相同核心数下，主频越高，运算速度越快；缓存级数越多，容量越大，CPU 与内存之间的读写速度越快。好的 CPU 决定了整机运算速度和整体性能的发挥。CPU 主要有 AMD 和 Intel 两款，AMD 在三维制作、游戏应用和视频处理等方面突出，而 Intel 在商业应用、多媒体应用、平面设计等方面有优势。同档次的，Intel 综合性能更有优势，但价格比 AMD 贵。

（2）内存的选择

系统物理内存的容量对于一台机器的性能有很大的影响，特别是运行一些大型程序和多窗口任务的时候，内存的容量就显得十分重要。内存储器容量的大小反映了计算机即时存储信息的能力。内存容量越大，系统功能就越强大，能处理的数据量就越庞大。随着操作系统的升级，应用软件的不断丰富及其功能的不断扩展，人们对计算机内存容量的需求也不断提高。目前，内存的选择有 2GB、4GB、8GB 等，以保证 Windows 7 及以上版本操作的流畅度。若用户日常使用，内存选择 4 GB，玩游戏则选择 8GB。和 CPU 一样，内存也有自己的工作频率，内存主频决定着该内存最高能在什么样的频率正常工作，内存主频越高在一定程度上代表着内存所能达到的速度越快。目前主流的内存频率为 DDR3-1600MHz。内存条品牌主要有金士顿（Kingston）、威刚（ADATA）、海盗船（Corsair）、三星（SAMSUNG）等。

（3）硬盘的选择

速度、容量、安全性一直是衡量硬盘的最主要的三大因素。硬盘容量越大，存储数据就越多。转速也是一个很重要的参数，转速越高，数据传输率就越快。硬盘的种类有 HDD（机械硬盘）、SSHD（混合硬盘）、SSD（固态硬盘）。SSD 相对 HDD 速度快、热量低、价格高。硬盘品牌有希捷、西部数据、三星等。

（4）显卡的选择

显卡是计算机进行数模信号转换的设备，具备图像处理能力，承担输出显示图形的任务，可协助 CPU 工作，提高整体运行速度。笔记本计算机的显卡分为集成显卡和独立显卡两类，集成显卡与主板融为一体。独立显卡的性能比集成显卡好。影响独立显卡性能的主要指标是显存，显存越大，显卡性能越好。如果只是用于图文处理和日常上网浏览，选择集成显卡完全够用，不仅价格便宜，而且更加省电。若用于游戏或更高要求的图形显示，则应该选购独立显卡，以提升计算机的图形显示性能，但会增加整机购买成本。显卡品牌有 AMD、英伟达（Nvidia）、蓝宝石、影驰等。

（5）主板的选择

依照支持 CPU 类型的不同，主板产品可分为 AMD 和 Intel 两个平台，不同的平台决定了主板的不同用途。AMD 平台的性价比优势明显，非常受主流用户的青睐，适合普通用户日常应用。而 Intel 平台，则具备很高的稳定性，而且平台性能相对 AMD 而言也有明显的优势，比较适合游戏玩家或图形设计者，以及运算性能要求强劲的用户。主板品牌有华硕、技嘉、微星等。

任务2 所购计算机的查验

情景描述

小王所购计算机已到货，如何查验所购计算机与购买合同上所约定的机型配置相同呢？先根据单据（票据），查验计算机外包装品牌、型号及配置说明，查验无误后开机，对计算机外观进行检测与验收。然后结合开机时的显示信息，查验计算机的 CPU、内存、硬盘、主板、显卡等，对计算机进行检测与验收。

相关知识与技能

一、Windows 7 启动

步骤 1：打开显示器电源，再打开主机电源。

步骤 2：经过一段时间的启动过程，计算机进行自检，并显示相应信息。

步骤 3：系统显示用户登录界面。对于没有设置密码的用户，只需要单击相应的用户图标，即可顺利登录；对于设置了密码的用户，单击相应的用户图标时，会弹出密码框，输入正确密码后按 Enter 键确认，方可进行登录。

登录后，将进入 Windows 7 桌面。

二、Windows 7 的视窗元素

1．Windows 7 桌面

启动 Windows 7 后，屏幕显示如图 1-11 所示，Windows 的屏幕被形象地称为桌面，就像办公桌的桌面一样，启动一个应用程序就好像从抽屉中把文件取出来放在桌面上。

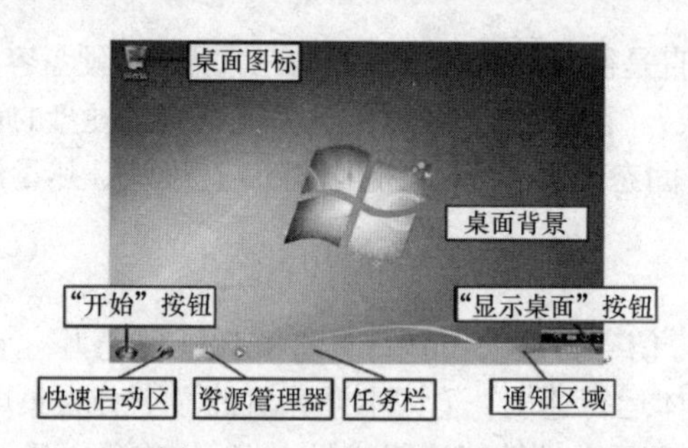

图 1-11　Windows 7 的桌面

初次启动 Windows 7 时，桌面的左上角只有一个“回收站”图标，以后根据用户的使用习惯和需要，也可以将一些常用的图标放在桌面上，以便快速启动相应的程序或打开常用文件。

（1）桌面背景

桌面背景是指 Windows 7 桌面的背景图案，又称为桌布或墙纸，可以根据自己的喜好更改桌面的背景图案。

（2）桌面图标

桌面图标由一个形象的小图标和说明文字组成，图标作为它的标识，文字则表示它的名称或功能。在 Windows 7 中，各种程序、文件、文件夹以及应用程序的快捷方式等都用图标来形象地表示，双击

这些图标就可以快速地打开文件、文件夹或者应用程序，如图 1-12 所示。

（a）系统图标

（b）应用程序快捷方式图标

（c）文件夹、文件图标

图 1-12　桌面图标

（3）任务栏

任务栏是桌面最下方的水平长条，主要由“开始”按钮、“程序按钮区”“通知区域”和“显示桌面”按钮 4 部分组成，如图 1-13 所示。

图 1-13　任务栏

①开始按钮。单击任务栏最左侧的“开始”按钮可以弹出“开始”菜单。“开始”菜单是 Windows 7 系统中最常用的组件之一。

②程序按钮区。程序按钮区主要放置的是已打开窗口的最小化图标按钮，单击这些图标按钮就可以在不同窗口间进行切换。用户还可以根据需要，通过拖动操作重新排列任务栏上的程序按钮。

③通知区域。通知区域位于任务栏的右侧，除了系统时钟、音量、网络和操作中心等一组系统图标按钮之外，还包括一些正在运行的程序图标按钮。

④“显示桌面”按钮。“显示桌面”按钮位于任务栏的最右侧，作用是可以快速显示桌面，单击该按钮可以将所有打开的窗口最小化到程序按钮区中。如果希望恢复显示打开的窗口，只需再次单击“显示桌面”按钮即可。

2. 菜单

Windows 操作系统的功能和操作基本体现在菜单中，只有正确使用菜单才能用好计算机。菜单有 4 种类型：开始菜单、控制菜单、标准菜单（指菜单栏中的菜单）和快捷菜单。

①“开始菜单”存放操作系统或设置系统的绝大多数命令，而且还可以使用安装到当前系统里面的所有程序。

②“控制菜单”提供还原、移动、调整大小、最大化、最小化、关闭窗口等功能。

③“标准菜单”是按照菜单命令的功能进行分类组织并分列在菜单栏中的项目，包括应用程序所有可以执行的命令。

④“快捷菜单”是针对不同的操作对象进行分类组织的项目，包含操作该对象的常用命令。

（1）开始菜单

开始菜单由“固定程序”列表、“常用程序”列表、“所有程序”菜单、“启动”菜单、“搜索”框和“关闭选项”按钮区组成，如图 1-14 所示。

“开始”菜单几乎包含了计算机中所有的应用程序，是启动程序的快捷通道。

（2）一些有关菜单的约定

- 灰色的菜单项表示当前菜单命令不可用。
- 后面有“▸”的菜单表示该菜单后还有子菜单。
- 后面有“…”的菜单表示单击它会弹出一个对话框。
- 后面有组合键的菜单表示可以在键盘上按组合键来完成相应的操作。
- 菜单之间的分组线表示这些命令属于不同类型的菜单组。
- 前面有“√”的菜单表示该选项已被选中，又称多选项，可以同时选择多项也可以不选。
- 前面有“•”的菜单表示该选项已被选中，又称单选项，只能选中且必须选中一项。

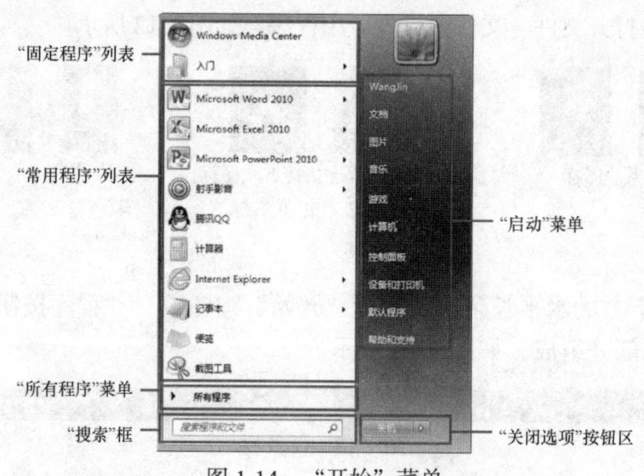

图 1-14 "开始"菜单

（3）菜单示例

图 1-15 所示是一些菜单的示例。

图 1-15 菜单示例

3. 窗口

当用户启动应用程序或打开文件、文件夹时，屏幕上将出现已定义的矩形工作区域，即窗口，操作应用程序大多数是通过窗口中的菜单、工具按钮、工作区或打开的对话框来进行的。因此，每个应用程序都有一个窗口，每个窗口都有很多相同的元素，但并不一定完全相同。

下面以"库"窗口为例介绍窗口的组成，如图 1-16 所示。

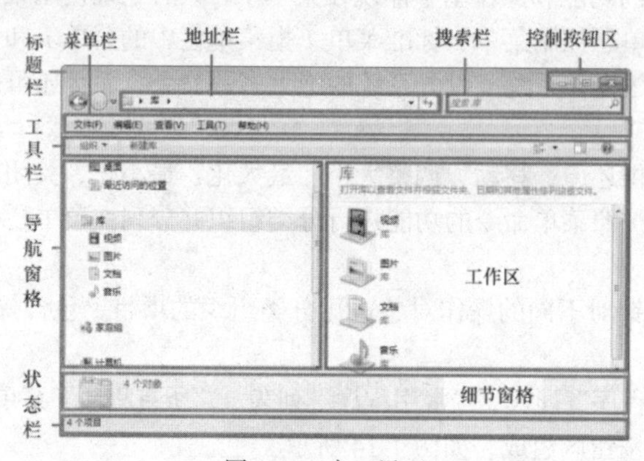

图 1-16 窗口界面

（1）标题栏

在 Windows 7 系统的窗口中，只呈现控制按钮区。控制按钮区有 3 个控制按钮，分别为"最小化"按钮、"最大化"按钮（当窗口最大化时，该按钮变为"向下还原"按钮）和"关闭"按钮。

①单击"最小化"按钮，窗口以图标按钮的形式缩放到任务栏的程序按钮区中。窗口最小化后，程序仍继续运行，单击程序按钮区的图标按钮可以将窗口恢复到原始大小。

②单击"最大化"按钮，窗口将放大到整个屏幕大小，可以看到窗口中更多的内容。此时"最大化"按钮变为"向下还原"按钮，单击"向下还原"按钮，窗口恢复成为最大化

之前的大小。

③单击“关闭”按钮，将关闭窗口或退出程序。

（2）地址栏

显示文件和文件夹所在的路径，通过它还可以访问因特网中的资源。将当前的位置显示为以箭头分隔的一系列链接。可以单击“后退”按钮和“前进”按钮，导航至已经访问的位置。

（3）搜索栏

将要查找的目标名称输入到“搜索”文本框中，按 Enter 键或者单击“搜索”按钮进行查找。

（4）菜单栏

菜单栏默认状态下是隐藏的，可以通过单击“组织”下拉菜单中的“布局”下的“标题栏”选项将其显示出来，如图 1-17 所示。菜单栏由多个包含命令的菜单组成，每个菜单又由多个菜单项组成。单击某个菜单按钮便会弹出相应的菜单，用户从中可以选择相应的菜单项来完成需要的操作。大多数应用程序菜单栏都包含“文件”“编辑”“帮助”等菜单。

（5）工具栏

工具栏由常用的命令按钮组成，单击相应的按钮可以执行相应的操作。命令按钮经常显示为没有任何文本或矩形边框的小图标（图片）。当鼠标指针停留在工具栏的某个按钮上时，按钮“点亮”并带有矩形框架，旁边显示该按钮的功能提示，如图 1-18 所示。有些工具按钮的右侧有一个下箭头按钮，则这个按钮是一个拆分按钮。单击该按钮的主要部分会执行一个命令，而单击箭头则会打开一个有更多选项的菜单。

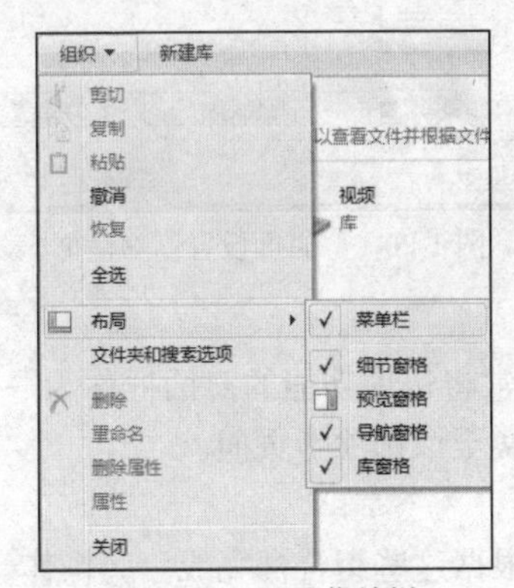

图 1-17 显示菜单栏

图 1-18 光标停留时显示按钮的功能提示

（6）导航窗格

导航窗格位于窗口工作区的左侧，可以使用导航窗格查找文件或文件夹，还可以在导航窗格中将项目直接移动或复制到新的位置。

（7）工作区

工作区是整个窗口中最大的矩形区域，用于显示窗口中的操作对象和操作结果。

另外，双击窗口中的对象图标也可以打开相应的窗口。当窗口中显示的内容太多时，就会在窗口的右侧出现垂直滚动条，单击滚动条两端的向上/向下按钮或者拖动滚动条，都可以使窗口中的内容垂直滚动。

（8）细节窗格

细节窗格位于窗口的下方，用来显示窗口的状态信息或被选中对象的详细信息。

（9）状态栏

状态栏位于窗口的最下方，主要用于显示当前窗口的相关信息或被选中对象的状态信息。可以通过选择“查看”菜单下的“状态栏”菜单项来控制状态栏的显示和隐藏，如图 1-19 所示。

4．对话框

在 Windows 中，当选择后面带有“…”的菜单命令时，会打开一个对话框。对话框是 Windows 和用户进行信息交流的一个界面，用于提示用户输入执行操作命令所需要的更详细的信息以及确认信息，也用来显示程序运行中的提示信息、警告信息，或者解释无法完成任务的原因。

不同的对话框，其组成元素也不相同。一个较典型的对话框是“页面设置”对话框，如图 1-20 所示。

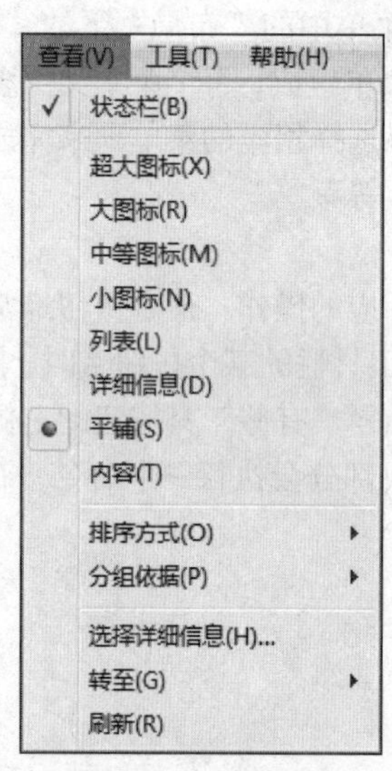

图 1-19　显示状态栏

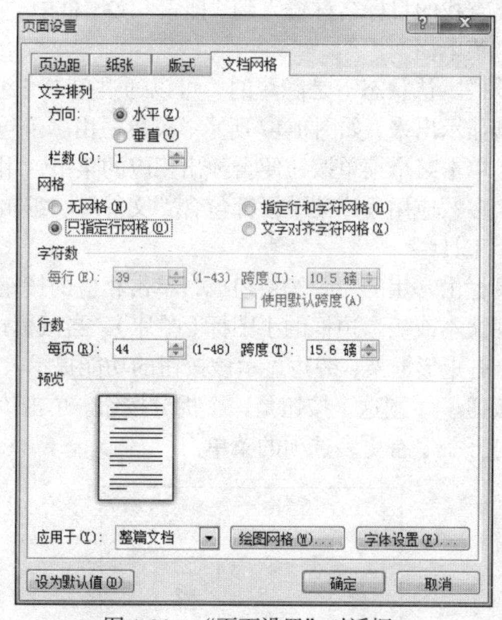

图 1-20　“页面设置”对话框

（1）选项卡

有些对话框包含多组内容，实现多项功能。通常将每项功能的对话框称为一个“选项卡”，用标签标识该项功能名称。单击选项卡标签可以切换至该选项卡页面。

（2）组合框

在选项卡中通常会有不同的组合框，用户可以根据这些组合框完成一些操作。

（3）单选按钮

即经常在组合框中出现的小圆圈，通常会有多个，但它们是彼此互斥的，用户只能选择其中的某一个。通过单击鼠标就可以在选中、非选中状态之间进行切换，被选中的单选按钮中间会出现一个实心的小圆点。

（4）复选框

即经常在组合框中出现的小正方形，与单选按钮不同的是，它们是彼此兼容的，在一个组合框中用户可以同时选中多个复选框。当某个复选框被选中时，在其对应的小正方形中会显示一个勾。

（5）文本框

用来接收用户输入信息的方框。

（6）下拉列表框

带下拉箭头（扩展按钮）的矩形框，其中显示的是当前选项，单击右侧的下拉箭头，会弹出列表以供选择。

（7）列表框

用列表的形式显示一组可用的选项，如果列表框中不能列出全部选项，可通过滚动条使其滚动显示。

（8）微调框

文本框与调整按钮组合在一起组成了微调框，如0.75 厘，用户既可以输入数值，也可以通过调整按钮来设置需要的数值。

（9）命令按钮

单击对话框中的命令按钮将执行一个命令。单击“确定”或“保存”按钮，则执行在对话框中设定的内容后关闭对话框；单击“取消”按钮，则表示放弃所设定的选项并关闭对话框；单击带省略号的命令按钮表示将打开一个新的对话框。

三、退出 Windows 7

1．正常退出 Windows 7

步骤 1：关闭所有正在运行的应用程序。

步骤 2：单击屏幕左下角的“开始”按钮，在“开始”菜单中单击“关机”按钮（见图 1-21）。如果有文件尚未保存，系统会提示保存后再进行关机操作。

图 1-21　退出 Windows 7

2．非正常退出 Windows 7

如果在使用计算机的过程中出现“死机”“蓝屏”“花屏”等情况，需要按住主机电源开关不放，直至计算机主机关闭。

3．暂时锁定计算机

如果短时间内不使用计算机，可不关机，让计算机进入睡眠或休眠状态。单击“开始”按钮，在“开始”菜单中单击“关机”选项，选择“睡眠”或“休眠”，以最小的能耗保证计算机处于锁定状态。

4．切换用户

Windows 7 支持多用户管理，如果要从当前用户切换到另一个用户，可以单击“开始”按钮，在“关机”按钮的关闭选项列表中单击“切换用户”选项（见图 1-21），选择其他用户即可。

四、查看计算机的配置

1．利用“属性”查看 CPU、内存、系统类型

右击桌面上的“计算机”图标，在打开的快捷菜单中选择“属性”项，在“系统”栏中查看 CPU、内存大小、操作系统类型（见图 1-22）。

2．利用“设备管理器”查看硬件配置

右击“计算机”图标，在打开的快捷菜单中选择“属性”项，再选择左栏中的“设备管理器”项，在弹出的窗口中罗列出了计算机上安装的各种硬件。单击某项设备左边的展开按钮，就可以查看该设备的具体信息（见图 1-23）。

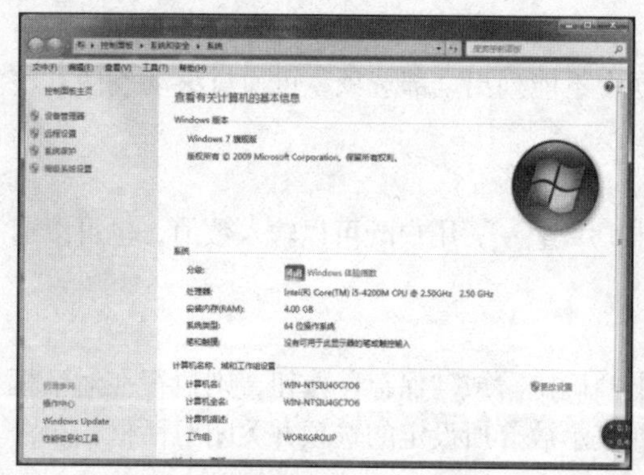

图 1-22　计算机“属性”查看硬件配置

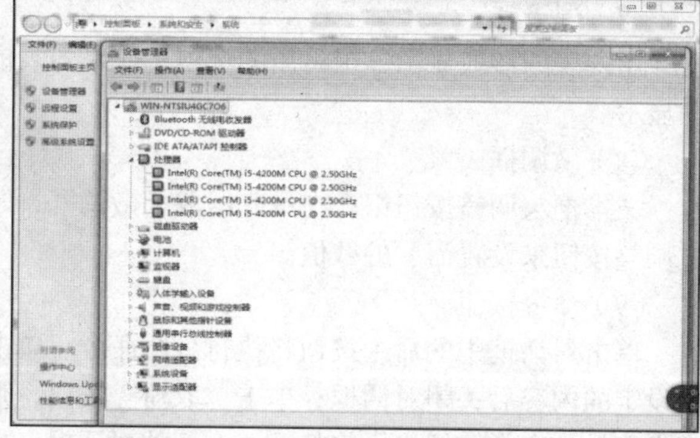

图 1-23　“设备管理器”查看硬件配置

3．利用 Windows 7 自带命令查看系统硬件配置

单击屏幕左下角的“开始”按钮，在“搜索运行”框中输入“DxDiag”，按回车键，打开“DirectX 诊断工具”窗口（见图 1-24），通过切换选项卡查看计算机系统、显卡、声卡等信息，并且可以将查看结果保存为 TXT 文件。

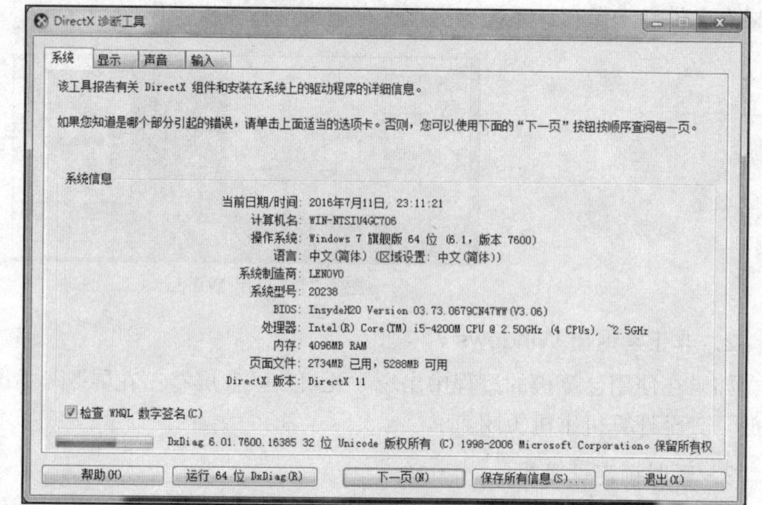

图 1-24　通过“DirectX 诊断工具”查看硬件配置

4．利用 Windows 7 自带命令检查电池

单击屏幕左下角的“开始”按钮，在“搜索运行”框中输入“cmd”，按回车键，打开命令窗口。在其中输入命令 powercfg－energy（见图 1-25），程序将自动开始对系统进行 60s 状态跟踪，并分析所获得的数据，然后给出报告（这个过程不要操作计算机）。在完成分析之后，会生成一个 HTML 网页文件报告在 c:\users\administrator 中，文件名为 energy-report.html。其中，关于电池信息的部分在报告最后。

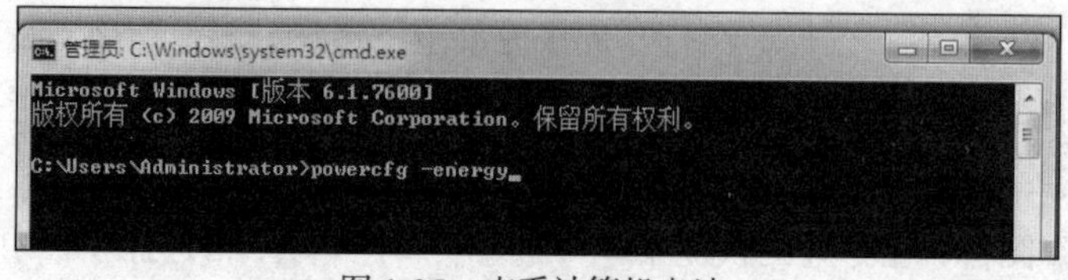

图 1-25　查看计算机电池

5. 利用工具软件查看系统硬件配置

Everest：全面检测硬件、软件系统信息。

鲁大师：硬件检测、温度管理、性能测试、驱动检测、清理优化。

笔记本计算机硬件检测工具免安装合集版：内含 CPU-Z 检测 CPU，MemTest 检测内存条，HDTune 检测硬盘，SuperPi 检测系统稳定性，Battery Mon 检测电池，NMT 检测显示屏。

任务实施

步骤 1：检查笔记本计算机外包装是否完整无损。如果条件允许，要求当场拆开包装。

一般笔记本计算机拆开包装后，里面还有电源适配器、相关配件、产品说明书、联保凭证（号码与笔记本编号相同）、保修证记录卡等。

步骤 2：核对标签上的序列号 SN，检查笔记本计算机的外观和屏幕。

①打开笔记本计算机外包装，检查笔记本计算机外包装箱上的序列号是否与机器机身上的序列号一致。机身上的序列号一般都在笔记本计算机机身的底座上，在查序列号的同时，还要检查其是否有被涂改、被重贴过的痕迹。检查笔记本计算机的外观是否有碰、擦、划、裂等伤痕，液晶显示屏（LCD）是否有划伤、坏点、波纹，螺丝是否有掉漆等现象。

②开机，进入笔记本计算机的 BIOS（如联想笔记本计算机，开机时按 F12 键），检查 BIOS 中的序列号和机身的序列号是否一致。

步骤 3：检查笔记本计算机电池。

新的笔记本计算机电池充电应该不超过 3 次，电量应该不高于 3%。而且一般试机的时候经销商都不会插入电池，而是直接接在电源插座上。电量太高或是充放电次数太多证明至少是被人用过的机器。进入笔记本计算机的电池管理软件可查看电池的已充电次数。

步骤 4：检查配件和赠品。

在购买时要认真检查盒内所附送的产品配件、附赠的操作系统与驱动程序等是否与说明书的配件包说明相同；还要检查承诺的赠品是否齐全，比如有的品牌赠送背包、U 盘、鼠标、内存等。

步骤 5：检查系统和接口。

开机，测试操作系统运行是否出现异常；多媒体播放音效、影像是否正常；USB 接口、音频输出接口、麦克风接口等是否正常；上网是否正常；散热风扇工作是否正常；笔记本计算机鼠标定位是否正常；充电是否正常；风扇噪声是否可以接受等。

步骤 6：检查发票、维修凭证及书面写明售后服务承诺。

无论是何种品牌，都必须考虑在笔记本计算机硬件方面，其维修是如何承诺的。注意问清售后服务期限、售后服务的具体内容、维修更换周期。一般来说，笔记本计算机多以 1 年免费更换部件，3 年有限售后服务为主，大多数产品的维修更换周期在 15 天左右。要保留包装里的正规保修凭证。检查质量保证书中的各项条件是否合理，确认当商品出现问题时，是否可以退货或换货、维修等，同时确认保修期限、维修地点、送修需要时间等，检查保证书是否有商家的盖章。

步骤 7：查看笔记本计算机的配置。

【实用技巧】

1. 笔记本计算机连接多媒体系统屏幕

首先将投影仪数据线连接至笔记本计算机，然后打开笔记本计算机和投影仪，按组合键 Fn + FX（FX 为功能键 F1～F12 中的一个）启动，不同品牌的计算机使用不同的按键，一般是按 Fn 键和功能键上面画了个笔记本计算机显示屏的按键进行操作。例如，在联想笔记本计算机上按

Fn 与 F3 键进行大屏幕与笔记本计算机之间的信号切换。或者单击“开始”→“控制面板”→“连接到投影仪”，选择“复制”模式或“扩展”模式。

2．笔记本计算机外接音箱

首先，把音响和笔记本计算机连接起来，一般外接音响会有 2 根线，一根耳机，一根麦克风，只有 2 根线都连接正确才可以，一般孔在笔记本计算机左侧。接着打开笔记本计算机，单击左下角的“开始”菜单，找到右边的“控制面板”并单击，在弹出的页面中找到“声音”选项并单击，在弹出的页面中选中耳机选项，单击“设为默认值”按钮，单击“确定”按钮完成设置。

项目二　Windows 相关操作

项目目标

- 熟悉 Windows7 的资源管理器和库。
- 熟练地创建文件夹。
- 熟练地进行文件与文件夹复制、移动、删除、重命名的操作。
- 对文件与文件夹进行相关属性的设置。
- 掌握控制面板窗口的启动方式。
- 将 Windows 7 操作系统按照自己的实际需求进行个性化设置。
- 能使用磁盘清理工具进行磁盘清理。
- 能使用磁盘碎片整理程序进行碎片整理。

任务 1　文件、文件夹管理

情景描述

小李是某公司办公室的一名秘书，负责管理公司各部门员工的个人信息，刚开始时她把这些文档资料随意地放在计算机的各个盘中，但随着公司的业务的不断扩大，新员工不断增多，再加上安装的应用软件也不断增多，一大堆文件显得杂乱无章，查找起来非常麻烦，有时连要查找的信息在哪里都不知道，弄得小李很烦恼。因此，她希望能对计算机中的文件进行科学、合理有序的管理。

相关知识与技能

一、文件

文件是具有名字的相关联的一组信息的集合，任何信息（如声音、文字、影像、程序等）都是以文件的形式存放在计算机的外存储器上的。Windows 7 中的任何文件都用图标和文件名（见图 2-1）来进行标识。

1．文件的命名规则

①文件名由主文件名和扩展名组成，形式为“主文件名.扩展名”。

②主文件名允许长达 255 个字符，可用汉字、字母、数字和其他特殊符号，但不能用\、/、:、*、?、"、<、>、|（见图 2-2）。

③扩展名通常为 3 个英文字符，决定了文件类型，也决定了用什么程序来打开文件。

④保留用户指定的大小写格式，但不能利用大小写区分文件名，例如，ABC.DOC 与 abc.doc 表示同一个文件。

图 2-1　文件图标和文件名

图 2-2　文件名不能包含的字符

2．文件类型

从打开方式看，文件可分为可执行文件和不可执行文件。文件扩展名和对应的文件类型如表 2-1 所示。

表 2–1　文件扩展名与文件类型

文 件 类 型	文件扩展名
程序文件	.com、.exe、.bat 等
文本文件	.txt
快捷方式文件	.lnk
声音文件	.wav、.mp3、.mid 等
图形图像文件	.bmp、.jpg、.gif、.png 等
Word 文档	.docx、.doc 等
Excel 工作簿	.xlsx、.xls 等
PowerPoint 演示文稿	.pptx、.ppt 等
视频文件	.rm、.avi、.mpg、.mp4 等
压缩包文件	.rar、.zip 等
网页文件	.htm、.html、.asp、.jsp、.php 等

二、文件夹

在计算机中，文件夹是放置文件的一个逻辑空间。在 Windows 7 中，文件夹由一个黄色小夹子图标和名称组成，如图 2-3 所示。

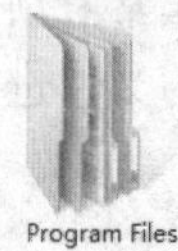

图 2-3　文件夹

文件夹里除了可以存放文件还可以存放文件夹，存放的文件夹称为“子文件夹”，而存放子文件夹的文件夹则叫做“父文件夹”，磁盘最顶层的文件夹称为“根文件夹”。

Windows 7 中文件夹分为系统文件夹和用户文件夹。系统文件夹是安装好操作系统或应用程序后系统自己创建的文件夹，通常位于 C 磁盘中，不能随意删除和更改其名称。

文件夹与文件的命名规则类似，但是文件夹没有扩展名。

三、文件夹的树形结构和文件的存储路径

1．文件夹的树形结构

Windows 通过文件夹管理磁盘上存储的文件。Windows 采用多级层次的文件夹结构组织文件夹和文件。

对于同一个磁盘而言，它的最高级文件夹被称为“根文件夹”。根文件夹的名称是系统规定的，统一用反斜杠“\”表示。根文件夹中可以存放文件，也可以建立子文件夹。

子文件夹的名称由用户指定，子文件夹下又可以存放文件和再建立子文件夹。

这就像一棵倒置的树，根文件夹是树根，各个子文件夹是树的枝杈，而文件则是树的叶子，叶子上是不能再长出枝杈来的。这种多级层次文件夹结构被称为“树形文件夹结构”，如图 2-4 所示。

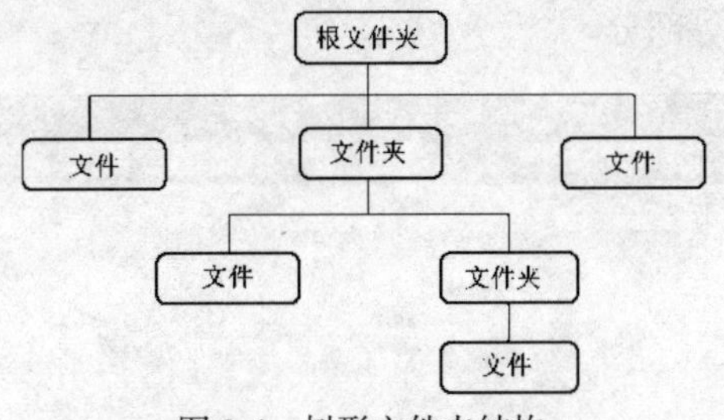

图 2-4　树形文件夹结构

2. 文件的存储路径

访问一个文件时，必须要有 3 个要素，即文件所在的驱动器、文件在树形文件夹结构中的位置和文件的名字。文件在树形文件夹中的位置表示为从根文件夹出发，到达该文件所在的子文件夹依次经过一连串用反斜线隔开的文件夹名的序列，这个序列称为“路径”。

（1）磁盘驱动器名（盘符）

磁盘驱动器名是 DOS 分配给驱动器的符号，用于指明文件的位置。“A:” 和 “B:” 是软盘驱动器名称，表示 A 盘和 B 盘；“C:”～“Z:”是硬盘驱动器和光盘驱动器名称，表示 C 盘、D 盘、……、Z 盘。

（2）路径

路径是用由一串反斜杠 “\” 隔开的一组文件夹名称来指明文件所在的位置。例如 “C:\Windows\System32\mspaint.exe” 表示 mspaint.exe 文件所在位置 C:\Windows\System32，即 C 盘根文件夹中有一个 “Windows” 子文件夹，“Windows” 子文件夹中有一个 “System32” 子文件夹。在 “计算机” 窗口上方地址栏中显示 ▸ 计算机 ▸ 本地磁盘 (C:) ▸ Windows ▸ System32 ▸，既指明了文件所在的位置，也体现了各文件夹间的多级层次关系。

四、文件和文件夹的属性

在 Windows 环境下，文件和文件夹都有其自身特有的信息，包括文件的类型、在磁盘上的位置、所占空间的大小、创建和修改时间，以及文件在磁盘中存在的方式等，这些信息统称为文件的属性。

一般文件在磁盘中存在的方式有只读、存档和隐藏等属性：“只读” 指文件只允许 “读”，不允许 “写”；“存档” 指普通的文件；“隐藏” 指将文件隐藏起来，在一般的文件操作中不显示被隐藏的文件。

五、资源管理器

Windows 的资源管理器一直是用户使用计算机时和文件打交道的重要工具，在 Windows 7 中，资源管理器可以使用户更容易地完成浏览、查看、移动和复制文件和文件夹的操作。

1. 打开 “Windows 资源管理器”

打开 “Windows 资源管理器” 的方法很多，下面列举几种常用的方法。

①在桌面上双击 “计算机” 图标。

②在 “开始” 菜单中单击右边的 “计算机” 命令。

③单击任务栏上的 “Windows 资源管理器” 按钮。

④用鼠标右击 “开始” 按钮，在弹出的快捷菜单中选择 “打开 Windows 资源管理器” 命令。

⑤使用 Windows + E 组合键。

2. “Windows 资源管理器”窗口

如图 2-5 所示，“Windows 资源管理器”窗口主要包括菜单栏、工具栏、地址栏、导航窗格、细节窗格、状态栏、工作区等部分。

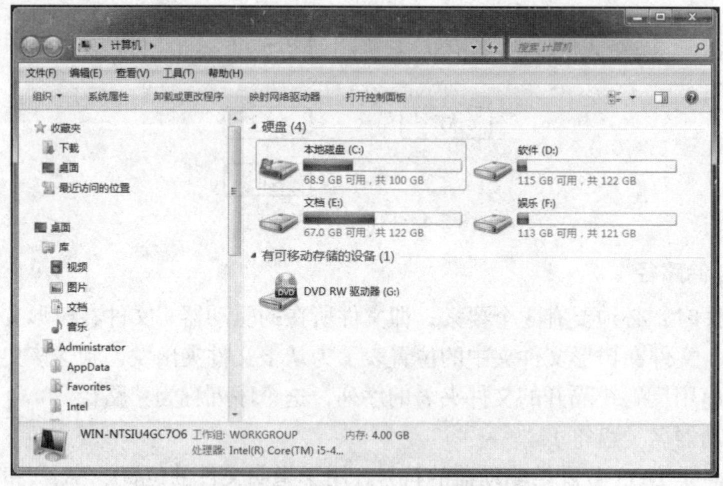

图 2-5　Windows 资源管理器

“Windows 资源管理器”窗口左侧的导航窗格用于显示磁盘和文件夹的树形结构，包含收藏夹、库、家庭组、计算机和网络这 5 大类资源。

在导航窗格中，如果磁盘或文件夹前面有“▷”号，表明该磁盘或文件夹下有子文件夹。单击该“▷”号可以展开其中包含的子文件夹。展开磁盘或文件夹后，“▷”号会变成“◢”号，表明该磁盘或文件夹已经展开。单击“◢”号，可以折叠已经展开的内容。

右侧工作区用于显示导航窗格选中的磁盘或文件夹所包含的子文件夹及文件，双击其中的文件或文件夹可以打开相关内容。

用鼠标拖动导航窗格和工作区之间的分隔条，可以调整两个窗格的大小。

在资源管理器中单击右上角的“显示预览窗格”按钮时，可以在资源管理器中浏览文件，比如文本文件、Word 文档、图片和视频等都可以在资源管理器中直接预览其内容。使用快速预览，可以快速找到需要的文件，如图 2-6 所示。

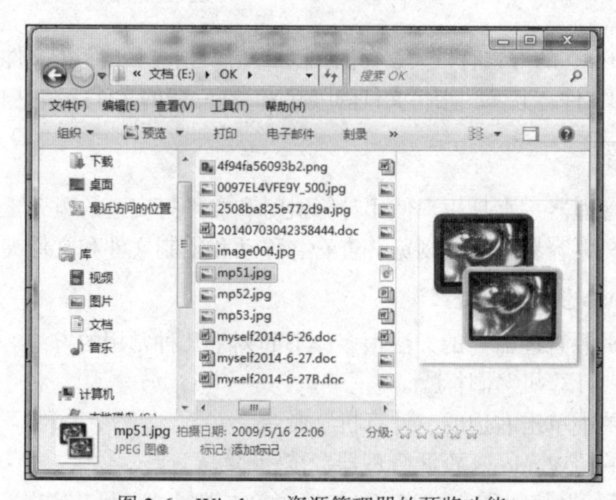

图 2-6　Windows 资源管理器的预览功能

3. 库

库用来管理文档、音乐、图片和其他文件的位置。默认情况下，库适用于管理文档、音乐、图片和视频的位置。根据实际使用，也可通过新建库的方式增加库的类型。库的管理方式更接近于快捷方式，把相关的、同类型的、不同存储位置上的文件或文件夹链接到一个库中进行管理。

库类似于传统的文件夹，可以使用与在文件夹中浏览文件相同的方式浏览文件，也可以查看按属性（如日期、类型和作者）排列的文件。但库中的对象就是各种文件夹与文件的一个快照，库中并不真正存储文件，只是分类“收藏”文件和文件夹，不同于传统文件夹中保存的文件或子文件夹来自于同一个存储位置，库中的对象来自于用户计算机或来自于移动磁盘等不同存储位置上的文件。收纳到库中的内容除它们各自占用的磁盘空间外，几乎不会再额外占用磁盘空间，并且删除库及其内容时，也并不会影响到那些真实的文件。

库使得访问文件更加快捷。例如，使用音乐库可以直接访问所有音乐文件，省去了逐个查看的过程。

六、快捷方式

快捷方式是 Windows 提供的一种快速启动程序、打开文件或文件夹的方法，是指向对象的链接，类似于现实生活中的“遥控”。它是一个链接对象的图标，而不是对象本身。为经常使用的程序、文件和文件夹创建快捷方式并放置在方便的位置，可以方便访问，节省时间。

快捷方式的显著标志是在图标的左下角有一个向右上弯曲的小箭头，如 。它一般存放在桌面、“开始”菜单和任务栏这 3 个位置，也可以在任意位置建立快捷方式。

七、剪贴板

剪贴板是从一个地方复制或移动并打算在其他地方使用的信息的临时存储区域。可以选择文本或图形，然后使用“剪切”或“复制”命令将所选内容移至剪贴板，在使用“粘贴”命令将该内容插入其他地方之前，它会一直存储在剪贴板中。

例如，可以复制网页上的一部分文本，然后将其粘贴到电子邮件中。大多数 Windows 程序都可以使用剪贴板。

任务实施

一、使用资源管理器

1. 查看磁盘属性

在“计算机”窗口中，磁盘下方只显示磁盘的可用空间和总容量。

如果要更加详细地查看磁盘属性，右击该磁盘的图标，在弹出的快捷菜单中选择“属性”命令，打开“本地磁盘（C:）属性”对话框，如图 2-7 所示。选择“常规”选项卡，就能够详细了解该磁盘的类型、已用空间、可用空间、总容量等属性，同时还可以设置磁盘卷标。

2. 查看磁盘内容，打开文件或文件夹

Windows 7 在窗口工作区域列出了计算机中各个磁盘的图标，下面以 C 盘为例，说明如何查看磁盘中的内容。

在“计算机”窗口中双击 C 盘图标，打开 C 盘窗口，如图 2-8 所示。窗口的状态栏上显示出该磁盘中共有 9 个对象，如果要打开某一个文件或文件夹，只要双击该文件或文件夹的图标即可。

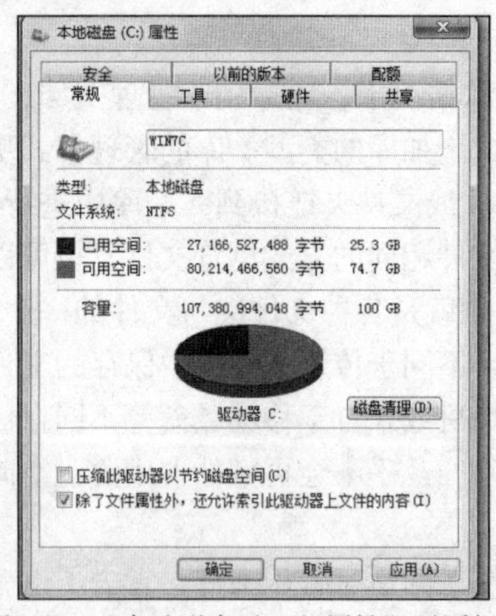

图 2-7　“本地磁盘（C:）属性”对话框

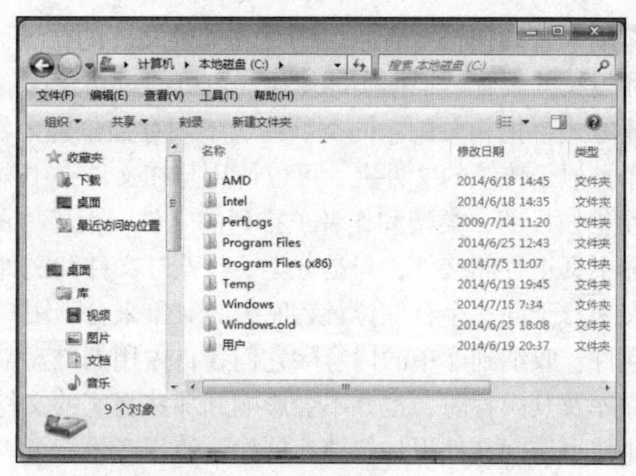

图 2-8　C 盘窗口

3．改变图标显示方式

可以根据需要使用几种不同的图标方式显示磁盘内容，单击窗口菜单栏中的“查看”菜单中的“超大图标”“大图标”“中等图标”“小图标”“列表”“详细资料”“平铺”“内容”命令，可以切换不同的显示方式，如图 2-9 所示。也可以通过单击工具栏上的“更改您的视图”按钮，在弹出菜单中选择显示方式。或者右击空白处，在弹出的快捷菜单中选择“查看”菜单设置显示方式。

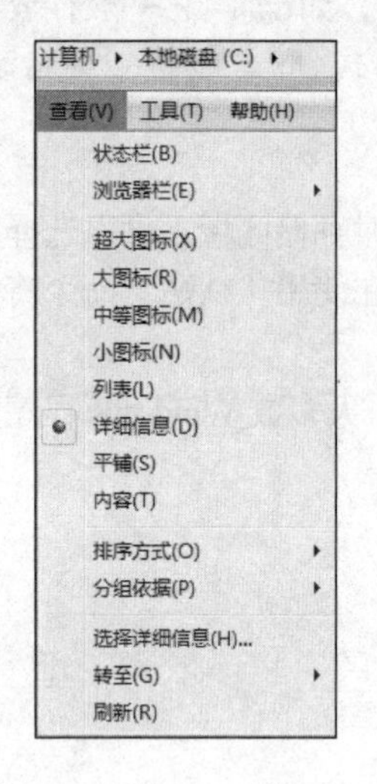

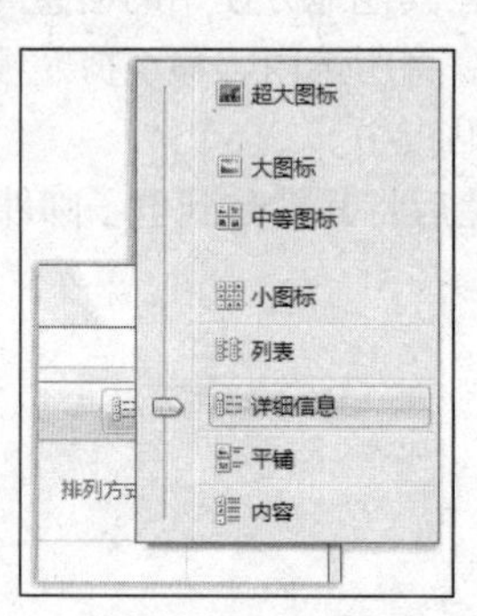

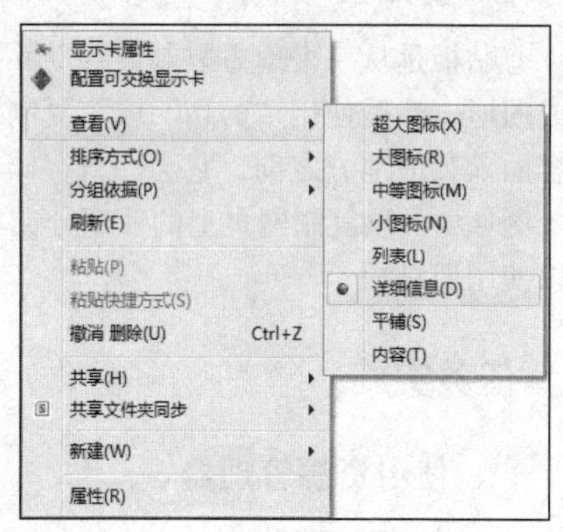

图 2-9　“查看”改变图标显示方式

4．改变图标排列方式

为了方便查看磁盘上的文件，可以对窗口中显示的文件和文件夹按照一定方式进行排序。单击“查看”菜单，或右击空白处并在弹出的快捷菜单中选择“排序方式”子菜单中的“名称”“修改日期”“类型”或“大小”等命令，如图 2-10 所示。

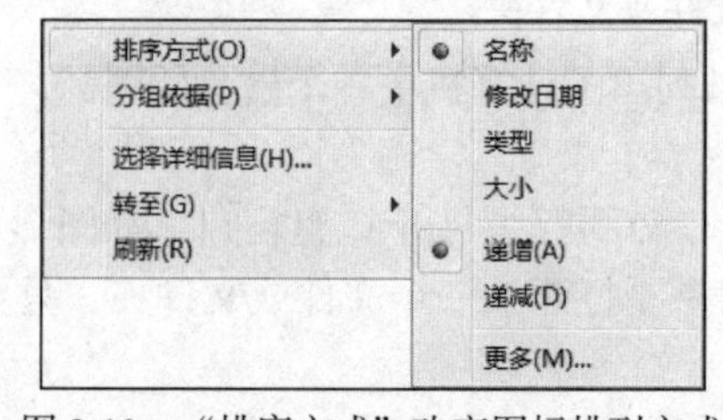

图 2-10　“排序方式”改变图标排列方式

5. 分组显示文件夹内容

要对文件夹中的内容进行分组显示，单击“查看”菜单，或右击空白处并在弹出的快捷菜单中选择“分组依据”子菜单中的“类型”“递增”等命令，如图 2-11 所示。

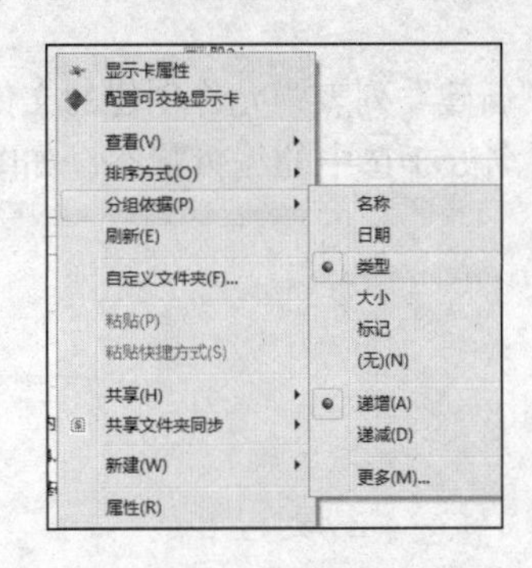

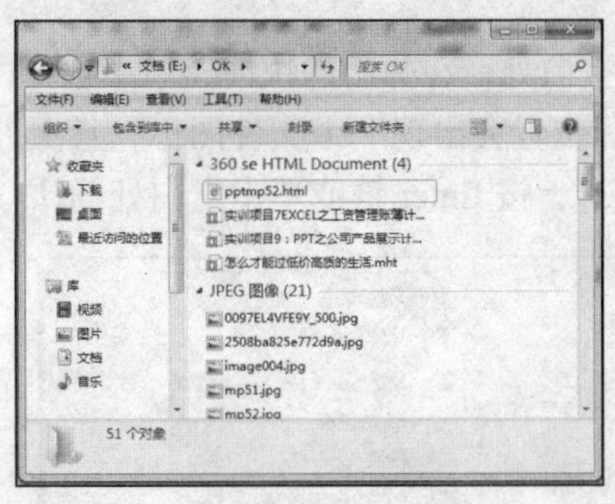

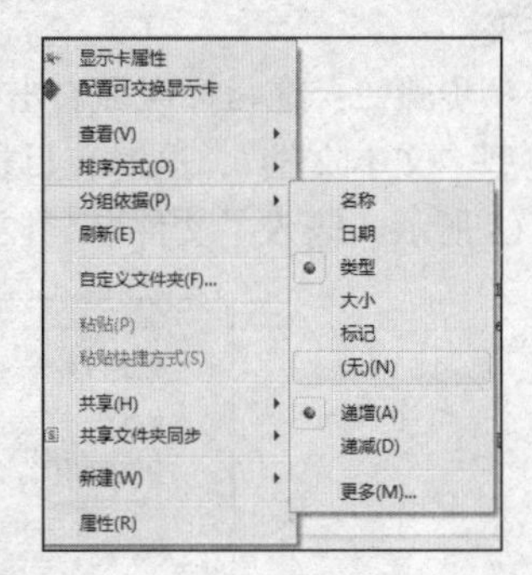

图 2-11 “分组依据”显示文件夹内容

如果要取消分组，可在“分组依据”列表中选择“无”命令。

二、文件或文件夹的操作

1. 新建文件夹和文件

（1）新建文件夹

在 E 盘根文件夹中新建一个名为“项目”的文件夹（表示为 E:\项目）。操作步骤如下。

步骤 1：打开用来存放新文件夹的磁盘驱动器或文件夹。双击桌面上的“计算机”图标或右击“计算机”，在弹出的快捷菜单中选择“打开”命令。打开“计算机”窗口后，双击“硬盘 E:”，即打开了 E 盘的根文件夹。

步骤 2：在目标区域中右击空白处，在弹出的快捷菜单中选择“新建”列表中的“文件夹”命令，这时在目标位置会出现一个文件夹图标，默认名称为“新建文件夹”，且文件名处于选中的编辑状态，如图 2-12 所示。

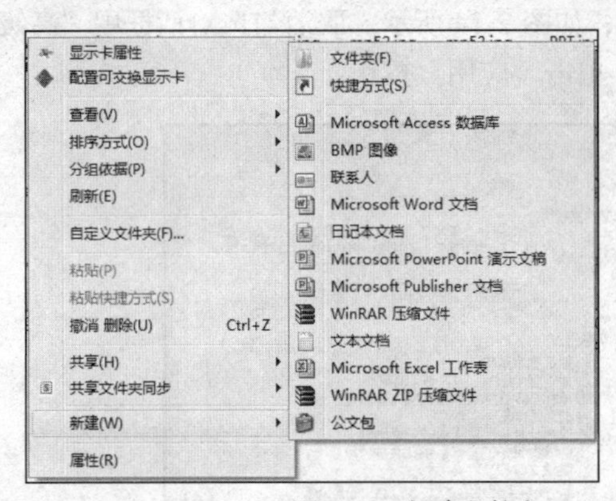

图 2-12 新建文件夹

步骤 3：输入文件夹名“项目”，按 Enter 键或单击空白处确认。

此操作还可以单击“文件”→“新建”→“文件夹”命令，或者在工具栏中单击“新建文件夹”按钮进行。

步骤 4：双击“项目”文件夹，在它里面分别新建 6 个子文件夹，名字分别为“一”～“六”。

（2）新建文件

一般应该在应用程序中新建文件，但是，Windows 7 允许一些类型的文件利用快捷菜单方式新建。如在刚新建的“项目”文件夹中，新建一个文件名为“123”的文本文档（表示为 E:\项目\123.txt）。操作步骤如下。

步骤 1：打开用来存放新文件的磁盘驱动器或文件夹。双击“项目”文件夹，则打开这个文件夹。

步骤 2：在目标区域右击空白处，在弹出的快捷菜单中选择“新建”列表中允许创建的文件类型“文本文档”，这时在目标位置会出现一个文件图标，且文件名处于选中的编辑状态，如图 2-13 所示，输入主文件名“123”，按 Enter 键或单击空白处确认。

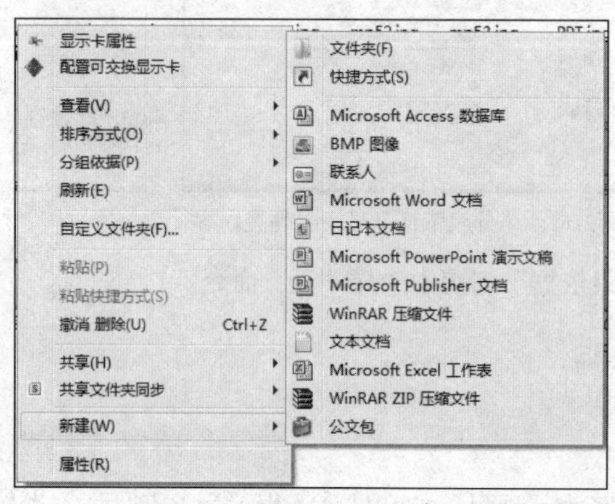

图 2-13 “新建”文本文档

此操作也可以单击菜单“文件”→“新建”→具体文件类型命令进行。

2. 显示文件扩展名、文件路径，显示隐藏文件（夹）

（1）显示文件扩展名和文件路径

具体操作步骤如下。

步骤 1：选择菜单“工具”→“文件夹选项”命令，打开“文件夹选项”对话框。

步骤 2：单击“查看”选项卡，如图 2-14 所示。取消勾选对话框中“高级设置”处的“隐藏已知文件类型的扩展名”复选框，单击“应用”按钮。

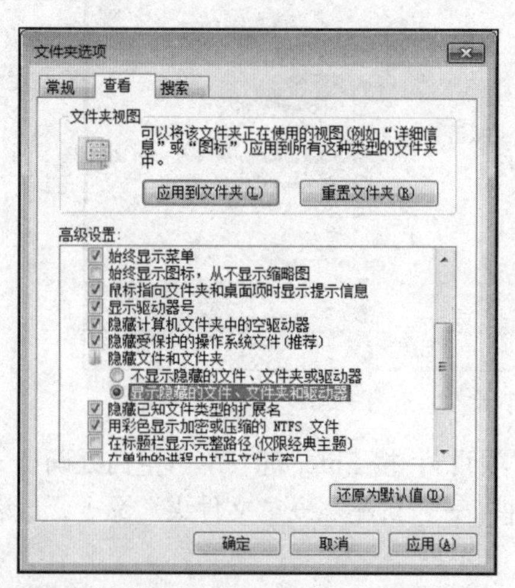

图 2-14 “文件夹选项”对话框的“查看”选项卡

步骤 3：勾选对话框中“高级设置”处的“在标题栏显示完整路径（仅限经典主题）”复选框，单击“确定”按钮。

（2）显示被设置了隐藏属性的文件（夹）

具体操作步骤如下。

步骤 1：选择菜单“工具”→“文件夹选项”命令，打开如图 2-14 所示的“文件夹选项”对话框。

步骤 2：单击“查看”选项卡，选中对话框中“高级设置”处的“显示隐藏的文件、文件夹和驱动器”单选按钮，单击“确定”按钮。

此操作也可以在工具栏中单击“组织下拉列表选择”文件夹和“搜索选项”进行。

3．选择文件或文件夹

（1）选定单个文件或文件夹

直接单击所要选定的文件或文件夹，该文件或文件夹将高亮显示。

（2）选定多个连续的文件或文件夹

单击要选定的第一个文件或文件夹，按住 Shift 键的同时，用鼠标单击最后一个文件或文件夹。

或者使用拖放方式。即指针移到要选择的连续文件或文件夹的选区角上，按住鼠标不放，朝选区方向拖出一个矩形框，则选中选区中的文件或文件夹，如图 2-15 所示。

（3）选定多个不连续的文件或文件夹

单击要选定的第一个文件或文件夹，按住 Ctrl 键的同时，用鼠标逐个单击要选取的其他文件或文件夹，如图 2-16 所示。

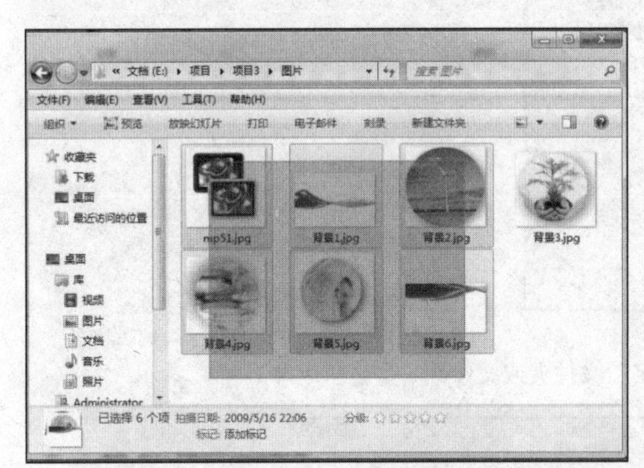

图 2-15　用拖放方式选择多个连续的文件或文件夹

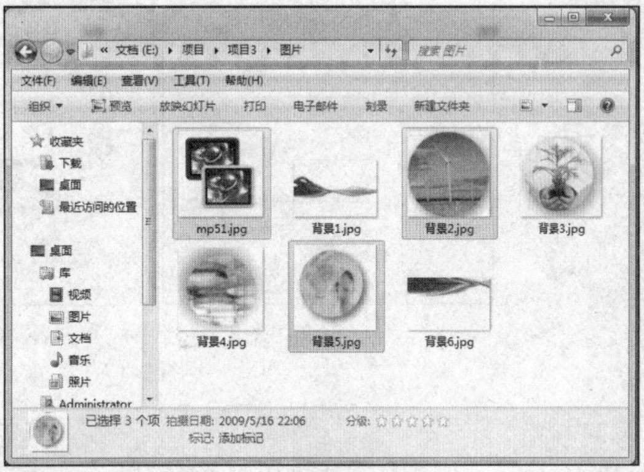

图 2-16　选择不连续的文件或文件夹

（4）全部选定文件或文件夹

单击菜单“编辑”→“全部选定”命令，或者在工具栏单击“组织”→“全选”命令，或者使用“Ctrl + A”快捷键。

（5）取消选定

按住 Ctrl 键的同时，单击要取消选定的文件或文件夹。如果要取消全部文件或文件夹的选定，可以单击空白处。

（6）反向选择

如果需要选定的是窗口中的大多数文件或文件夹，可以使用全部选定，再取消个别不需要的文件或文件夹。或者选定不需要的文件或文件夹，单击“编辑”→“反向选择”命令。

4．重命名文件或文件夹

将刚新建的“123.txt”文件重命名为“通知.txt”。操作步骤如下。

步骤 1：选中需要重命名的文件或文件夹。单击文件 123.txt。

步骤 2：右击文件并在弹出的快捷菜单中选择“重命名”命令，文件或文件夹的名称处于蓝底白字的编辑状态（见图 2-17），输入新的主文件名字“通知”，按 Enter 键或单击空白处确认。

还可以采用以下方法。

- 在选中的文件或文件夹名称处单击一次，使其处于编辑状态。然后输入新的名称，按 Enter 键或单击空白处确认。
- 在工具栏中单击“组织”→“重命名”命令。
- 在菜单栏中单击“文件”→“重命名”命令。

另外，一次可以重命名多个文件，这对相关项目分组很有帮助。先选择这些文件，然后按照上述步骤之一进行操作。输入一个名称，然后每个文件都将用该新名称来保存，并在结尾处附带上不同的顺序编号。图 2-18 所示为“一次重命名多个文件”窗口。

重命名文件或文件夹时，在同一个文件夹中不能有两个同名的文件或文件夹。另外，不要对系统中自带的文件或文件夹、安装应用程序时所创建的文件或文件夹重命名。

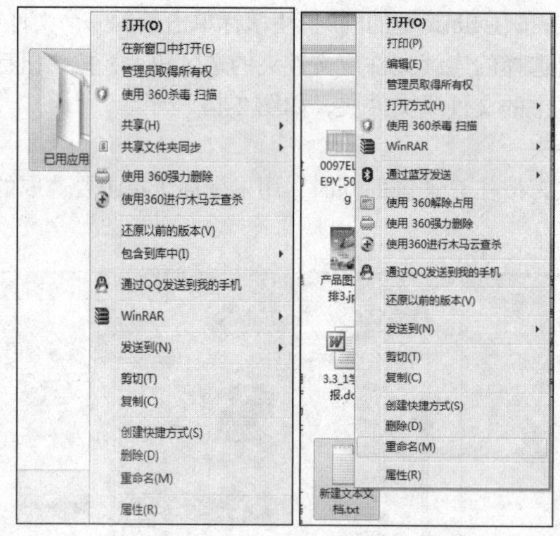

（a）对文件夹和文件选择“重命名”命令

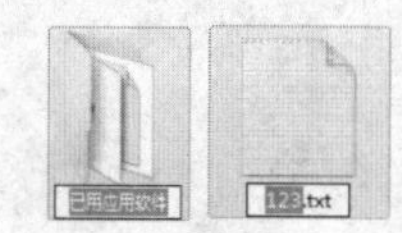

（b）文件夹和文件的名称处于可编辑状态

图 2-17 “重命名”文件夹或文件

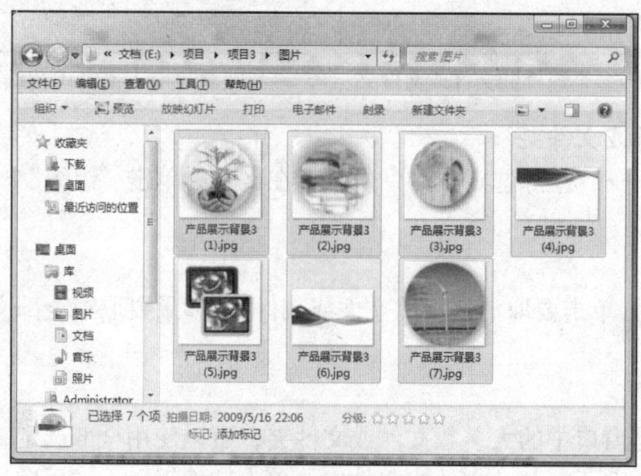

图 2-18 一次“重命名”多个文件

5. 查找文件或文件夹

当用户想对某个文件或文件夹进行操作，而又忘记该文件或文件夹的存放位置或完整名称时，可以使用 Windows 提供的搜索功能进行查找，找到后再进行操作。具体操作步骤如下。

步骤 1：打开资源管理器或者要查找的文件或文件夹所在的存放位置。这里指定文件的具体位置为 C:\Windows\System32。

步骤 2：在窗口的右上角搜索框中输入要查找的文本，即文件或文件夹名称，输入完整文件名“mspaint.exe”，如图 2-19（a）所示。

步骤 3：查找文件位置不变，在窗口的右上角搜索框中输入要查找的文本，即文件或文件夹名称（只输入部分名称），输入“m”，如图 2-19（b）所示。

步骤 4：单击窗口左侧的键，逐级退回上级目录，最后指定查找文件的大致位置是 C:盘。

步骤 5：在窗口的右上角搜索框中输入要查找的文本，即文件或文件夹名称，输入完整的文件名“mspaint.exe”，如图 2-19（c）所示。

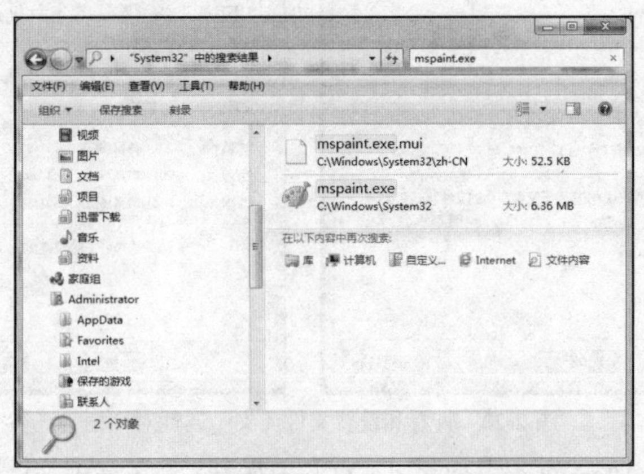

（a）指定位置查找完整文件名的文件

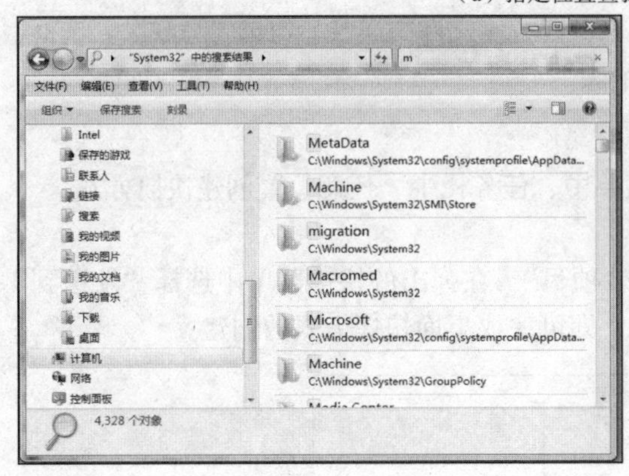

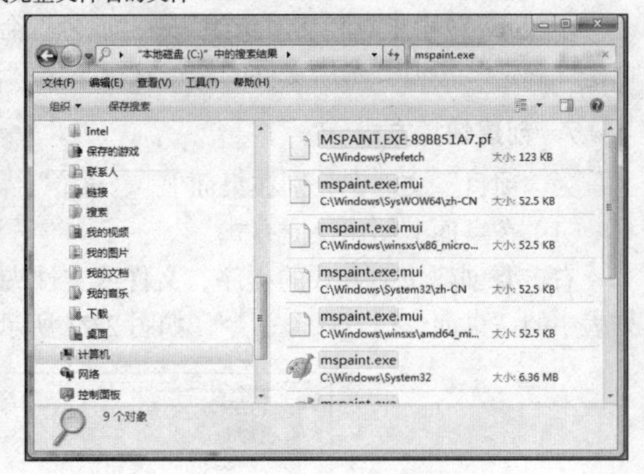

（b）指定位置查找部分文件名的文件　　（c）大致位置查找完整文件名的文件

图 2-19　查找文件或文件夹

另外也可以利用“开始”菜单的搜索功能。

①如果没有指明文件位置，则会在所有磁盘中搜索。

②在不确定文件或文件夹名称时，可使用通配符协助搜索。通配符有两种：星号（*）代表零个或多个字符，例如，若要查找主文件名以 w 开头，扩展名为 dll 的所有文件，可以输入 w*.dll；问号（?）代表单个字符，例如，若要查找主文件名由 2 个字符组成，第 2 个字符为 w，扩展名为 txt 的所有文件，可以输入?w.txt。

6. 查看和设置文件（夹）属性

查看“项目”文件夹属性，将它的属性设置为只读；查看“通知.txt”文件的属性，将它的属性设置为隐藏。

步骤 1：选中要设置属性的文件（夹），即单击选中“项目”文件夹。

步骤 2：选择菜单“文件”→“属性”命令，出现如图 2-20 所示的“属性”对话框，显示了该文件夹的“只读”“隐藏”“存档”等属性。勾选“只读”复选框，设置该文件夹属性为只读，单击“确定”按钮。也可以右击文件夹，在弹出的快捷菜单中选择“属性”命令。

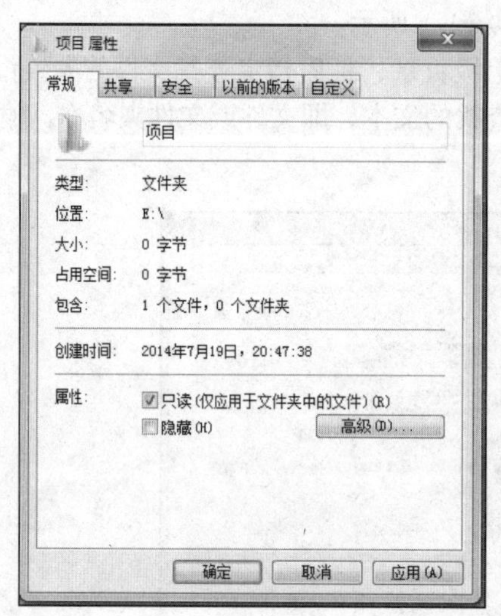

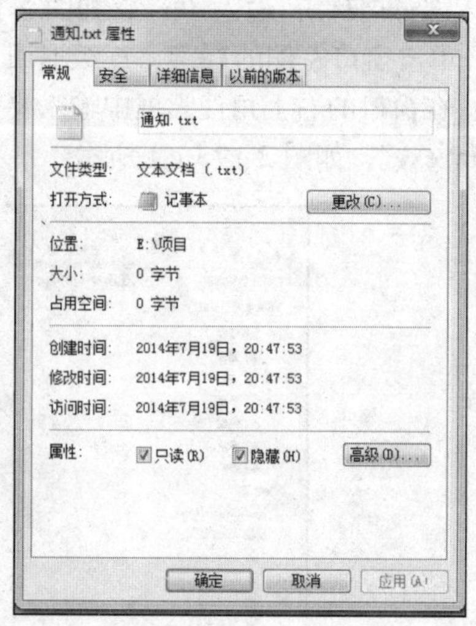

图 2-20　查看和设置文件（夹）属性对话框

步骤 3：双击“项目”文件夹，打开“项目”文件夹。单击选中“通知.txt”文件。

步骤 4：单击工具栏中“组织”→“属性”命令，查看该文件的属性。勾选“隐藏”复选框，单击“确定”按钮，然后文件图标就从屏幕上“消失”。

7．创建快捷方式

为“项目”文件夹分别在桌面上、“开始”菜单中、任务栏中、任意位置创建快捷方式。

（1）在桌面上创建快捷方式

右击要创建快捷方式的程序、文件或文件夹“项目”，在弹出的快捷菜单中选择“发送到”列表中的“桌面快捷方式”命令，如图 2-21 所示，即可完成桌面快捷方式的创建。

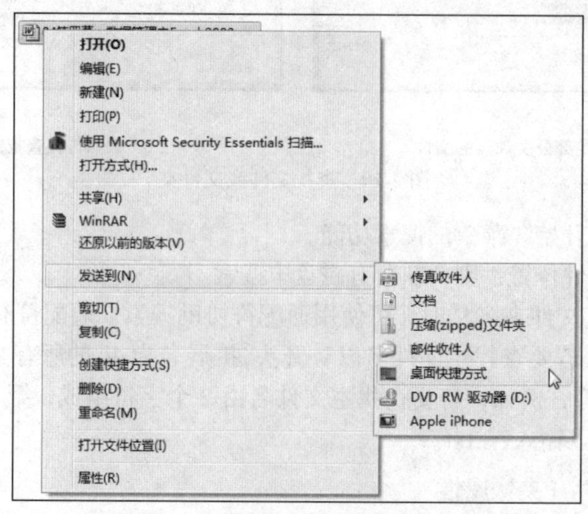

图 2-21　在桌面上创建快捷方式

（2）在“开始”菜单中创建快捷方式

直接将要创建快捷方式的程序、文件或文件夹“项目”拖入“开始”菜单中，如图 2-22 所示，完成快捷方式在“开始”菜单中的创建。

（3）在任务栏中创建快捷方式

直接将要创建快捷方式的程序、文件或文件夹“项目”拖入任务栏，如图 2-23 所示，完成快捷方式在任务栏中的创建。

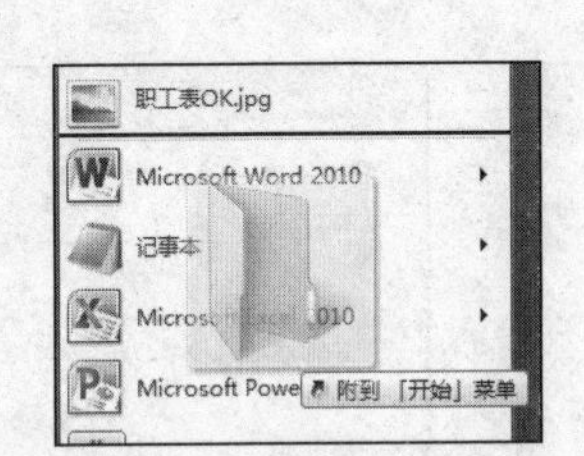

图 2-22　直接将目标文件或文件夹拖入“开始”菜单

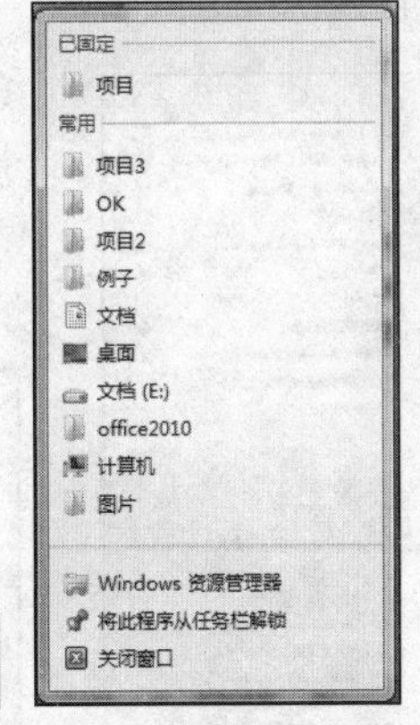

图 2-23　直接将目标文件或文件夹拖入任务栏

（4）在任意位置创建快捷方式

步骤 1：右击要创建快捷方式的文件或文件夹“项目”，在弹出的快捷菜单中选择“创建快捷方式”命令，如图 2-24 所示。

步骤 2：右击该快捷方式，在弹出的快捷菜单中选择“复制”或“剪切”命令。

步骤 3：右击指定存放快捷方式的位置，在弹出的快捷菜单中选择“粘贴”命令。

也可以使用鼠标拖动的方式进行创建，但拖动方式与常用的左键拖动不同，需要在拖动对象时按住鼠标右键不放，当将要创建快捷方式的对象拖动到目标位置时，放开鼠标右键会弹出快捷菜单，如图 2-25 所示。如选择“在当前位置创建快捷方式”，即可完成快捷方式的创建。同样，复制和移动对象也可以采取这种方式。

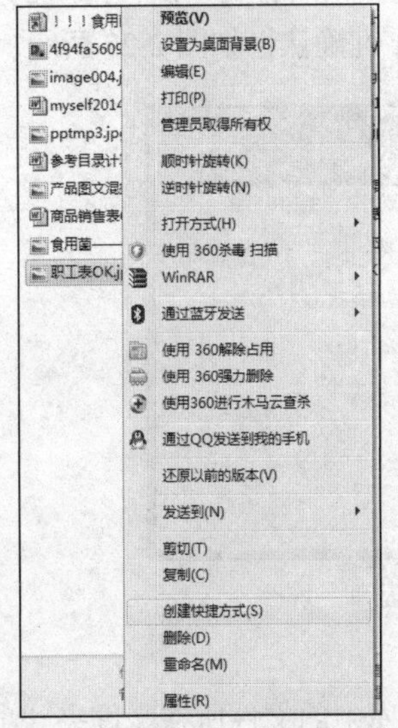

图 2-24　“创建快捷方式”快捷菜单

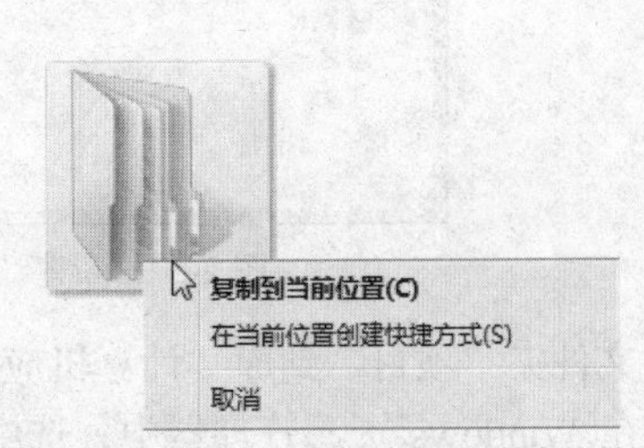

图 2-25　鼠标右键拖动方式创建快捷方式

另外也可以使用以下的方法。

步骤 1：右击存放快捷方式的目标文件夹的空白处，在弹出的快捷菜单中选择“新建”列表中的“快捷方式”命令，打开“创建快捷方式”对话框。

步骤 2：单击“浏览”按钮，在弹出的“浏览文件或文件夹”对话框中，选择要创建快捷方式的程序、文件或文件夹，单击“确定”按钮，回到“创建快捷方式”对话框，单击“下一步”按钮，进入“快捷方式命名”对话框。

步骤 3：输入快捷方式名称，单击“完成”按钮，完成创建快捷方式，如图 2-26 所示。

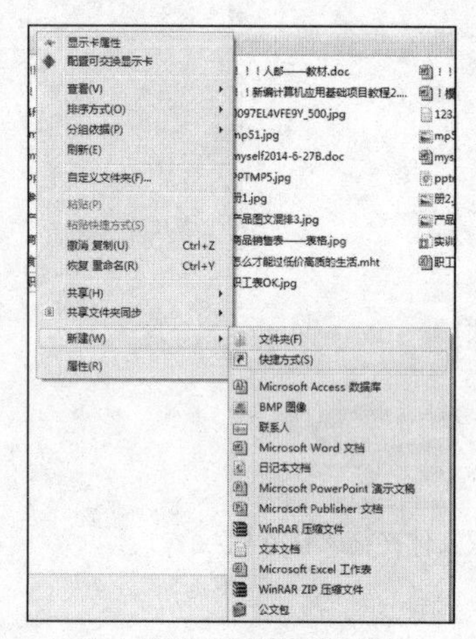

（a）选择“快捷方式”命令

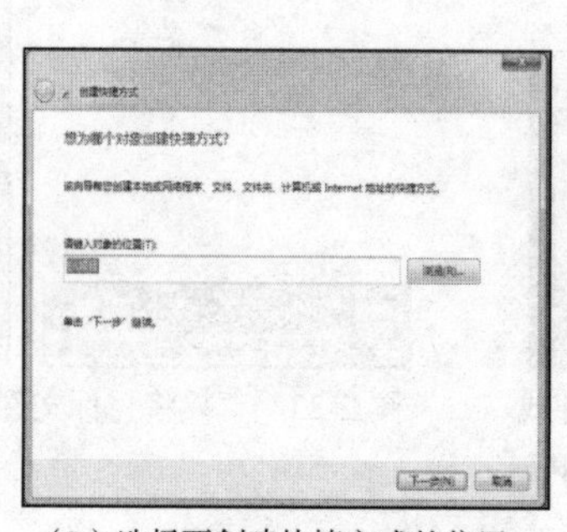

（b）选择要创建快捷方式的位置

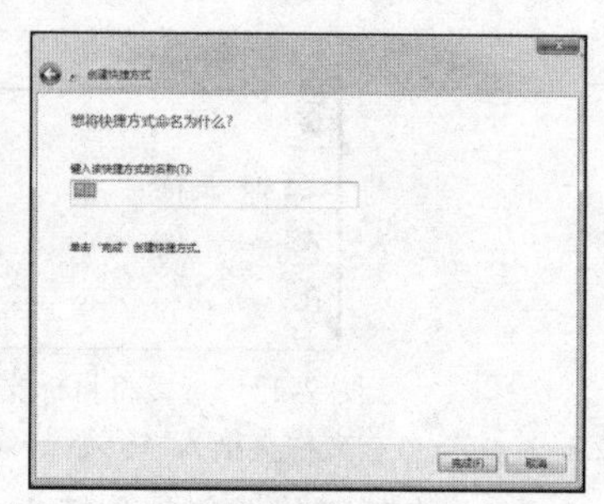

（c）设置快捷方式的名称

图 2-26 新建“快捷方式”

删除快捷方式与删除文件或文件夹的方式一样。需要注意的是，即使删除了快捷方式，用户还可以通过“资源管理器”找到目标程序或文件、文件夹并运行它们。但如果是程序或文件、文件夹被删除，和它们对应的快捷方式就会失去作用。

8．新建库

（1）新建库，库名为“计算机应用基础”

步骤 1：在任务栏中，单击“Windows 资源管理器”按钮，单击左侧导航窗格中的“库”。

步骤 2：单击工具栏上的“新建库”按钮，新建一个默认名称为“新建库”的库。

步骤 3：输入库的名称“计算机应用基础”，按 Enter 键确认，如图 2-27 所示。

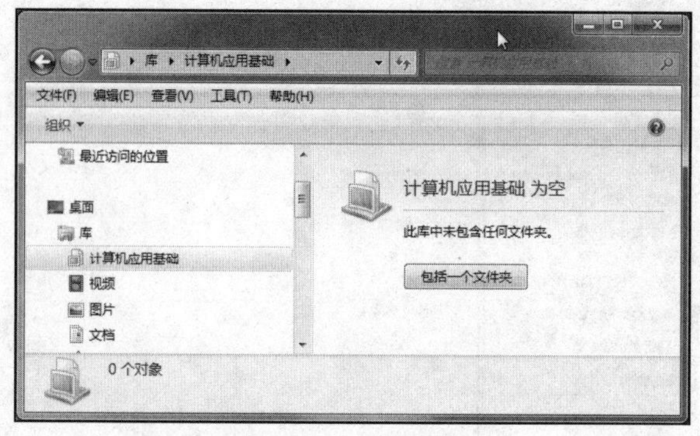

图 2-27 新建“计算机应用基础”库

（2）包含文件夹“项目”到库“计算机应用基础”

步骤 1：在 Windows 资源管理器中，选中要添加到库中的文件所在文件夹“项目”，然后单击（不是双击）该文件夹。

步骤 2：在工具栏中，单击“包含到库中”，然后从图 2-28 所示的列表中选择“计算机应用基础”库。这样就将选中的文件夹包含到“计算机应用基础”库中了。

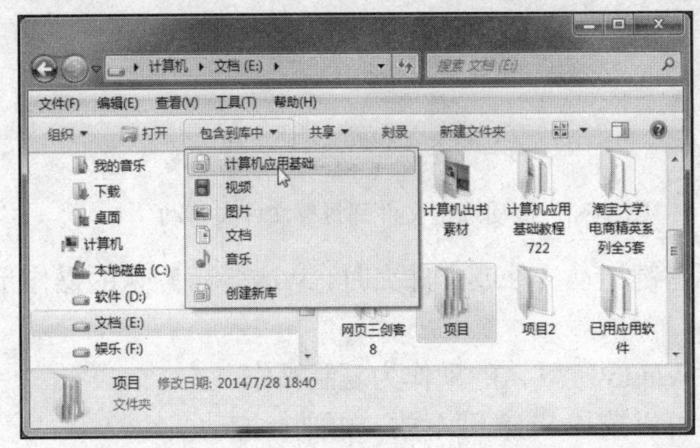

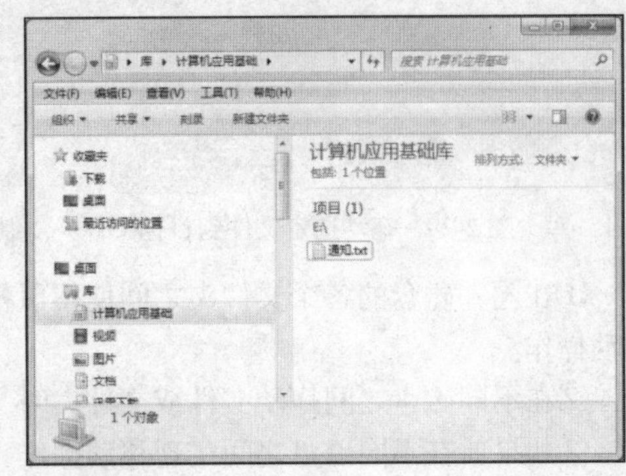

图 2-28　将文件夹包含到库

“项目”文件夹添加到“计算机应用基础”库后，后期如果需要打开“项目”文件夹以查看文件夹，除了通过“计算机”“资源管理器”窗口打开以外，还可以通过打开“计算机应用基础”库打开。

如果不需要将某些文件（夹）通过库来进行管理，可以将其从库中删除。删除文件（夹）时，不会从原始位置中删除该文件夹及其内容。其操作步骤如下。

步骤 1：在任务栏中，单击“Windows 资源管理器”按钮，打开资源管理器。

步骤 2：在导航窗格中，用鼠标右击要从库中删除的文件夹，在弹出的快捷菜单中选择“从库中删除位置”命令。

同理，如果不需要某些库，也可用鼠标右击要删除的库名，在弹出的快捷菜单中选择“删除”命令进行删除。

9. 复制文件或文件夹

复制文件或文件夹是指把一个文件夹中的一些文件或文件夹复制到另一个文件夹中，执行复制命令后，原文件夹中的内容仍然存在，而新文件夹中拥有与原文件夹中完全相同的文件或文件夹。

例如，将查找到的 mspaint.exe 文件复制到 E 盘的“项目”文件夹中。实现复制文件或文件夹的方法有很多，下面介绍几种常用操作。

（1）使用剪贴板

步骤 1：选定要复制的文件或文件夹“mspaint.exe”，单击菜单“编辑”→“复制”命令，或者使用“Ctrl + C”快捷键（复制）。

步骤 2：打开目标文件夹“项目”，单击菜单“编辑”→“粘贴”命令，实现复制操作，或者使用“Ctrl + V”快捷键（粘贴）。

（2）使用拖动

选定要复制的文件或文件夹，按住 Ctrl 键不放，用鼠标将选定的文件或文件夹拖动到目标文件夹上，此时目标文件夹处于蓝色的选中状态，并且光标旁出现“+复制到”提示，如图 2-29 所示，松开鼠标左键即可实现复制。还可以按住鼠标右键，然后将文件拖动到新位置。释放鼠标按钮后，单击“复制到当前位置”。此操作适用于同一窗口的复制操作。

10. 移动文件或文件夹

移动文件或文件夹是指把一个文件夹中的一些文件或文件夹移动到另一个文件夹中，执行移动命令后，原文件夹中的内容都转移到新文件夹中，原文件夹中的这些文件或文件夹将不再存在。

移动操作与复制操作有些类似。当使用剪贴板操作时，单击菜单“编辑”→“剪切”命令，或者“Ctrl + X”快捷键（剪切）。使用鼠标左键拖动时，不按住 Ctrl 键（见图 2-30），使用鼠标右键时单击“移动到当前位置”。

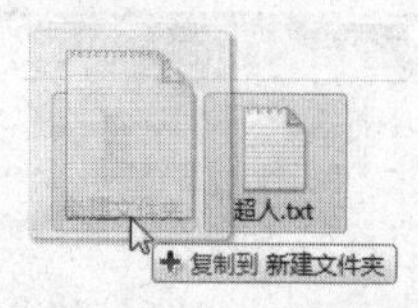

图 2-29 拖动选定文件到目标文件夹复制

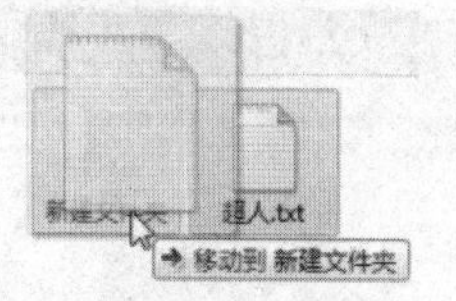

图 2-30 拖动选定文件到目标文件夹移动

①在同一磁盘的各个文件夹之间使用鼠标左键拖动文件或文件夹时，Windows 默认的操作是移动操作。

②在不同磁盘之间拖动文件或文件夹时，Windows 默认的操作为复制操作。

③如果要在不同磁盘之间实现移动操作，可以按住 Shift 键不放，再进行拖动。

11. 删除文件或文件夹

用户可以删除一些不再需要的文件或文件夹，以便对文件或文件夹进行管理。删除后的文件或文件夹被放到“回收站”中，可以选择将其彻底删除或还原到原来的位置。

删除操作有几种方法。

①右击要删除的文件或文件夹，在弹出的快捷菜单中选择“删除”命令。

②选中要删除的文件或文件夹，在“文件”菜单中选择“删除”命令，或者在工具栏中选择“组织”→“删除”命令，或者按键盘上的 Delete 键。

③将要删除的文件或文件夹直接拖动到桌面上的“回收站”中。

执行上述任一操作后，都会弹出“删除文件夹”确认对话框，如图 2-31 所示，单击“是”按钮，则将文件删除到回收站中，单击“否”按钮，将取消删除操作。

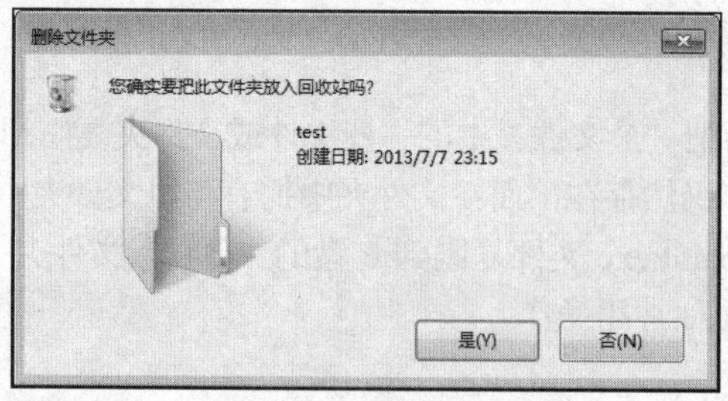

图 2-31 “删除文件夹”——删除到回收站

如果在用右键选择快捷菜单中的“删除”命令的同时按住 Shift 键，或者同时按“Shift + Delete”快捷键，将跳出如图 2-32 所示的对话框，此时实现永久性删除，被删除的文件或文件夹将被彻底删除，不能还原。

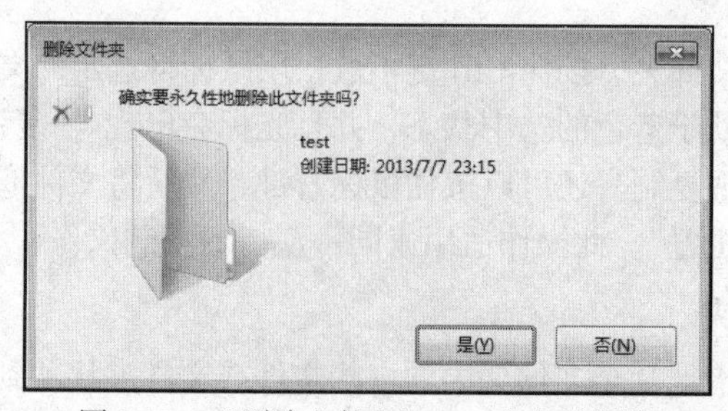

图 2-32 “删除文件夹”——永久性删除

移动介质中的删除操作无论是否使用 Shift 键，都将执行彻底删除。

12．删除或还原回收站中的文件或文件夹

“回收站”提供了一个安全的删除文件或文件夹的解决方案，如果想恢复已经删除的文件，可以在回收站中查找；如果磁盘空间不够，也可以通过清空回收站来释放更多的磁盘空间。删除或还原回收站中的文件或文件夹可以执行以下操作步骤。

步骤 1：双击桌面上的“回收站”图标，打开“回收站”窗口，如图 2-33 所示。

图 2-33　“回收站”窗口

步骤 2：单击“回收站”工具栏中的“清空回收站”按钮，可以删除“回收站”中所有的文件和文件夹；单击“回收站”工具栏中的“还原所有项目”按钮，可以还原所有的文件和文件夹，若要还原某个或某些文件和文件夹，可以先选中这些对象，再进行还原操作。

任务2　控制面板、系统管理

情景描述

Windows 7 操作系统的个性化设置包括用户账户、桌面、主题、输入法、日期和时间、打印机设备等，通过控制面板设置用户账户、个性化桌面、个性化主题等来实现。计算机在使用之后，运行速度会变慢，硬盘上会产生大量的磁盘碎片和临时文件，需要对计算机系统进行维护和优化，使计算机系统性能保持最佳状态。

相关知识与技能

一、控制面板

要定制个性化的计算机环境，主要使用的是“控制面板”。“控制面板”提供了丰富的专门用于更改 Windows 的外观和行为方式的工具。通过它，用户可查看并操作基本的系统设置和控制，如控制用户账户、添加/删除软件、查看设置网络、添加硬件、更改辅助功能选项等。

二、磁盘清理

Windows 为了提供更好的性能，往往会采用建立临时文件的方式加速数据的存取，但如果不对这些临时文件进行定期清理，磁盘中许多空间就会被悄悄占用，而且还会影响系统的整体性能。所以定期对磁盘进行清理是非常有必要的。

磁盘清理可以搜索指定的驱动器，然后列出临时文件，Internet 缓存文件和可以删除的不需要的程序，使用磁盘清理程序删除这些文件中的部分或全部。

三、整理磁盘碎片

在磁盘分区中文件会被分散保存到磁盘的不同地方，而不是连续地保存在磁盘连续的簇中。又因为在文件操作过程中，Windows 系统会调用虚拟内存来同步管理程序，这样就会导致各个程序对硬盘频繁读写，从而产生磁盘碎片。另外，就是当中间的一个扇区内容被删除后会新写入一个较小文件，这样在这个文件的两边就会出现一些空间，这时再写入一个文件，两段空间的任意一部分都不能容纳该文件，这时候就需要将文件分割成两部分，碎片再次产生了。

还有一种情况，也是最常见的，就是下载电影等文件，这期间大家一般会处理一下其他事情，而下载下来的电影文件被迫分割成若干个碎片存储于硬盘中，因此下载是产生碎片的一个重要源头。还有就是经常删除，添加文件，这时候如果文件空间不够大，就会产生大量的磁盘碎片，随着文件的删改频繁，这种情况会日益严重。

虽然说磁盘碎片对于正常工作影响并不大，但是会显著降低硬盘的存取速度，这主要是硬盘读取需要在多个碎片之间跳转，增加了等待盘中旋转到指定扇区的潜伏期和磁头切换磁道所需的寻道时间。磁盘碎片整理是合并硬盘或存储设备上的碎片数据，以便使硬盘或存储设备能够更高效率地工作。

任务实施

一、设置用户账户

Windows 支持多用户，即允许多个用户使用同一台计算机，每个用户只拥有对自己建立的文件或共享文件的读写权利，而对于其他用户的文件资料则无权访问。可以通过如下步骤在一台计算机上创建新的账户。

步骤 1：单击“开始”→“控制面板”，在“控制面板”中单击“用户账户和家庭安全”，切换到“用户账户”窗口。

步骤 2：单击“管理其他账户”选项，打开“管理账户”窗口，如图 2-34（a）所示。

步骤 3：单击“创建一个新账户”选项，为新账户输入一个名字“test”，选择“标准用户”或“管理员”账户类型，如图 2-34（b）所示。

步骤 4：单击“创建账户”按钮。

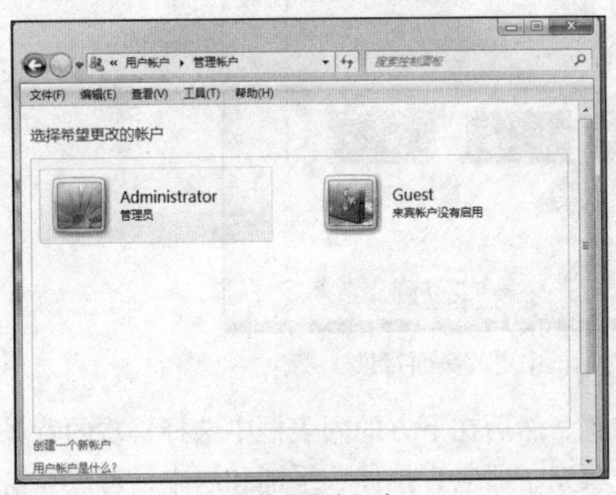

（a）“管理账户”窗口

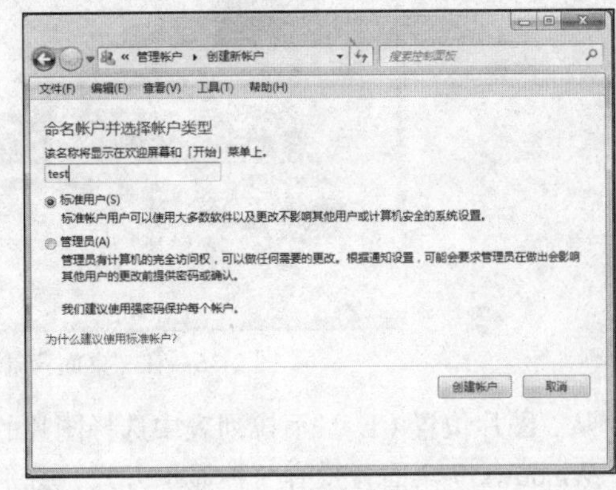

（b）创建新账户

图 2-34 在“用户账户”窗口中创建新账户

二、更改外观和主题

在“控制面板”中，单击“外观和个性化”选项，切换到“个性化”窗口；或者，右击桌面空白处，在弹出的快捷菜单中选择“个性化”命令，如图 2-35 所示。在这里可以设置计算机主题、桌面背景、屏幕保护程序、桌面图标、鼠标指针等。

1. 更换主题

在“个性化”窗口的列表框中选择不同的主题，可以使 Windows 按不同的风格呈现，如图 2-35 所示。

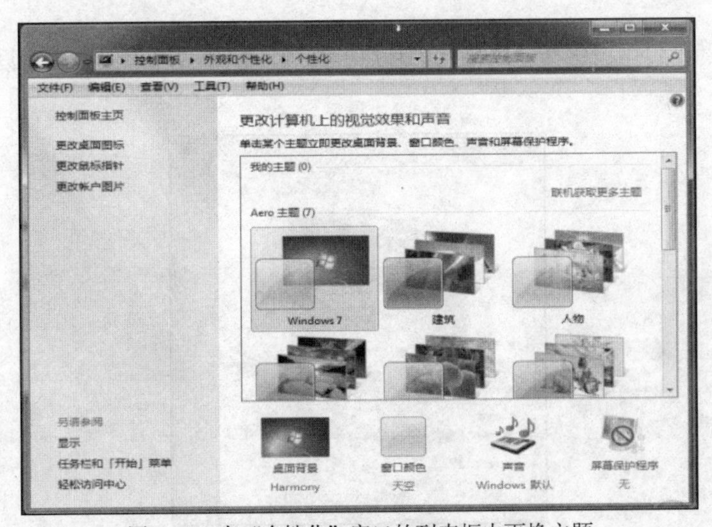

图 2-35 在“个性化”窗口的列表框中更换主题

2．更换桌面背景

在“个性化”窗口中，单击“桌面背景”选项，打开“桌面背景”对话框，如图 2-36 所示。

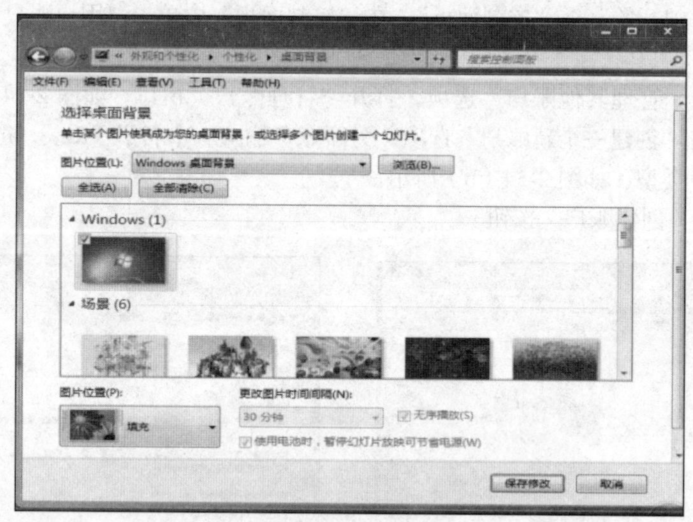

图 2-36　在“桌面背景”对话框中更改桌面背景

从“图片位置（L）”下拉列表中选择图片的位置，然后在下方的列表框中选择喜欢的背景图片。Windows 7 桌面背景有 5 种显示方式，分别是填充、适应、拉伸、平铺和居中，可以在窗口左下角的“图片位置（P）”下拉列表中选择合适的显示方式，设置完成后单击“保存修改”按钮进行保存。

还有一种更加方便的设置桌面背景的方法，即右击图片，从弹出的快捷菜单中选择“设置为桌面背景”命令。

3．设置屏幕保护程序

如果在较长时间内不对计算机进行任何操作，屏幕上显示的内容没有任何变化，显示器局部就会持续显示强光，造成屏幕损坏，使用屏幕保护程序可以避免这类情况的发生。

屏幕保护程序是在一个设定的时间内，当屏幕没有发生任何变化时，计算机自动启动一段程序来使屏幕不断变化或仅显示黑色。当用户需要使用计算机时，只要单击鼠标或按任意键就可以恢复正常使用。

在“个性化”窗口中，选择“屏幕保护程序”选项，打开“屏幕保护程序设置”对话框，如图 2-37 所示。

图 2-37　“屏幕保护程序设置”对话框

单击“屏幕保护程序”下方的下拉列表框箭头，选择一种屏幕保护程序，在“等待”框中输入或选择用户停止操作后经过多长时间激活屏幕保护程序，然后单击“确定”按钮。

4．设置桌面图标

在“个性化”窗口中，单击左侧的“更改桌面图标”选项，打开“桌面图标设置”对话框，如图 2-38 所示。在“桌面图标”组合框中选中相应的复选框，可以将该复选框对应的图标在桌面上显示出来。

如果对系统默认的图标样式不满意，还可以进行更改。

①选择想要修改的图标，单击“桌面图标设置”对话框中的“更改图标”按钮，打开“更改图标”对话框，如图 2-39 所示。

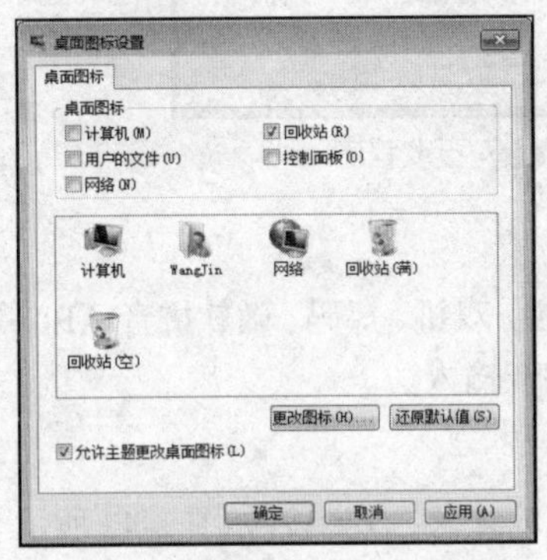

图 2-38　“桌面图标设置”对话框

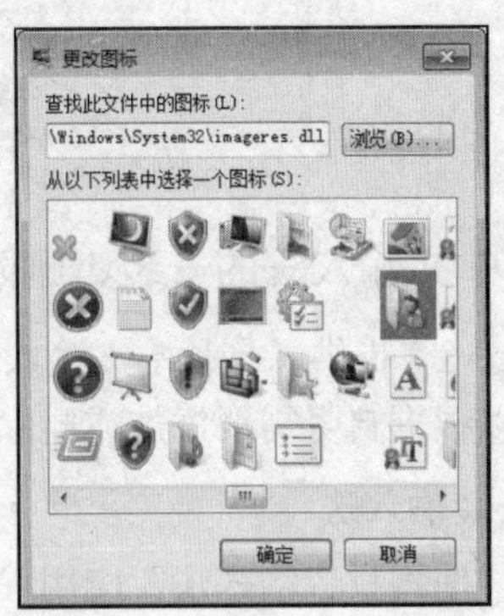

图 2-39　“更改图标”对话框

②在列表中选择喜欢的图标或者单击“浏览”按钮，重新选择图标。

三、设置日期和时间

单击“控制面板”中的“日期和时间”选项，或者单击任务栏上通知区域中的“日期和时间”，打开“日期和时间”对话框，如图 2-40 所示。单击“更改日期和时间”按钮，可以设置日期和时间。

图 2-40　“日期和时间”对话框

四、添加或删除程序

应用软件的安装和卸载可以通过双击安装程序和使用软件自带的卸载程序来完成。“控制面板”也提供了“卸载程序”功能。

在“控制面板”中，单击“程序和功能”选项，打开“程序和功能”窗口。

在“卸载或更改程序”列表中会列出当前安装的所有程序，如图 2-41 所示。选中某一程序后，单击“卸载”或“修复”按钮可以卸载或修复该程序。

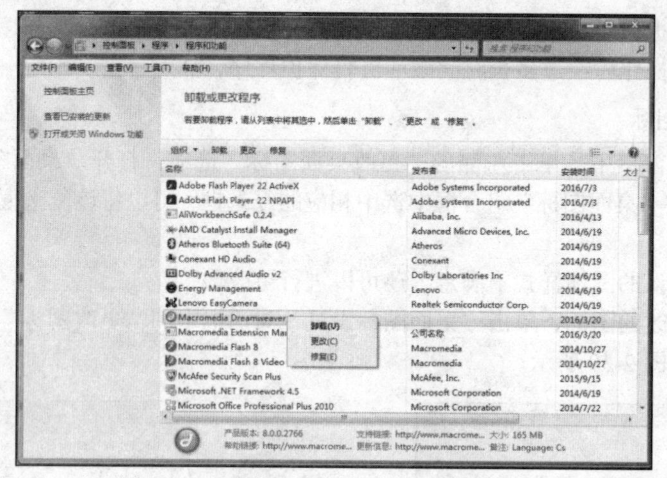

图 2-41 “程序和功能”卸载程序/更改程序

五、中文输入法的安装、删除和设置

Windows 7 提供了多种中文输入法，如简体中文全拼、双拼、郑码、微软拼音 ABC 等。此外，用户还可以根据自身需要添加或删除输入法，如搜狗拼音输入法。

1．安装输入法

双击“搜狗拼音输入法”应用程序，安装搜狗拼音输入法，安装后如图 2-42 所示。

2．删除/卸载输入法

①在“控制面板”中，单击“程序和功能”项，打开“程序和功能”窗口。

②在“卸载或更改程序”列表中，右击“搜狗拼音输入法”程序。

③单击“卸载/更改”按钮，如图 2-43 所示。

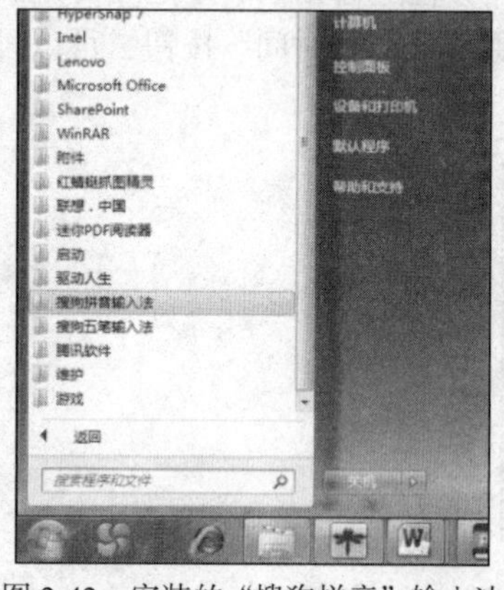

图 2-42 安装的“搜狗拼音”输入法

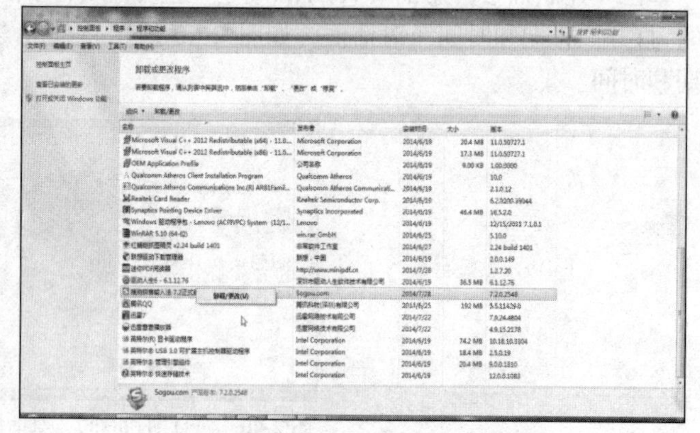

图 2-43 删除/卸载“搜狗拼音”输入法

3．设置输入法

步骤 1：在“控制面板”窗口中单击“更改键盘或其他输入法”，打开如图 2-44 所示的“区域和语言”对话框。

步骤 2：选择“键盘和语言”选项卡，单击“更改键盘”按钮，打开如图 2-45 所示的“文本服务和输入语言”对话框。

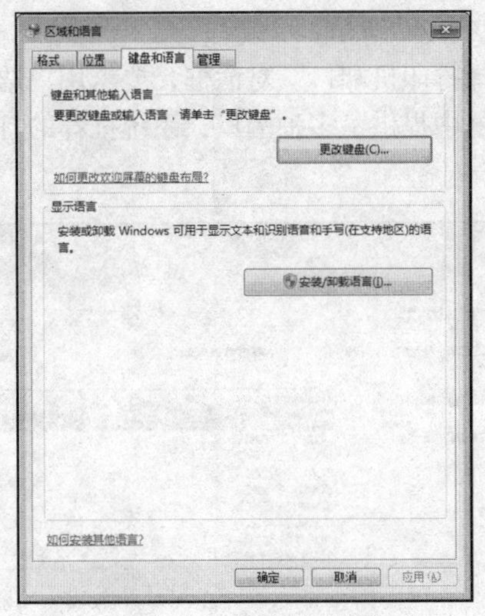

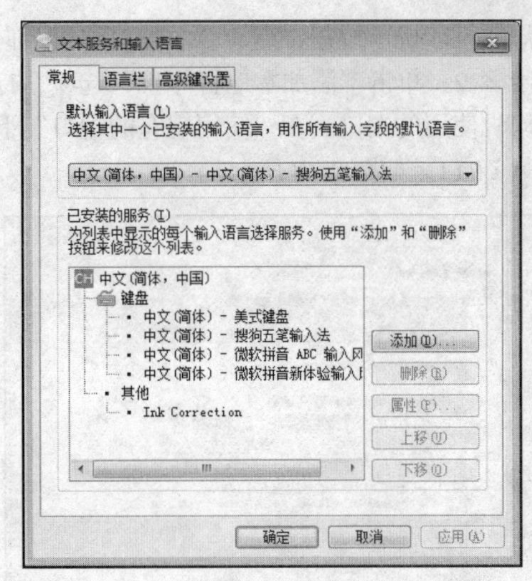

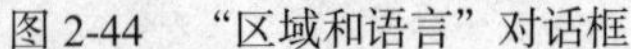

图 2-44　“区域和语言”对话框　　　　图 2-45　“文本服务和输入语言”对话框

步骤 3：单击“添加”按钮，打开如图 2-46 所示的“添加输入语言”对话框。选择需要的已安装的输入法，单击“确定”按钮，完成输入法的设置。

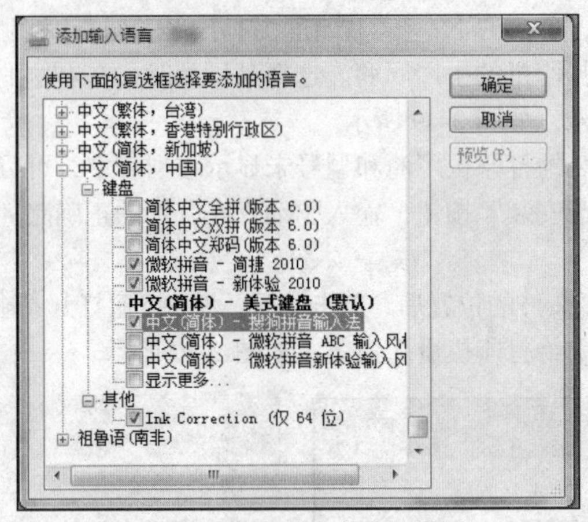

图 2-46　“添加输入语言”对话框

也可以右击“任务栏”中的“输入法”指示器，从快捷菜单中选择“设置”命令，从而打开“文本服务和输入语言”对话框进行输入法的添加或删除。

六、设置打印机

在用户使用计算机的过程中，有时需要将一些文档或图片以书面的形式输出，这时就需要使用打印机。

在 Windows 7 中，用户不但可以在本地计算机上安装打印机，如果接入网络，还可以安装网络打印机，使用网络中的共享打印机来完成打印。

1. 安装本地打印机

Windows 7 自带了一些硬件的驱动程序，在启动计算机的过程中，系统会自动搜索连接的新硬件并加载其驱动程序。

如果连接的打印机的驱动程序没有显示在系统的硬件列表中，就需要进行手动安装，安装步骤如下。

步骤 1：在“控制面板”中，单击“设备和打印机”选项，打开“设备和打印机”窗口。单击“添加打印机”按钮，启动“添加打印机”向导，如图 2-47 所示。

步骤 2：单击“添加本地打印机”选项，打开“选择打印机端口”对话框，要求用户选择安装打印机使用的端口。在“使用现有的端口”下拉列表框中提供了多种端口，系统推荐的打印机端口是 LPT1，如图 2-48 所示。

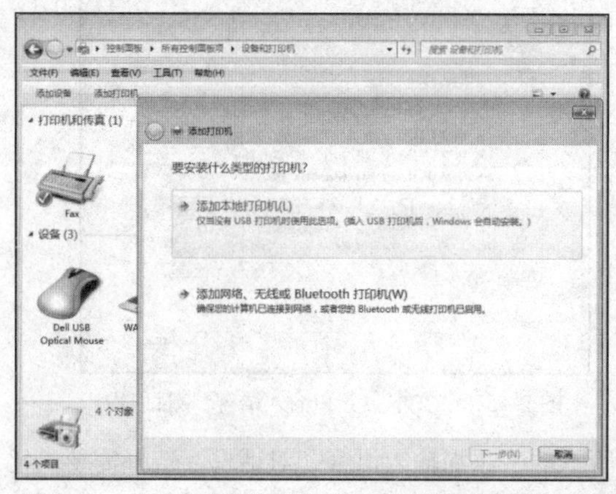

图 2-47 “设备和打印机”窗口和“添加打印机”向导

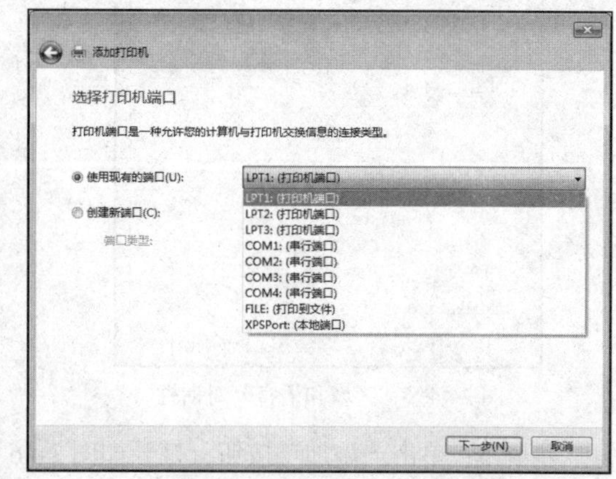

图 2-48 “选择打印机端口”对话框

步骤 3：选定端口后，单击“下一步”按钮，打开“安装打印机驱动程序”对话框。在左侧的“厂商”列表中罗列了打印机的生产厂商。选择某厂商时，在右侧的“打印机”列表中会显示该生产厂商相应的产品型号，如图 2-49 所示。

步骤 4：如果用户安装的打印机厂商和型号未显示在列表中，可以使用打印机附带的安装光盘进行安装。单击“从磁盘安装”按钮，输入驱动程序文件的正确路径，返回到“安装打印机软件”对话框。

步骤 5：确定驱动程序文件的位置后，单击“下一步”按钮打开“输入打印机名称”对话框，在“打印机名称”文本框中给打印机重新命名，如图 2-50 所示。

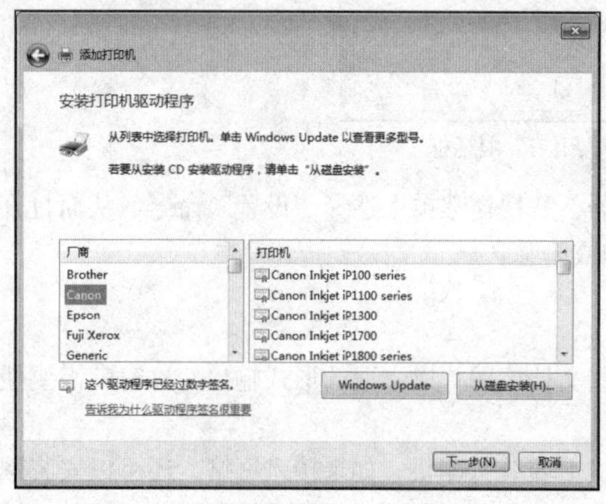

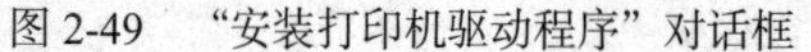

图 2-49 “安装打印机驱动程序”对话框

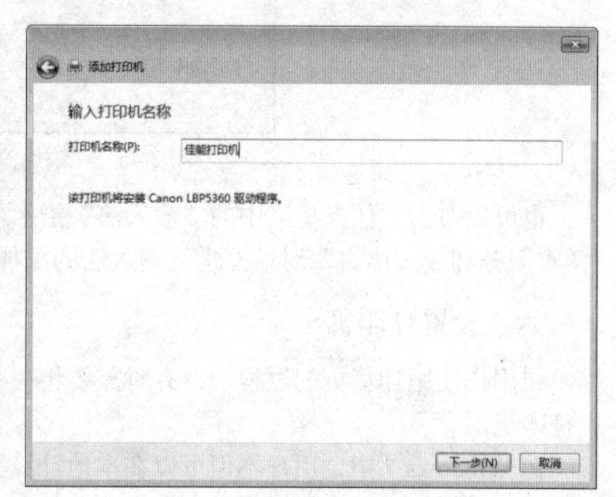

图 2-50 “输入打印机名称”对话框

步骤 6：单击“下一步”按钮，屏幕上会出现“正在安装打印机”对话框，它显示了安装进度，如图 2-51 所示。当安装完成后，对话框会提示安装成功，在该对话框中可以将该打印机设置为默认的打印机。如果用户要确认打印机是否连接正确，且顺利安装驱动，可以单击“打印测试页”按钮，如图 2-52 所示，这时打印机会进行测试页的打印。

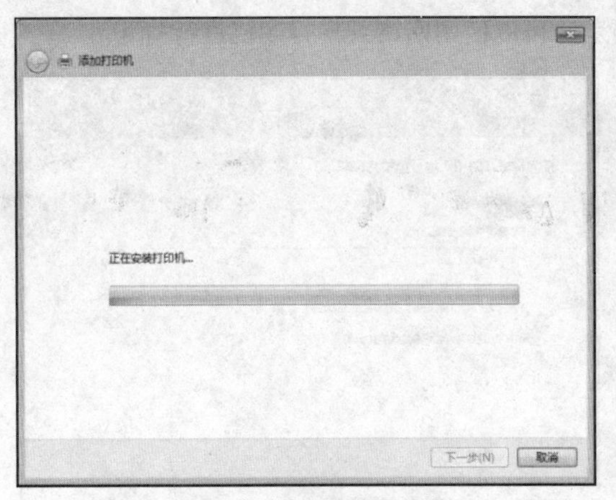

图 2-51　打印机安装进度

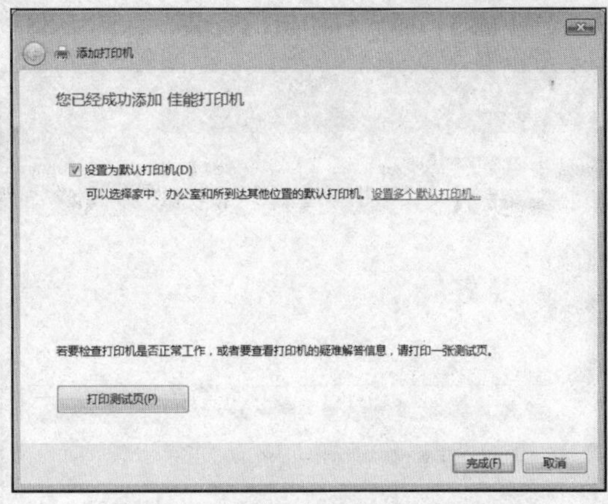

图 2-52　设置默认打印机并打印测试页

步骤 7：单击“完成”按钮，在“设备和打印机”窗口中会出现刚刚添加的打印机的图标。如果用户将其设置为默认打印机，则在图标旁边会有一个带“√”标志的绿色小圆，如图 2-53 所示。

2. 安装网络打印机

如果用户处于网络中，而网络中有已共享的打印机，那么用户也可以添加网络打印机驱动程序，使用网络中的共享打印机进行打印。

网络打印机的安装与本地打印机的安装过程类似，前两步操作完全相同，从第三步开始的操作步骤如下。

步骤 1：在“要安装什么类型的打印机”对话框中选择安装“添加网络、无线或 Bluetooth 打印机”，如图 2-54 所示。

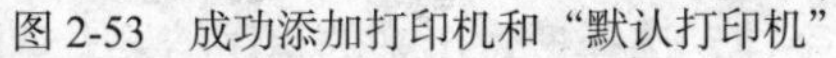

图 2-53　成功添加打印机和“默认打印机”

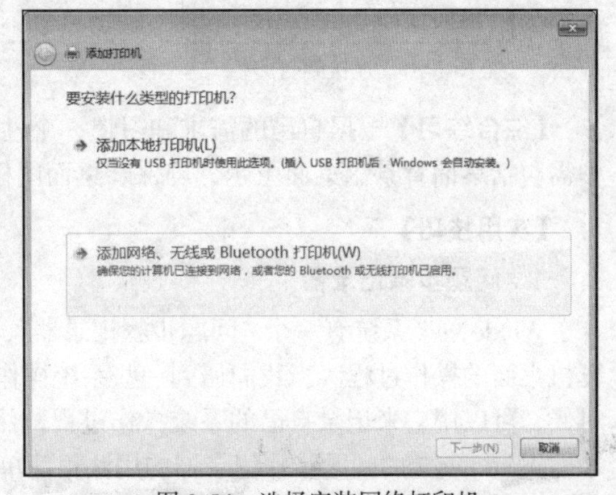

图 2-54　选择安装网络打印机

步骤 2：在“搜索可用打印机”对话框中，可以在搜索框中指定要连接的网络共享打印机，或者单击“我需要的打印机不在列表中”选项，如图 2-55 所示，打开“按名称或 TCP/IP 地址查找打印机”对话框，通过“浏览打印机”“按名称选择共享打印机”或“使用 TCP/IP 地址或主机名添加打印机”的方式进行连接，如图 2-56 所示。如果不清楚网络中共享打印机的位置等相关信息，可以选择“浏览打印机”，让系统搜索网络中可用的共享打印机。如果要使用 Internet、家庭或办公网络中的打印机，可以选择另两个选项。单击“下一步”按钮进行连接，如图 2-57 所示。

步骤 3：完成打印机的安装，如图 2-58 所示，可以使用网络共享打印机进行打印。

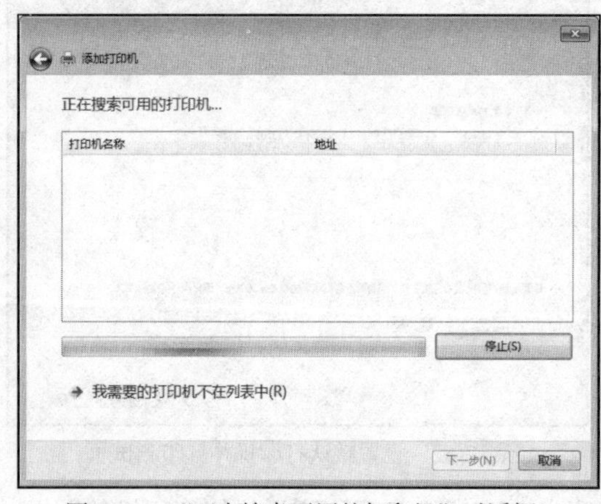

图 2-55 “正在搜索可用的打印机”对话框

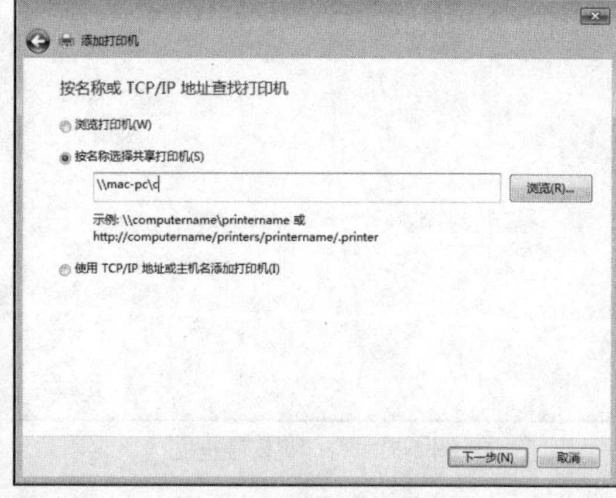

图 2-56 “按名称或 TCP/IP 地址查找打印机”对话框

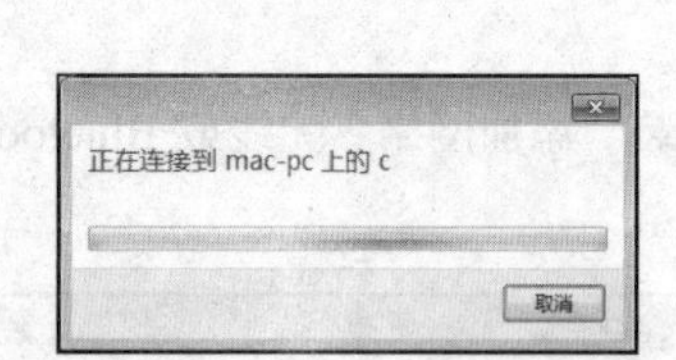

图 2-57 连接到打印机

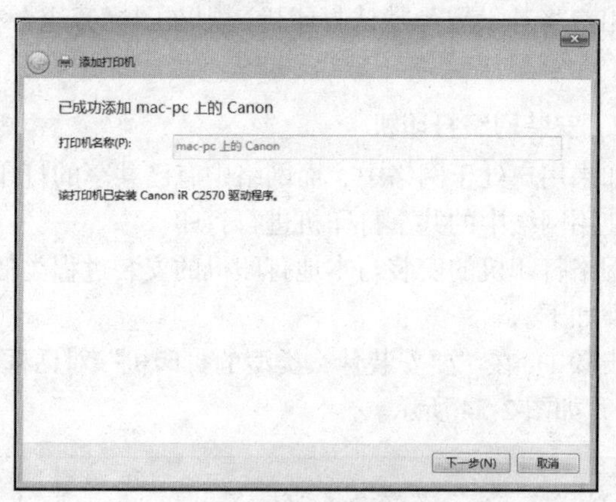

图 2-58 成功添加网络打印机

【综合练习】根据自己的需求和习惯，个性化定制自己的计算机，分类管理计算机文件，其中需包括桌面背景、桌面主题、屏保、桌面图标、输入法、快捷方式、库、文件和文件夹显示。

【实用技巧】

1. 问题步骤记录器

Windows 7 系统有一个“问题步骤记录器”，它可以快速轻松同时又高效准确地记录用户在计算机桌面的操作过程。当我们遇到一些系统操作问题想要请教或者指导朋友却又感觉说不清楚的时候，可以用它来记录自己的系统操作过程，然后发给朋友。

Windows 7 的问题步骤记录器的用法很简单，先单击 Windows 7 桌面左下角的圆形“开始”按钮，在搜索栏中输入 PSR，或者输入中文“记录”字样，选择搜索出来的程序结果，就可以打开 Windows 7 系统问题步骤记录器。单击“开始记录”按钮，即可进入录制状态，这时候开始操作计算机，每单击一次鼠标，Windows 7 问题步骤记录器就会做一次截屏，并逐一记录鼠标、键盘和屏幕的操作过程。录制过程中如果担心有些步骤的记录说明不够详细，单击“问题步骤记录器”界面中的“添加注释”按钮，鼠标会变成一个“+”字，操作界面变成白色半透明效果，拖动鼠标，把需要强调的部分圈出矩形，在弹出的“添加注释”对话框中输入更加详细的描述信息即可。

单击“停止记录”后，Windows 7 系统会把这一组操作的截屏图片和文字描述整理成一个

MHTML 文件，为了方便传送文件，“问题步骤记录器”生成一个 zip 文件，然后保存到用户指定的文件夹中。朋友收到 zip 文件后，解压即可看到 MHTML 文件，在浏览器中打开，就能很准确地了解当时的操作过程。

2．快速获得文件路径

打开资源管理器，找到需要获取完整路径的文件，然后按住 Shift 键，用鼠标右键单击目标文件或者文件夹，在右键菜单中选择“复制为路径”，这个文件或者文件夹的完整路径就会粘贴到 Windows 7 剪贴板上。然后直接使用“Ctrl + V”快捷键，将文件路径粘贴在所需要的位置上即可。

项目三　文字处理软件 Word 2010 的应用

项目目标

- 了解 Word 2010 的窗口界面，学会启动和退出 Word 2010
- 掌握文档的新建与保存操作
- 掌握文字的录入、编辑和排版技能
- 掌握对文档进行图文混排的操作方法
- 掌握表格的创建和编辑操作
- 掌握表格数据的计算和排序
- 掌握长篇文档的排版技巧
- 学会使用邮件合并功能批量生成文档

任务 1　制作入党申请书

情景描述

小李是一名在校大学生，他学习成绩优异，积极参加学院组织的各项活动，并在比赛中多次获奖，因为其表现突出、思想上进，他向系部提交了入党申请书，希望能够加入中国共产党。

作品展示

图 3-1 为完成后的入党申请书。

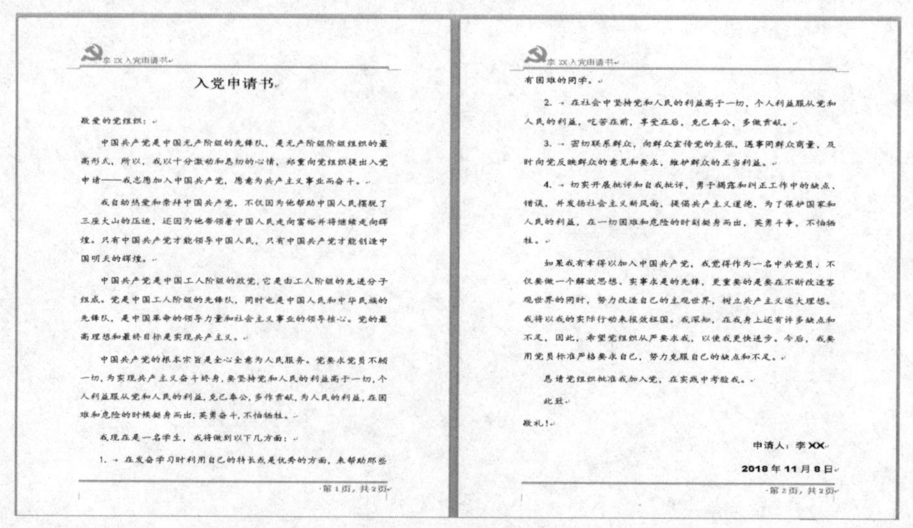

李XX入党申请书

入党申请书

敬爱的党组织：

中国共产党是中国无产阶级的先锋队，是无产阶级阶级组织的最高形式，所以，我以十分激动和急切的心情，郑重向党组织提出入党申请——我志愿加入中国共产党，愿意为共产主义事业而奋斗。

我自幼热爱和崇拜中国共产党，不仅因为他帮助中国人民摆脱了三座大山的压迫，还因为他带领着中国人民走向富裕并将继续走向辉煌。只有中国共产党才能领导中国人民，只有中国共产党才能创造中国明天的辉煌。

中国共产党是中国工人阶级的政党，它是由工人阶级的先进分子组成。党是中国工人阶级的先锋队，同时也是中国人民和中华民族的先锋队，是中国革命的领导力量和社会主义事业的领导核心。党的最高理想和最终目标是实现共产主义。

中国共产党的根本宗旨是全心全意为人民服务。党要求党员不顾一切，为实现共产主义奋斗终身，要坚持党和人民的利益高于一切，个人利益服从党和人民的利益，克己奉公，多作贡献，为人民的利益，在困难和危险的时候挺身而出，英勇奋斗，不怕牺牲。

我现在是一名学生，我将做到以下几方面：

1. 在发奋学习时利用自己的特长或是优秀的方面，来帮助那些

第1页，共2页

李XX入党申请书

有困难的同学。

2. 在社会中坚持党和人民的利益高于一切，个人利益服从党和人民的利益，吃苦在前，享受在后，克己奉公，多做贡献。

3. 密切联系群众，向群众宣传党的主张，遇事同群众商量，及时向党反映群众的意见和要求，维护群众的正当利益。

4. 切实开展批评和自我批评，勇于揭露和纠正工作中的缺点、错误，并发扬社会主义新风尚，提倡共产主义道德，为了保护国家和人民的利益，在一切困难和危险的时刻挺身而出，英勇斗争，不怕牺牲。

如果我有幸得以加入中国共产党，我觉得作为一名中共党员，不仅要做一个解放思想、实事求是的先锋，更重要的是要在不断改造客观世界的同时，努力改造自己的主观世界，树立共产主义远大理想。我将以我的实际行动来报效祖国。我深知，在我身上还有许多缺点和不足，因此，希望党组织从严要求我，以使我更快进步。今后，我要用党员标准严格要求自己，努力克服自己的缺点和不足。

恳请党组织批准我加入党，在实践中考验我。

此致

敬礼！

申请人：李XX

2018年11月8日

第2页，共2页

图 3-1　入党申请书

任务要点

- 建立文档并设置文档的页面布局
- 输入文档内容、编辑文本（删除、移动、复制、查找与替换等操作）
- 设置文档字符与段落格式
- 设置文档的页眉和页脚
- 新建与保存文档

任务实施

一、新建文档并保存

①启动 Word 2010 应用程序，系统会自动创建一个名为“文档 1”的空白文档。

②执行“文件”→“保存”命令，将“文档 1”以“李 XX 入党申请书.docx”为名保存在“项目 3\任务 1”文件夹中。

二、页面设置

设置纸张大小为 A4，上、左、右页边距均为 3 厘米，下页边距为 2 厘米，纵向排版。步骤如下：

①单击“页面布局”选项卡中的“页面设置”功能组右下角的对话框启动器按钮，打开“页面设置”对话框。

②选择“纸张”选项卡，在“纸张大小”列表中设置纸张大小为 A4，如图 3-2 所示。

③选择“页边距”选项卡，在“上”、“下”、“左”、“右”框内分别设置页边距的值，如图 3-3 所示。

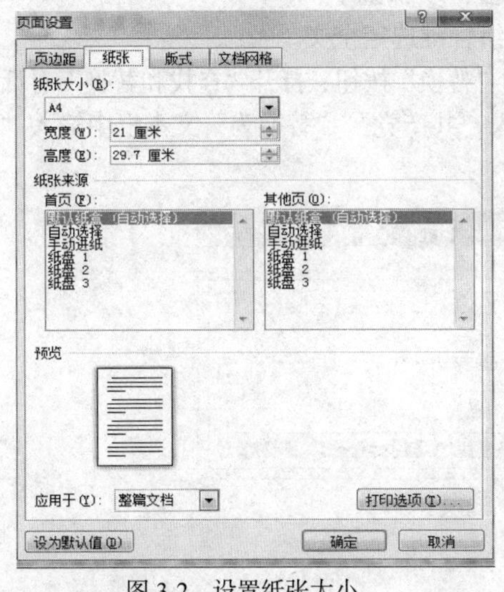

图 3-2 设置纸张大小

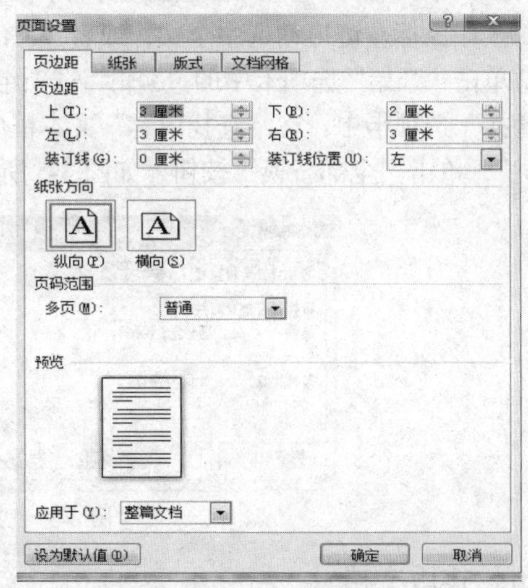

图 3-3 设置页边距和纸张方向

④设置完成后单击“确定”按钮。

三、输入文本

按照如图 3-4 所示，在文档中输入字符。（提示：如果要输入键盘上没有的字符，可单击“插入”选项卡中的“符号”选项组中的符号按钮。）

入党申请书
敬爱的党组织：
共产党是中国无产阶级的先锋队，是无产阶级阶级组织的最高形式，所以，我以十分激动和恳切的心情，郑重向党组织提出入党申请——我志愿加入共产党，愿意为共产主义事业而奋斗。
我自幼热爱和崇拜共产党，不仅因为他帮助中国人民摆脱了三座大山的压迫，还因为他带领着中国人民走向富裕并将继续走向辉煌。只有共产党才能领导中国人民，只有共产党才能创造中国明天的辉煌。
共产党是中国工人阶级的政党，它是由工人阶级的先进分子组成。党是中国工人阶级的先锋队，同时也是中国人民和中华民族的先锋队，是中国革命的领导力量和社会主义事业的领导核心。党的最高理想和最终目标是实现共产主义。
共产党的根本宗旨是全心全意为人民服务。党要求党员不顾一切，为实现共产主义奋斗终身，要坚持党和人民的利益高于一切，个人利益服从党和人民的利益，克己奉公，多作贡献，为人民的利益，在困难和危险的时候挺身而出，英勇奋斗，不怕牺牲。
我现在是一名学生，我将做到以下几方面：
在发奋学习时利用自己的特长或是优秀的方面，来帮助那些有困难的同学。
在社会中坚持党和人民的利益高于一切，个人利益服从党和人民的利益，吃苦在前，享受在后，克己奉公，多做贡献。
密切联系群众，向群众宣传党的主张，遇事同群众商量，及时向党反映群众的意见和要求，维护群众的正当利益。
与此同时还要切实开展批评和自我批评，勇于揭露和纠正工作中的缺点、错误，并发扬社会主义新风尚，提倡共产主义道德，为了保护国家和人民的利益，在一切困难和危险的时刻挺身而出，英勇斗争，不怕牺牲。
如果我有幸得以加入共产党，我觉得作为一名中共党员，不仅要做一个解放思想、实事求是的先锋，更重要的是要在不断改造客观世界的同时，努力改造自己的主观世界，树立共产主义远大理想。我将以我的实际行动来报效祖国。我深知，在我身上还有许多缺点和不足，因此，希望党组织从严要求我，以使我更快进步。今后，我要用党员标准严格要求自己，努力克服自己的缺点和不足。
恳请党组织批准我加入党，在实践中考验我。
此致
敬礼！
申请人：李XX
2018年11月8日

图3-4　输入文档内容

四、编辑文档

将文档中所有的“共产党”替换成“中国共产党”。步骤如下：

①按住鼠标左键拖动选中全文，或者按Ctrl+A组合键选定全文。

②单击“开始”选项卡中的“编辑”选项组中的“替换”按钮，打开“查找和替换”对话框，在“替换”选项卡中，在“查找内容”文本框中输入“共产党”，“替换为”文本框中输入“中国共产党”，单击“全部替换”按钮，如图3-5所示。

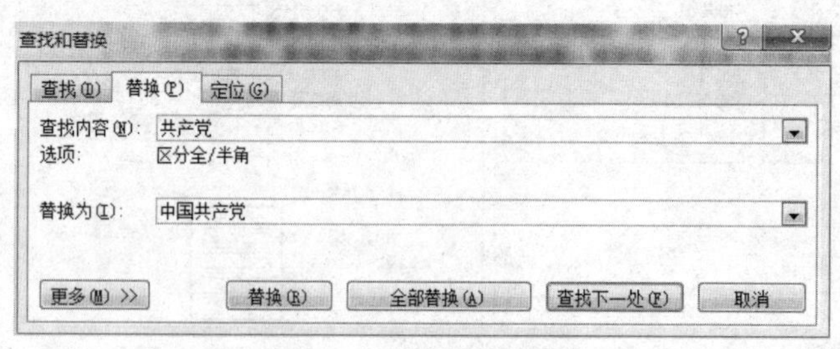

图3-5　“替换”选项卡

五、排版文档

1. 设置标题格式

设置标题“入党申请书”的字符格式和段落格式。字符格式：宋体、二号、加粗、字符间距加宽2磅；段落格式：居中、段前间距0.5行、段后间距2行。步骤如下：

（1）设置字符格式

选中标题文本“入党申请书”，利用“开始”选项卡中的“字体”功能组中的相应工具按钮进行字体、字号设置，如图 3-6 所示。

（2）设置字符间距

选中标题文本“入党申请书”，单击“开始”选项卡中的“字体”功能组右下角的对话框启动器按钮，打开“字体”对话框，切换到“高级”选项卡，按照如图 3-7 所示进行设置并单击“确定”按钮。

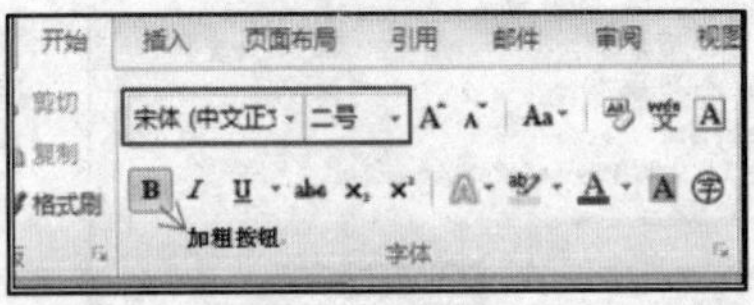

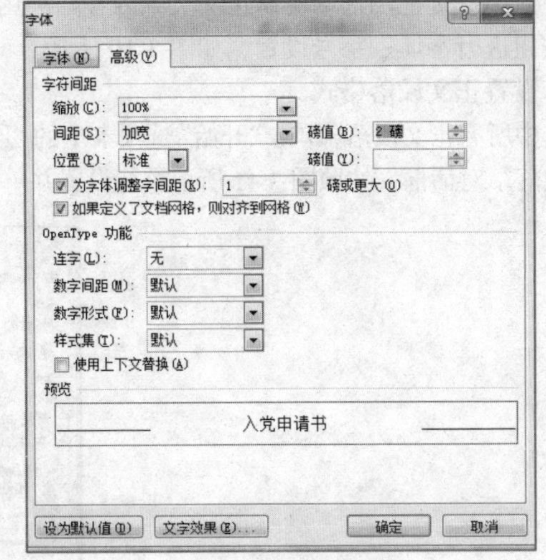

图 3-6　设置标题的字符格式

图 3-7　设置字符间距

（3）设置段落格式

将光标定位在“入党申请书”文本段落中，利用“开始”选项卡中的“段落”功能组中的相应工具按钮进行段落的“居中”设置，如图 3-8 所示。然后单击“开始”选项卡中的“段落”功能组右下角的对话框启动器按钮，打开“段落”对话框，按照如图 3-9 所示进行设置并单击“确定”按钮。

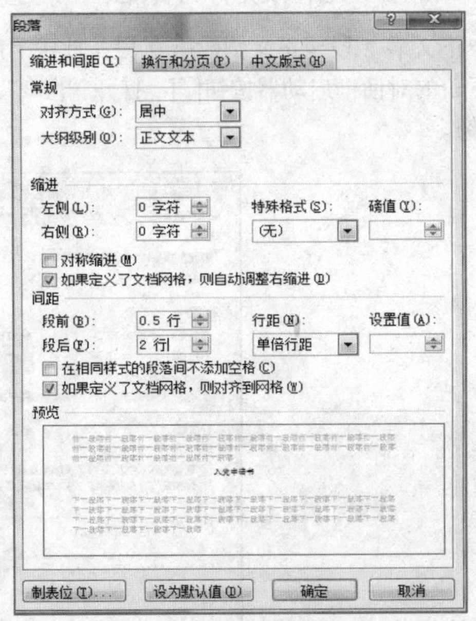

图 3-8　设置段落居中

图 3-9　设置段落格式

2．设置正文格式

正文内容包括从除标题段落之外的第 1 段到最后两行落款之前的段落。将正文设置为楷体、14 磅；正文所有段落段前间距为 6 磅，段落行距为 1.5 倍，正文除第 1 段（“敬爱的党组织”）和最后 1 段（“敬礼”）外，其余段落首行缩进 2 字符。步骤如下：

（1）设置正文字体格式

按住鼠标左键拖动选中所有正文文本内容，利用“开始”功能区中的“字体”功能组中的相应工具按钮进行字体、字号设置，如图 3-10 所示。

（2）设置正文段落格式

①选中所有正文段落，单击“开始”选项卡中的“段落”功能组右下角的对话框启动器按钮，打开“段落”对话框，按照图 3-11 所示进行设置并单击“确定”按钮。

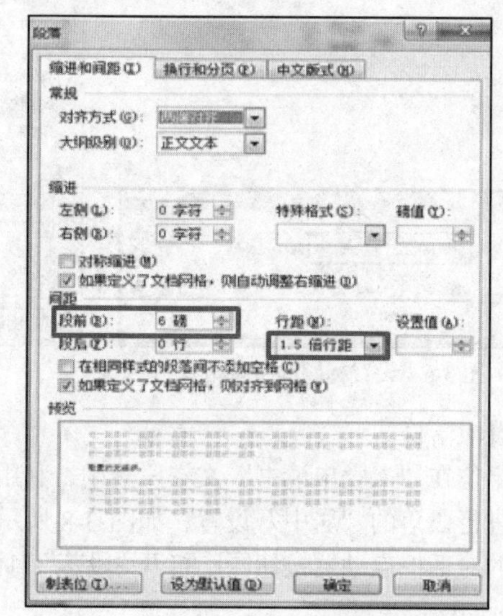

图 3-10　设置正文文本的字符格式　　图 3-11　设置正文段落间距和行距

②选中正文第 2 段至正文倒数第 2 段（此致）所有段落，单击“开始”选项卡中的“段落”功能组右下角的对话框启动器按钮，打开“段落”对话框，按照图 3-12 所示进行设置并单击“确定”按钮。

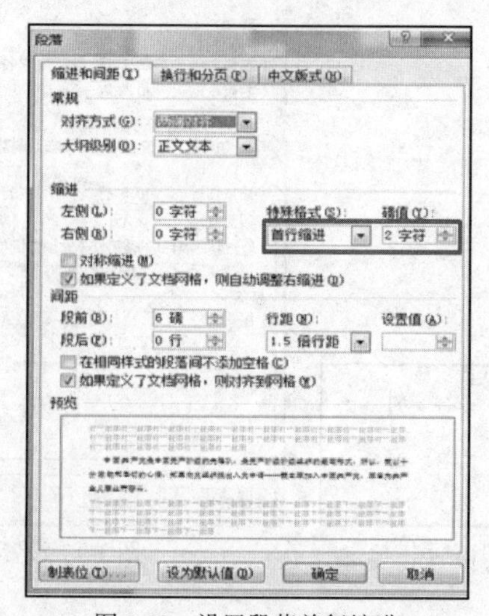

图 3-12　设置段落首行缩进

（3）设置段落项目编号

①选中正文 7 至 10 段，单击“开始”选项卡中的“段落”选项组中的“编号”按钮，在弹出的列表中选择编号库中的“1.2.3”，如图 3-13 所示。

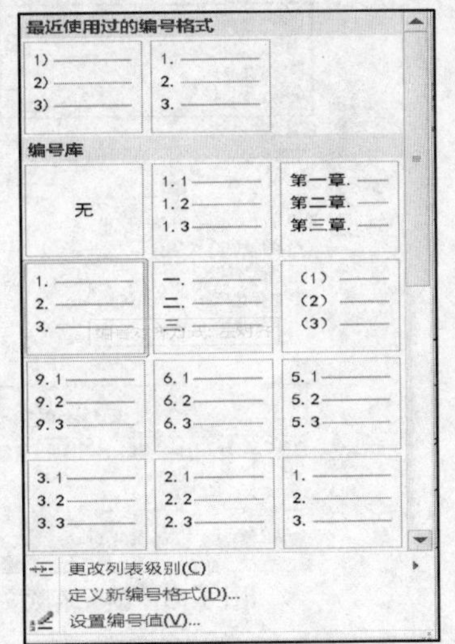

图 3-13　段落编号设置

②再次选中这几段，在选定的文本上单击鼠标右键，在弹出的快捷菜单中单击“段落”命令，打开“段落”对话框，按如图 3-14 所示进行设置并单击“确定”按钮。

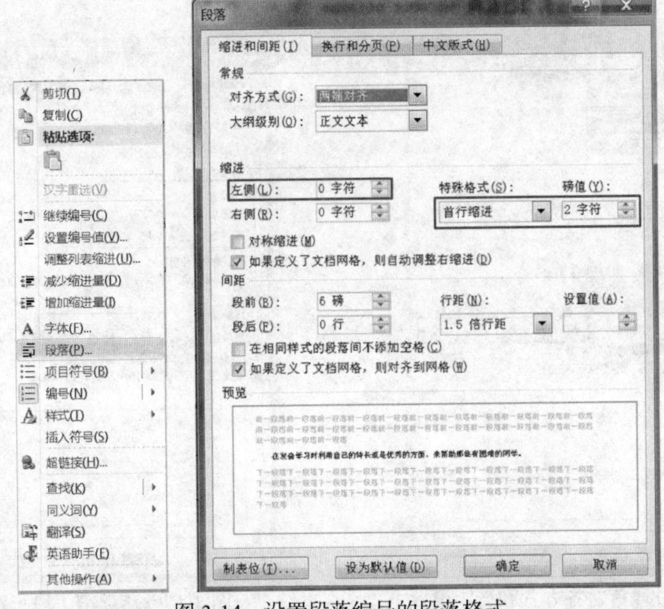

图 3-14　设置段落编号的段落格式

3．设置落款的格式

设置落款（最后两行）的字符格式：中文黑体、西文 Arial Black、14 磅；段落格式：右对齐、2.5 倍行距。落款第 1 段（申请人……）右缩进 1.25 个字符。步骤如下：

（1）设置落款字符格式

选中落款处的两段文本，在选定的文本上单击鼠标右键，在弹出的快捷菜单中单击“字体”

命令，打开“字体”对话框，按照图 3-15 所示进行设置并单击“确定”按钮。

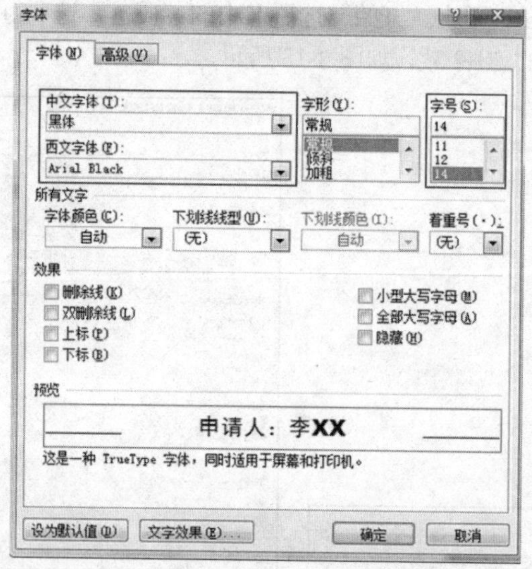

图 3-15　设置落款文本的字符格式

（2）设置落款段落格式

①选中落款处的两段文本段落，在选定的文本上单击鼠标右键，在弹出的快捷菜单中单击“段落”命令，打开“段落”对话框，按照图 3-16 所示进行设置并单击“确定”按钮。

②鼠标右键单击落款第 1 段，在弹出的快捷菜单中单击“段落”命令，打开“段落”对话框，按照图 3-17 所示进行设置并单击“确定”按钮。

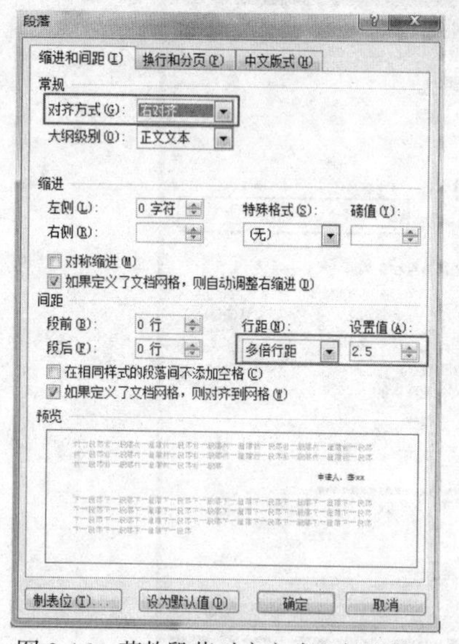

图 3-16　落款段落对齐方式和行距设置

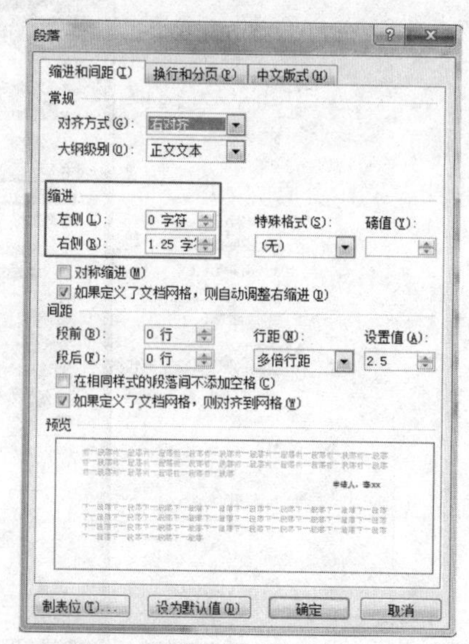

图 3-17　落款第 1 段行距设置

4. 设置页眉和页脚

页眉和页脚分别位于页面的顶部和底部，常用来插入页码、时间和日期、作者姓名或公司徽标等内容。该任务需要在页眉中输入“李 XX 入党申请书”，字号 12 磅；插入党徽，党徽缩放比例为 5%，在页眉页脚中分别设置上细下粗和上粗下细的横线，并在页脚右侧处添加页码，页码格式为“第 X 页，共页”并设置右对齐，本任务完成后页眉和页脚效果如图 3-18 所示。步骤如下：

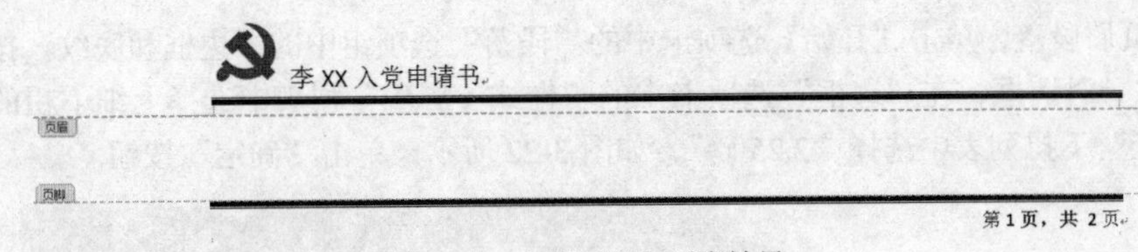

图 3-18　文档页眉和页脚效果

（1）设置页眉内容和页眉格式

①单击“插入”选项卡中的“页眉和页脚”功能组中的“页眉”按钮，在展开的列表中选择内置“空白”样式，如图 3-19 所示。在“输入文字”处输入文字“李 XX 入党申请书”，按 Ctrl+L 组合键设置段落左对齐，并将文字选定设置为宋体、小四号，如图 3-20 所示，将光标定位在页眉下面的空段，按 Delete 键删除。

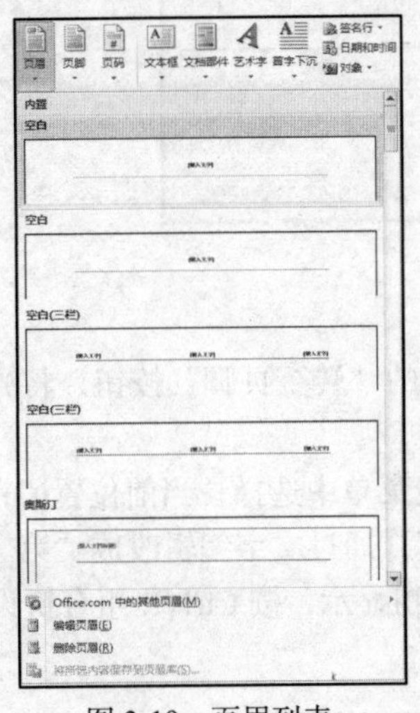

图 3-19　页眉列表

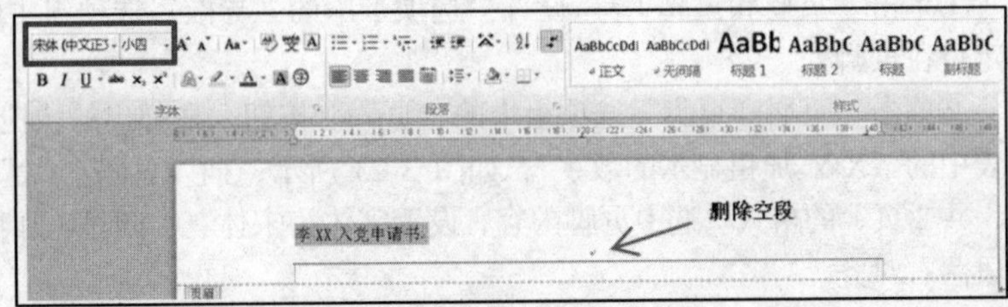

图 3-20　页眉文字

②光标定位在页眉文字前，单击“插入”选项卡中的“插图”选项组中的“图片”按钮，将任务 1 文件夹中的“党徽.jpg”图片插入到文字内容前面，鼠标右键单击图片，在打开的快捷菜单中单击“大小和位置（Z）...”命令，打开“布局”对话框，在“大小”选项卡中将“缩放”比例设置为高度 5%，宽度 5%，如图 3-21 所示，单击“确定”按钮。

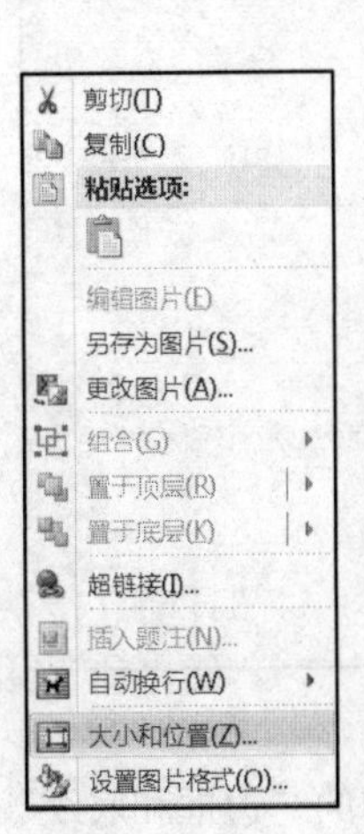

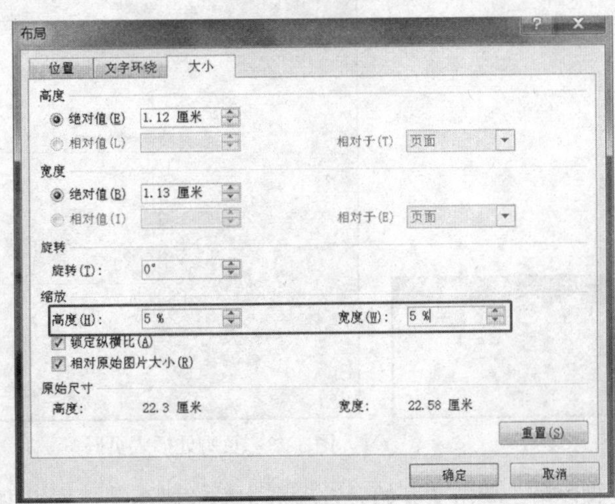

图 3-21　图片大小的设置

③选中页眉段落，单击“开始”选项卡中的“段落”选项组中的“边框和底纹”按钮，打开“边框和底纹”对话框，在“边框”选项卡中的“样式（Y）:”列表中选择上细下粗的线型，在“宽度（W）:”下拉列表中选择“2.25 磅”，如图 3-22 所示，单击“确定”按钮。

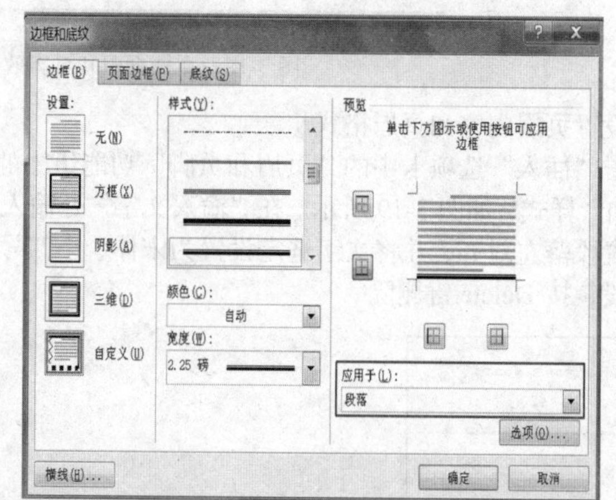

图 3-22　页眉边框线设置

（2）设置页脚内容和页脚格式

①单击“页眉和页脚工具 设计”选项卡中的“导航”选项组中的“转至页脚”按钮，将光标定位在页脚处。

②单击“页眉和页脚”选项组中的“页码”按钮，在弹出的快捷菜单中选择“当前位置(C)”列表中的“X/Y 加粗显示的数字”，如图 3-23 所示，插入页码“1\2”，通过文字编辑改成“第 1 页，共 2 页”的格式。选中页脚内容，设置字体为宋体、小四号，加粗显示，按 Ctrl+R 组合键设置段落右对齐。

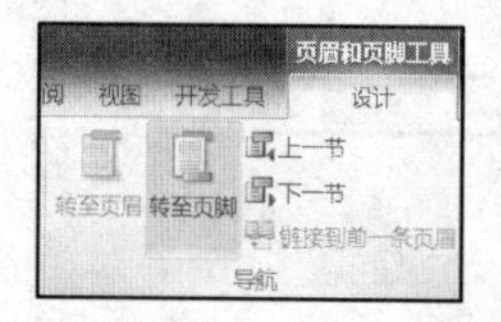

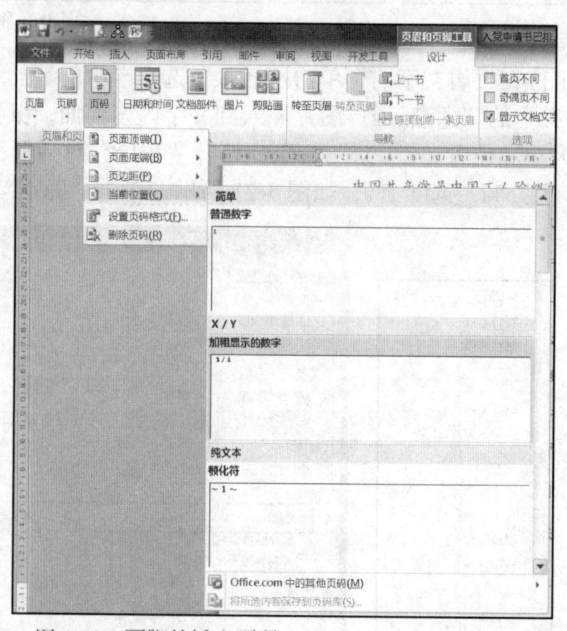

图 3-23　页脚处插入页码

③选中页脚段落，单击“开始”选项卡中的“段落”选项组中的“边框和底纹”按钮，打开“边框和底纹”对话框，在“边框”选项卡中单击“设置:”中的“自定义”，在“样式（Y）:”

列表中选择上粗下细的线型，在“宽度（W）:”下拉列表中选择“2.25 磅”，在“预览”处单击“上框线”按钮，如图 3-24 所示，单击“确定”按钮。

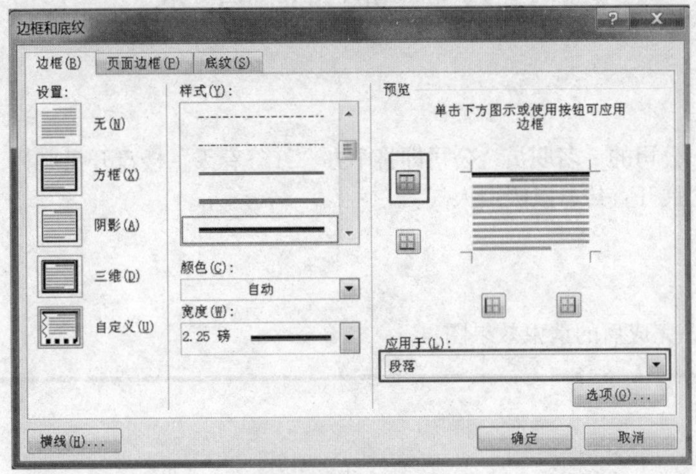

图 3-24　页脚边框设置

④单击“页眉和页脚工具 设计”选项卡中的“关闭”选项组中的“关闭页眉和页脚”按钮，退出页眉和页脚的编辑，如图 3-25 所示。

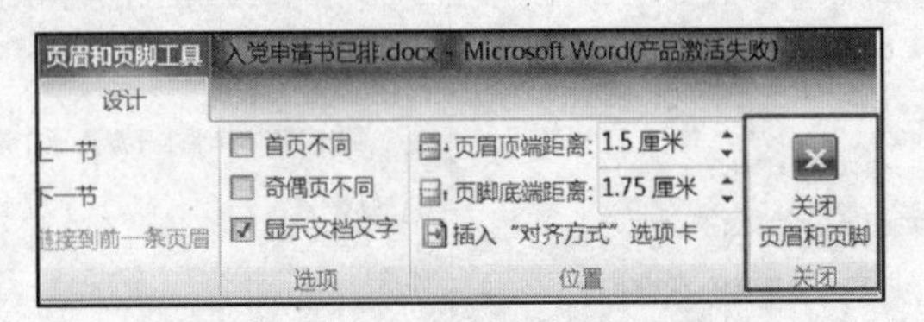

图 3-25　关闭页眉和页脚按钮

六、保存文档

单击快速访问工具栏中的“保存”按钮，如图 3-26 所示。文档默认保存在“项目三\任务 1”文件夹下。

图 3-26　快速访问工具栏

任务2 制作请柬

情景描述

小王是某房产公司的一名职员，公司即将举办“红谷春天”楼盘开盘典礼，领导要小王制作一份请柬，为公司展开宣传，以吸引人气。

作品展示

图 3-27 为小王完成后的请柬效果图。

图 3-27 请柬效果图

任务要点

- 设置分栏及首字下沉
- 在文档中插入艺术字、文本框、图形并能够进行格式设置
- 为文本框、图形添加文本
- 图形的组合与对象的环绕方式设置
- 水印的添加与编辑
- 页面边框的设置

任务实施

一、打开文档并保存文档

①双击“项目三\任务 2\素材”文件夹下的“请柬（文本）.docx”，打开素材文档。

②单击“文件→另存为”命令，将“请柬（文本）.docx”以“红谷春天开盘请柬.docx”为名

保存在“项目三\任务 2”文件夹中，如图 3-28 所示。

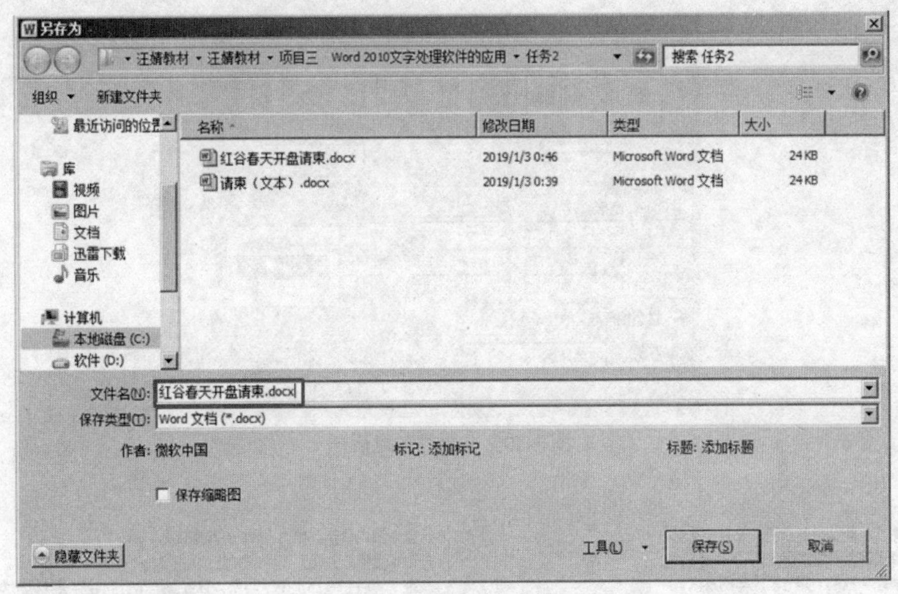

图 3-28 另存为对话框

二、页面设置

设置文档纸张大小为 A4，纸张方向为横向。按如图 3-29 所示进行设置并单击“确定”按钮。

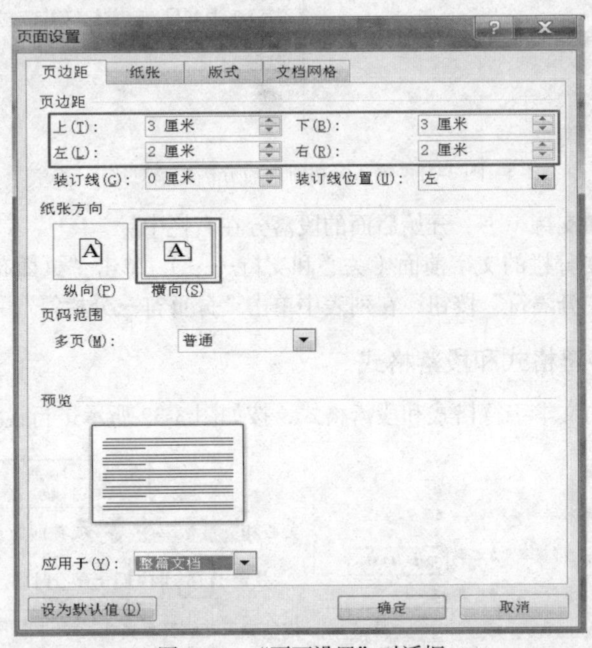

图 3-29 “页面设置”对话框

三、分栏

（1）将正文内容（衷心地感谢~敬礼）分成两栏，栏宽相等，栏间距为 2 字符。

①选中需要分栏的段落文本。

②单击“页面布局”选项卡中“页面设置”选项组的“分栏”按钮，在列表中单击“更多分

栏（C）…”命令，按如图 3-30 所示进行设置，完成后效果如图 3-31 所示。

分栏
预设
一栏(O)
两栏(W)
三栏(T)
左(L)
右(R)
栏数(N): 2
分隔线(B)
宽度和间距
栏(C): 宽度(I): 间距(S):
1: 32.23 字符 2 字符
2: 32.23 字符
栏宽相等(E)
预览
应用于(A): 所选文字
开始新栏(U)
确定
取消

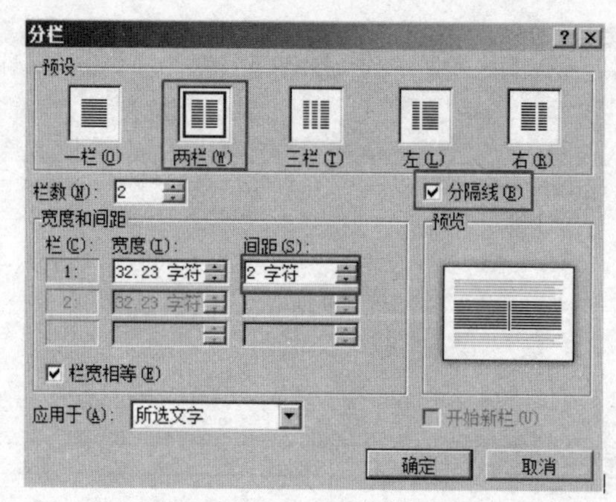

图 3-30 “分栏”对话框

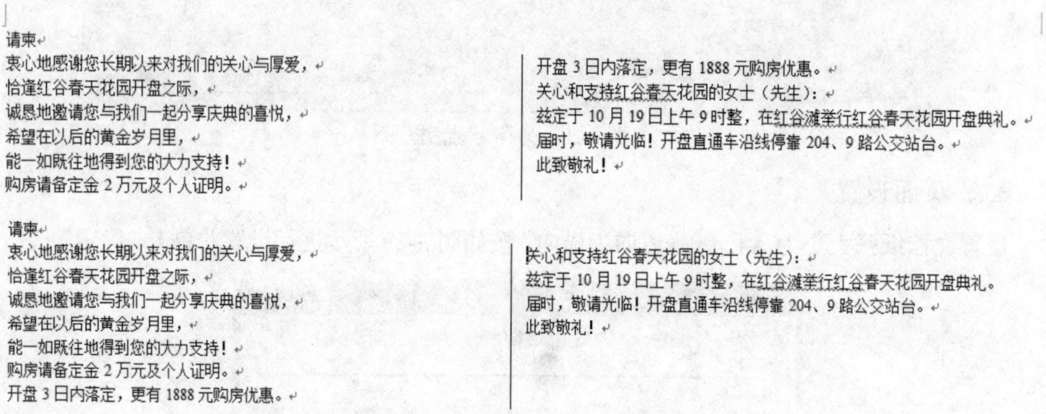

请柬
衷心地感谢您长期以来对我们的关心与厚爱，
恰逢红谷春天花园开盘之际，
诚恳地邀请您与我们一起分享庆典的喜悦，
希望在以后的黄金岁月里，
能一如既往地得到您的大力支持！
购房请备定金 2 万元及个人证明。
开盘 3 日内落定，更有 1888 元购房优惠。
关心和支持红谷春天花园的女士（先生）：
兹定于 10 月 19 日上午 9 时整，在红谷滩举行红谷春天花园开盘典礼。
届时，敬请光临！开盘直通车沿线停靠 204、9 路公交站台。
此致敬礼！
请柬
衷心地感谢您长期以来对我们的关心与厚爱，
恰逢红谷春天花园开盘之际，
诚恳地邀请您与我们一起分享庆典的喜悦，
希望在以后的黄金岁月里，
能一如既往地得到您的大力支持！
购房请备定金 2 万元及个人证明。
开盘 3 日内落定，更有 1888 元购房优惠。
关心和支持红谷春天花园的女士（先生）：
兹定于 10 月 19 日上午 9 时整，在红谷滩举行红谷春天花园开盘典礼。
届时，敬请光临！开盘直通车沿线停靠 204、9 路公交站台。
此致敬礼！

图 3-31 插入分栏符前后分栏效果对比

（2）要求“关心和支持……”开始后面的段落分在右栏中。

将光标定位至需要分栏的文字前面（关心和支持……），单击“页面布局”选项卡中的“页面设置”选项组中的“分隔符”按钮，在列表中单击“分页符→分栏符”，效果如图 3-31 所示。

四、设置正文字符格式和段落格式

（1）设置分栏后的文本字符格式和段落格式，按如图 3-32 所示进行设置。

衷心地感谢您长期以来对我们的关心与厚爱，
恰逢红谷春天花园开盘之际，
楷体、12 磅
诚恳地邀请您与我们一起分享庆典的喜悦，
行距：2 倍；
对齐方式：居中
希望在以后的黄金岁月里，
能一如既往地得到您的大力支持！
购房请备定金 2 万元及个人证明。
开盘 3 日内落定，更有 1888 元购房优惠。
最后 2 行：黑体、12 磅，其中数字加粗、深红色
方正舒体、26 磅；
字体颜色：标准色：蓝色（含“花园”两字）
关心和支持红谷春天花园的女士（先生）：
兹定于 10 月 19 日上午 9 时整，在红谷滩举行红谷春天花园开盘典礼。
Arial lack、初号
首行缩进 2 个字符，
行距：2.5 倍
届时，敬请光临！开盘直通车沿线停靠 204、9 路公交站台。
宋体、16 磅、加粗显示
字体颜色：红色 RGB(142,40,8),
此致
敬礼！

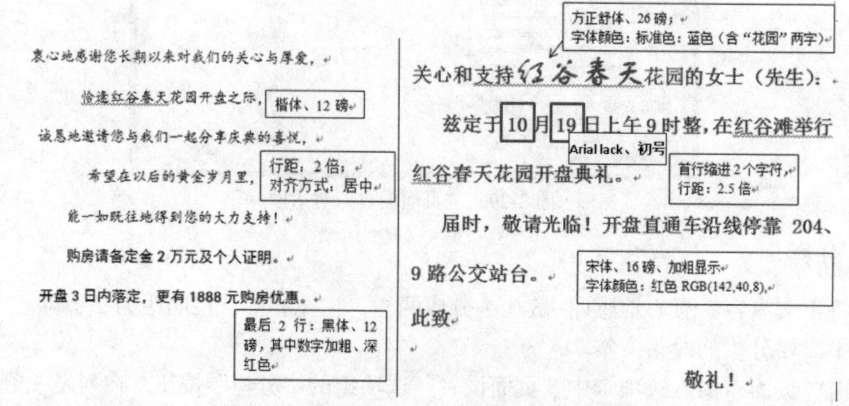

图 3-32 分栏后的文本字符格式和段落格式

（2）在“敬礼”前按下回车键，自动产生“敬礼”段落，删除原本的“敬礼!”，在新的“敬礼”后添加感叹号。

五、设置首字下沉

将右栏第 2 段（兹定于……）设置首字下沉。

将光标定位在该段，单击“插入”选项卡中的“文本”选项组中的“首字下沉”按钮，在列表中单击“首字下沉选项（D...）”命令，打开“首字下沉”对话框，按如图 3-33 所示进行设置。

图 3-33 “首字下沉”对话框

六、插入艺术字并设置格式

（1）插入艺术字，艺术字样式“第 1 行第 2 列”，文字方向设置为“垂直”。

①选中标题“请柬”，单击“插入”选项卡中的“文本”选项组中的“艺术字”按钮，在列表中选择第 1 行第 2 列的艺术字样式，如图 3-34 所示。

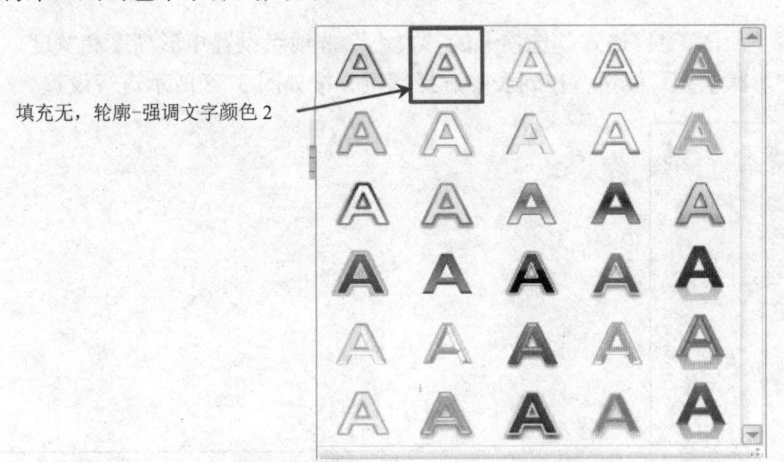

图 3-34 艺术字样式列表

②单击“文本”选项组中的“文字方向”按钮，在列表中单击“垂直”，如图 3-35 所示。

（2）将艺术字字体设置为“华文新魏”、“40 磅”、字体颜色“红色，强调文字颜色 2，淡色 80%”。

选中艺术字，在“开始”→“字体”选项组中设置字体和字号，在字体颜色下拉列表中设置字体颜色。

（3）将艺术字设置为“上下型环绕”，移动艺术字到合适的位置。

①选中艺术字，单击“图片工具 格式”选项卡 “排列”选项组中的“自动换行”按钮，在列表中单击“上下型环绕（O）”，如图 3-36 所示。

②单击艺术字框线，按住鼠标左键移动艺术字到合适的位置。

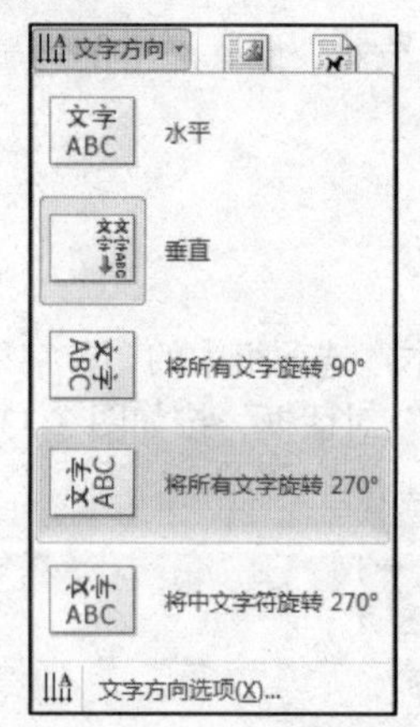

图 3-35 更改艺术字文字方向

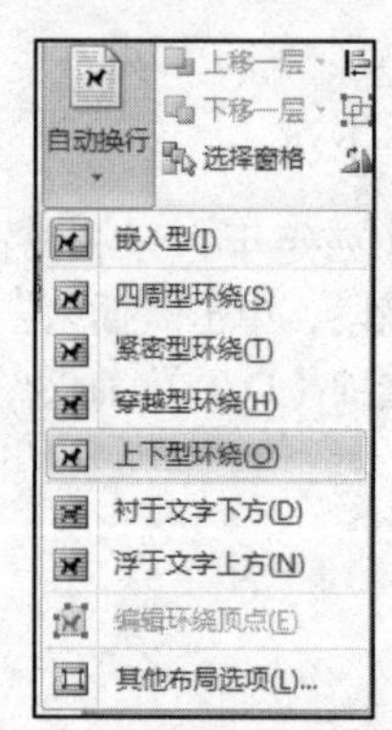

图 3-36 设置图片文字环绕方式

七、绘制地图

1．绘制两个不同大小和颜色的矩形

分别设置大小和格式：高 0.57 厘米，宽 4.76 厘米；高 0.58 厘米，宽 3.15 厘米；更长的矩形填充颜色为“蓝色，强调文字颜色 1，淡色 60%”，另一个矩形设置形状样式“中等效果，蓝色，强调颜色 1”，输入对应的文字内容。

（1）单击“插入”选项卡中 “插图”选项组中的“形状”按钮，在列表中选择“矩形”形状，如图 3-37 所示，鼠标光标变成“十”字形状，按住鼠标左键和 Shift 键水平拖动鼠标，画出一个矩形。

（2）利用“绘图工具 格式”选项卡的“大小”选项组设置矩形高度和宽度。单击“形状样式”组中的“形状填充”按钮，在列表中选择颜色，按如图 3-38 所示进行设置。

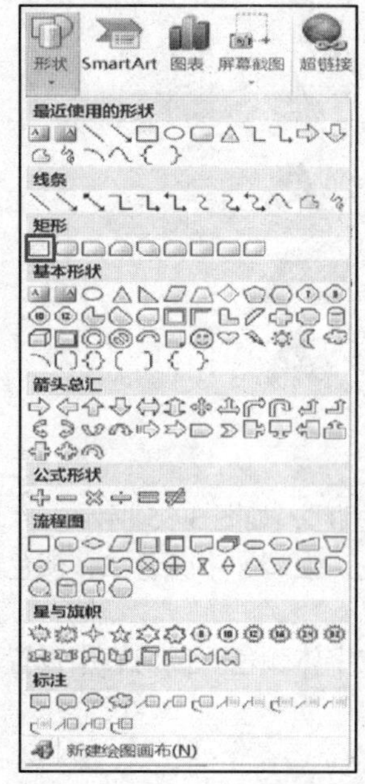

图 3-37 形状列表

图 3-38 矩形格式设置

（3）复制该矩形，更改大小为高 0.58 厘米，宽 3.15 厘米，单击“绘图工具 格式”选项卡中的“形状”样式选项组中的“其他”按钮，在列表中选择需要的样式，按如图 3-39 所示进行设置。

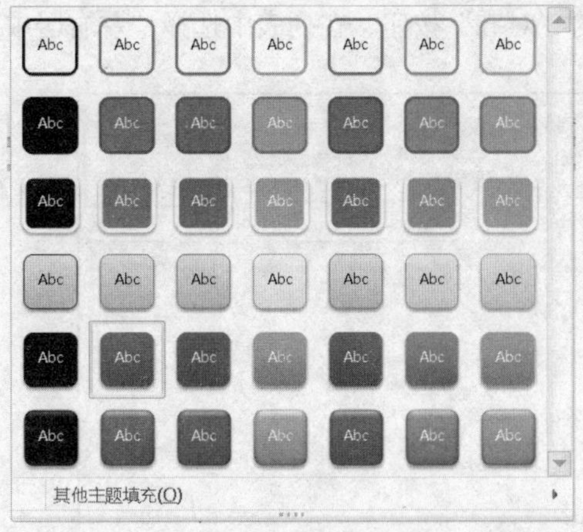

图 3-39　形状样式列表

（4）鼠标右键单击矩形，在弹出的快捷菜单中选择“添加文字(X)”，如图 3-40 所示，输入文字内容，其中“赣江”字符格式为：楷体、六号、加粗。“红谷春天”字符格式为：方正舒体、五号、加粗。

（5）鼠标右键单击矩形，在弹出的快捷菜单中选择“设置形状格式(O)...”命令，在“设置形状格式”对话框中的左侧列表中单击“文本框”，设置内部边距全为 0 厘米，如图 3-41 所示。

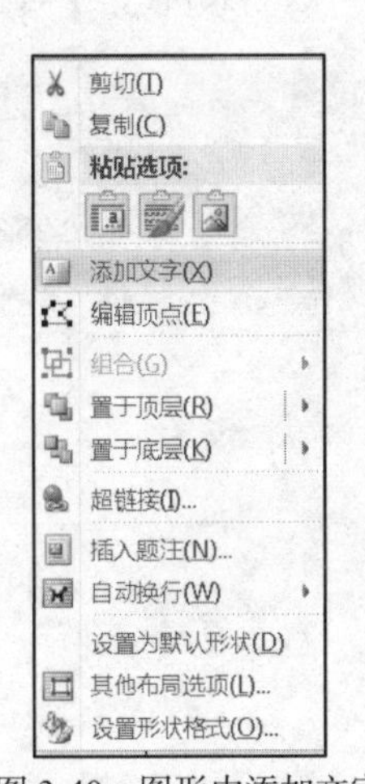

图 3-40　图形中添加文字

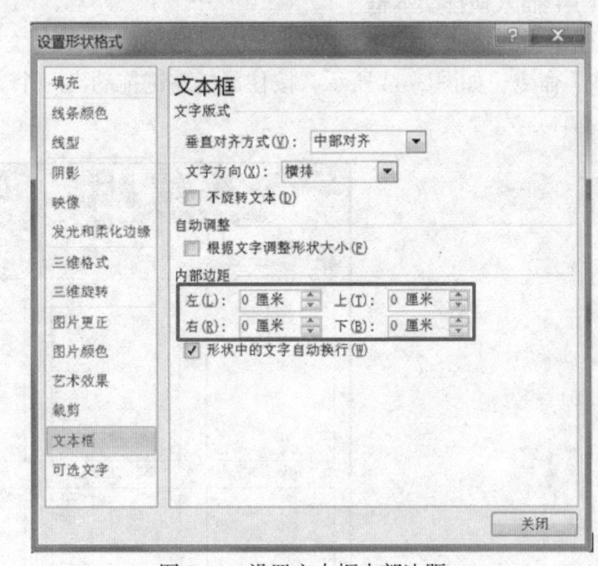

图 3-41　设置文本框内部边距

2．绘制一水平直线并设置线条格式

（1）单击“插入”选项卡中的“插图”选项组中的“形状”按钮，在列表中选择“直线”形状，鼠标光标变成“十”字形状，按住鼠标左键和 Shift 键水平拖动鼠标，画出一条水平直线。

（2）设置线条格式。

选中直线，利用“绘图工具 格式”选项卡中的“大小”选项组设置直线长度为 5.4 厘米，颜色为黑色，如图 3-42 所示。

（3）移动线条到长矩形的下面与之相连。

3．设置两矩形与直线对齐方式为左右居中

选中一个矩形后按住 Ctrl 键单击鼠标左键选定其他两个对象，单击“绘图工具 格式”选项

卡中的“排列”选项组中的“对齐”按钮，在列表中选择“左右居中”，如图 3-43 所示。

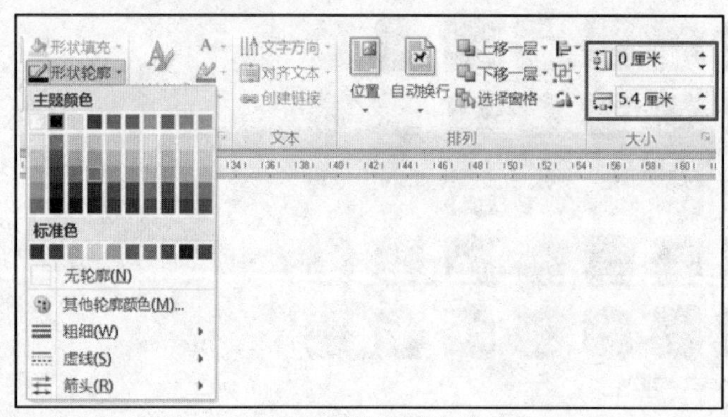

图 3-42　设置线条格式

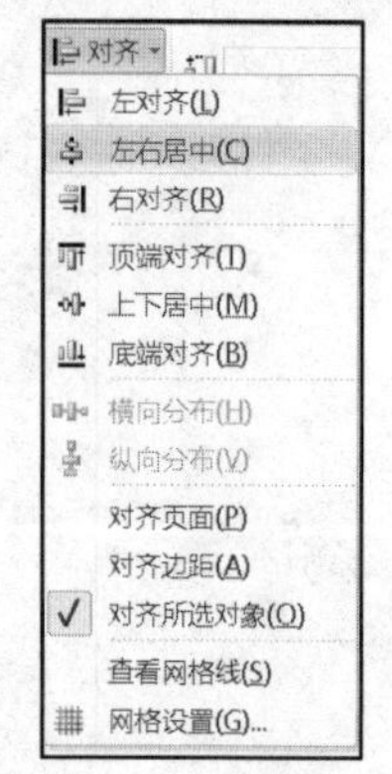

图 3-43　对齐列表

4. 绘制两条竖线

绘制两条高 2.2 厘米的竖线，线条颜色为黑色，移动线条至合适位置。可根据情况用鼠标或键盘方向键适当调整各对象的位置。

5. 利用文本框在地图上标注各地理位置

（1）插入横排文本框

①单击“插入”选项卡中的“文本”选项组中的“文本框”按钮，在列表中选择“绘制文本框(D)”命令，如图 3-44 所示，按住鼠标左键拖动出一个文本框，输入“八一大桥”，字符格式均为：楷体、六号。

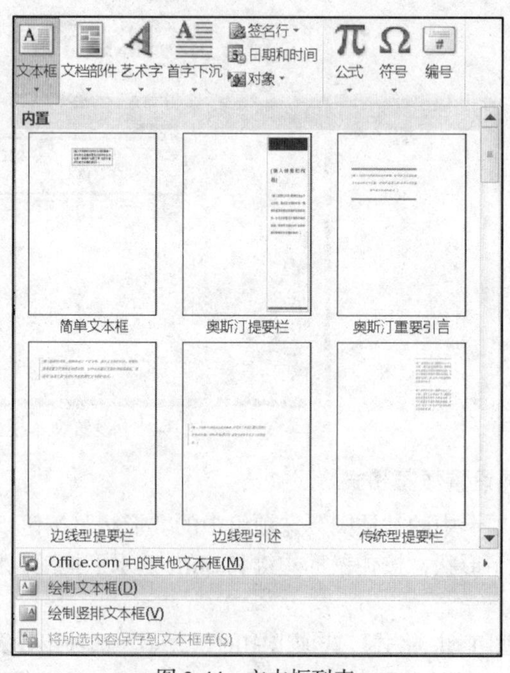

图 3-44　文本框列表

②设置文本框无填充颜色，无线条颜色，内部边距值为 0 厘米。

③用鼠标或键盘上的方向键移动文本框到合适的位置。

④依次复制文本框，分别输入“南昌大桥”、“赣江大道”、“红谷大道”、“★市政府”。插入“★”

的方法：单击“插入”选项卡中的“符号”选项组中的“符号”按钮，如果符号不在列表中，则单击下拉列表中选择“其他符号(M)...”命令，打开“符号”对话框，在“符号”选项卡的“字体(F):”下拉列表中更改字体，选择符号★后单击“插入”按钮，如图 3-45 所示。

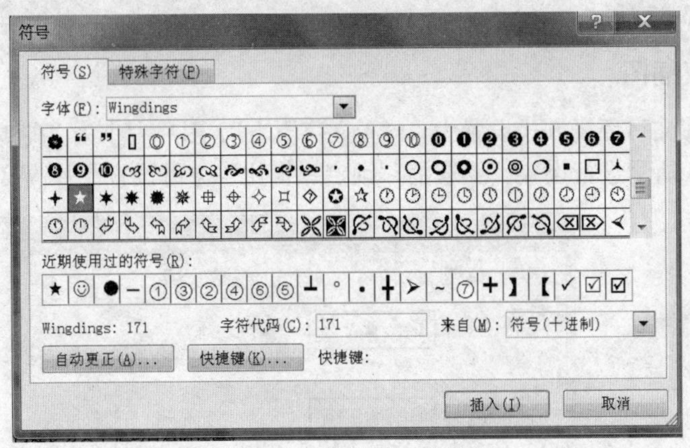

图 3-45 “符号”对话框

（2）插入竖排文本框

单击“插入”选项卡中的“文本”选项组中的“文本框”按钮，在列表中选择“绘制竖排文本框(V)”命令，按住鼠标左键拖动出一个文本框，输入文字内容“红谷七路”、“红谷八路”，设置文本框无填充颜色、无轮廓颜色，内部边距为 0 厘米。

（3）利用“绘图工具 格式”选项卡中“排列”选项组的“对齐”按钮，设置好各文本框的对齐方式。

6．组合所有对象

（1）单击地图中的任何一个对象后，出现“绘图工具 格式”选项卡，单击“排列”选项组中的“选择窗格”按钮，打开“选择窗格”列表，如图 3-46 所示。

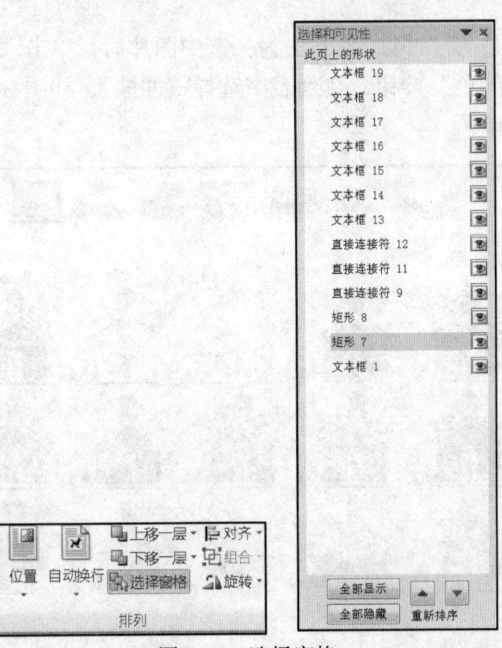

图 3-46 选择窗格

（2）按住 Ctrl 键单击选定列表中除文本框 1（艺术字）外所有对象，单击“绘图工具 格式”选项卡中的“排列”选项组中的“组合”按钮，在列表中选择“组合”命令，组合地图中所有对象，如图 3-47 所示。

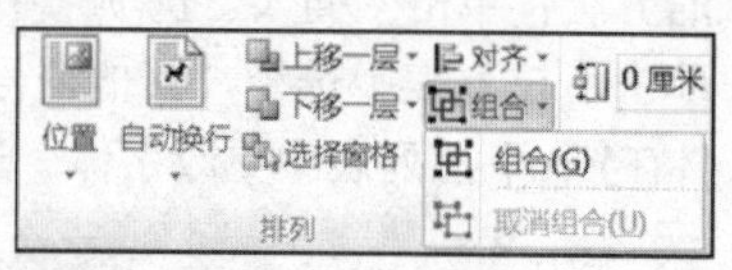

图 3-47　组合对象

八、设置请柬插图

（1）将房子图片文字环绕方式设置为“衬于文字下方”，图片大小为“高 16.22 厘米，宽 10.84 厘米”，按如图 3-48 所示进行设置，要取消“锁定纵横比”方可设置图片高度和宽度。

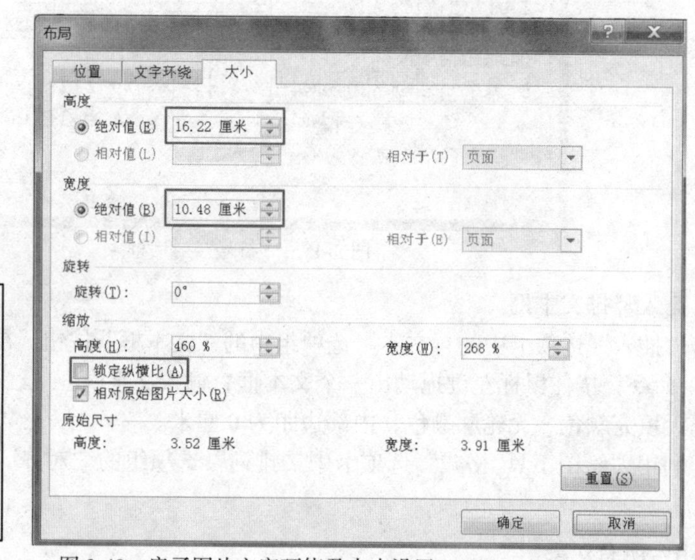

图 3-48　房子图片文字环绕及大小设置

在图片上单击鼠标右键，选择“自动换行”中的“衬于文字下方”，利用“绘图工具 格式”选项卡设置图片大小。

（2）设置房子图片颜色为“冲蚀”。方法为：选中图片后，单击“图片工具 格式”选项卡中的“调整”选项组中的“颜色”按钮，在列表中选择“冲蚀”，如图 3-49 所示，移动图片到合适位置。

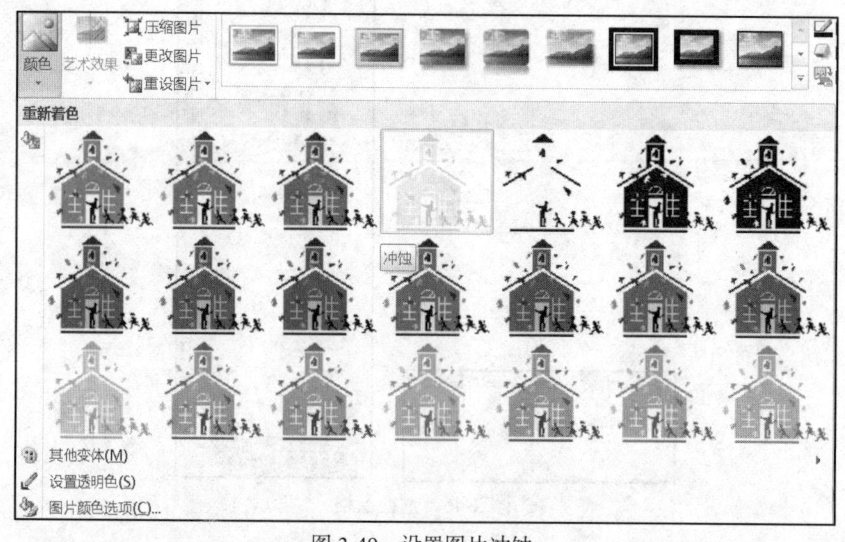

图 3-49　设置图片冲蚀

（3）将小树图片文字环绕方式设置为“浮于文字上方”，图片缩放比例为高度 40%，按如图 3-50 所示设置并单击“确定”按钮。

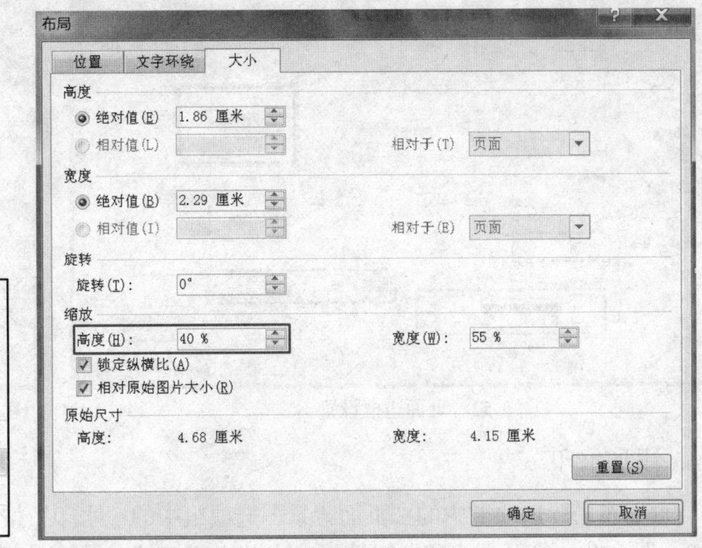

图 3-50　小树图片文字环绕方式及缩放设置

（4）小树图片下面插入一个文本框，选中“THE SPRING GRADEN 红谷春天”文字，按组合键 Ctrl+X 剪切，单击文本框，按组合键 Ctrl+V 粘贴至文本框内。设置字符格式：字体颜色为紫色，英文 Times New Roman、六号，中文方正舒体、五号。选定图片和文本框，设置对齐为“左右居中”。

九、制作请柬最后部分（售楼热线等）

（1）绘制一根长 13 厘米的水平直线，线条颜色为黑色。

（2）按住 Shift 键绘制一根斜线，将高度设置为 0.6 厘米。

（3）插入文本框，将文字移入到相应的框内，按图 3-51 所示进行设置文字和段落的格式。

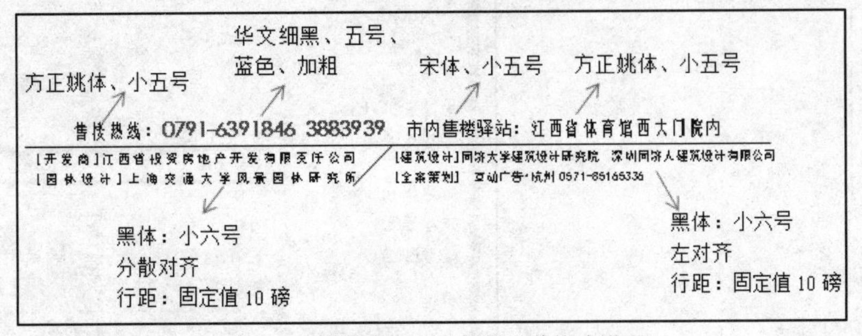

图 3-51　请柬右下角字符及段落格式设置

十、添加页面边框

（1）单击“页面布局”选项卡中的“页面背景”选项组中的“页面边框”按钮，打开“边框和底纹”对话框，“页面边框(P)”选项卡的设置如图 3-52 所示。

（2）单击“边框和底纹”对话框中的“选项(O)...”按钮，打开“边框和底纹选项”对话框，如图 3-53 所示，设置合适的边距值。

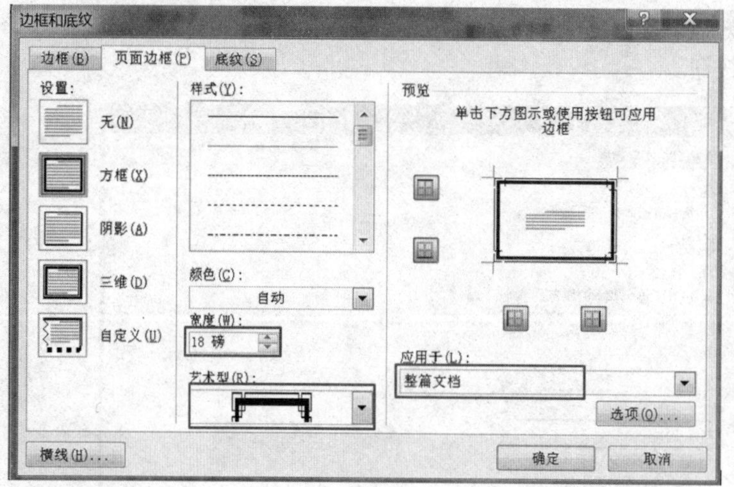

图 3-52　页面边框设置

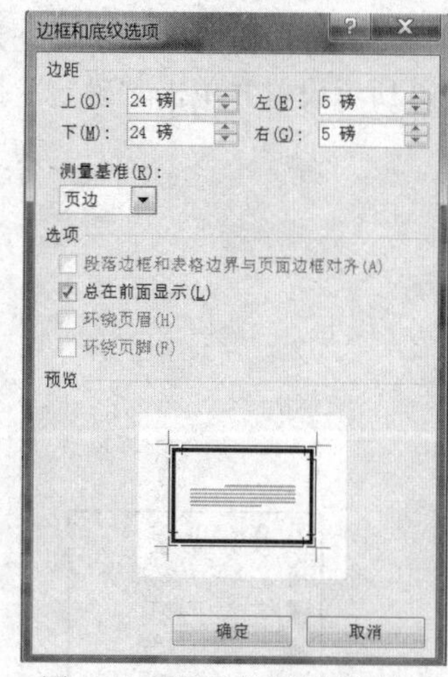

图 3-53　设置页面边框位置

十一、添加水印

单击“页面布局”选项卡中的“页面背景”选项组中的“水印”按钮，在列表中选择“自定义水印(W)...”命令，打开“水印”对话框，在“文字(T):”处输入“静候光临”，“颜色(C)”为“浅绿色”，单击“确定”按钮，如图 3-54 所示。

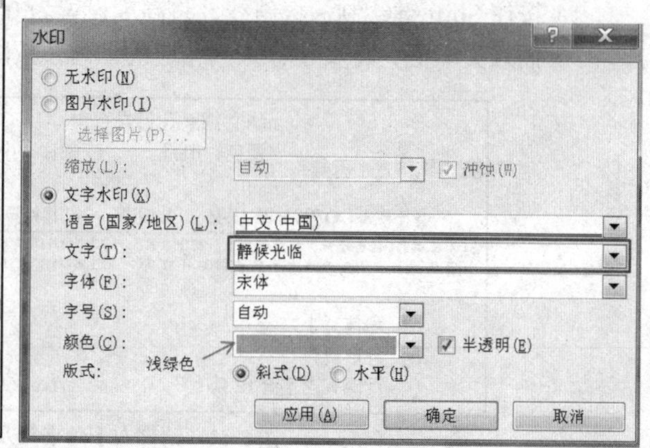

图 3-54　“水印”设置

十二、删除页眉线

双击页眉处，进入页眉编辑状态，选中页眉段落标记，单击“开始”选项卡中在“段落”选项组中的“下框线”按钮，在列表中选择“无框线”，如图 3-55 所示。

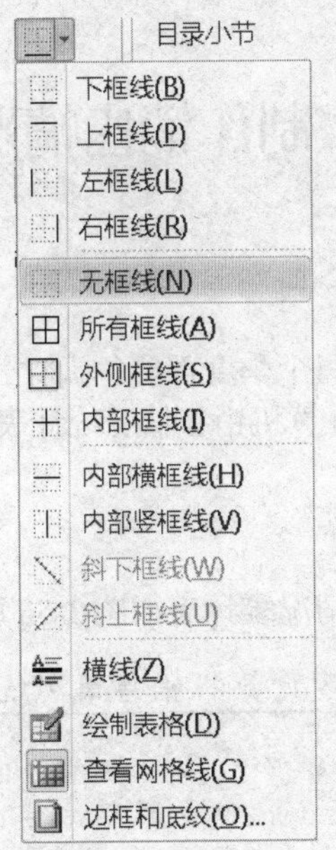

图 3-55 页眉线设为“无框线”

十三、保存文档

直接按组合键 Ctrl+S 以原文件名保存文档。

任务 3　制作销售情况统计表

情景描述

小刘是某计算机公司的统计员，每个季度都要负责对公司产品的销售数据进行统计。假如你是小刘，请你在 Word 中设计出一份计算机销售情况统计表。

作品展示

本任务制作的一季度计算机销售情况统计表如图 3-56 所示。

一季度计算机销售情况统计表

月份 销售量 型号		一月份	二月份	三月份	总台数	平均数
计算机	惠普	340	400	460	1200	400
	联想	420	340	680	1440	480
	方正	150	230	286	666	222
合计		910	970	1426		

图 3-56　一季度计算机销售情况统计表

任务要点

- 创建表格
- 编辑表格（行、列、单元格）
- 美化表格（边框、底纹等）
- 公式的应用
- 表格的排序

任务实施

一、新建空白文档

新建一个空白文档，以“计算机销售情况表.docx”为名保存在“项目三\任务 3”文件夹中。

二、页面设置

纸张为 A4，方向设置为“横向”，页边距上、下、左为 3 厘米，右为 2 厘米，页面垂直对齐方式设置为“居中”，在“页面设置”对话框中按如图 3-57 所示进行设置后单击“确定”按钮。

三、创建表格

插入一个 4 行 4 列的表格，设置表格居中对齐，表格标题为“一季度计算机销售情况统计表”，标题格式：仿宋、小一号、加粗，居中、段后间距 1 行。步骤如下：

（1）单击“插入”选项卡中的“表格”选项组的“表格”按钮，在展开的列表中选择“插入表格(I)...”命令，打开“插入表格”对话框。

（2）在“表格尺寸”设置区将表格的“列数(C):”设置为 4，“行数(R):”设置为 4，如图 3-58

所示，单击“确定”按钮，即可插入一个 4 行 4 列的表格。（如果创建的表格行数和列数不多，也可以在“表格”列表显示网格的地方拖动鼠标，如图 3-59 所示，到合适的行列数后单击即可。）

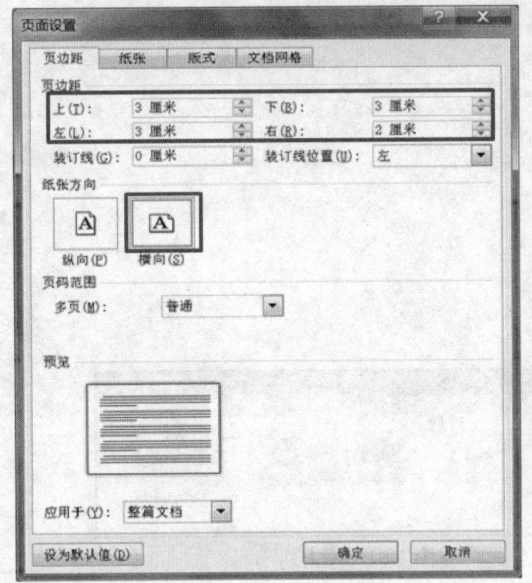

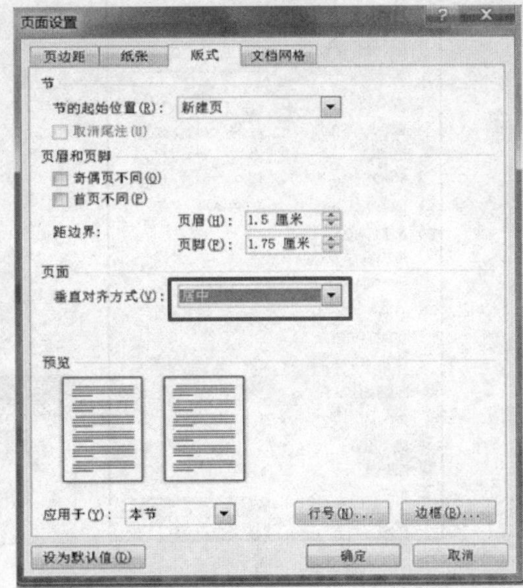

图 3-57　页面设置

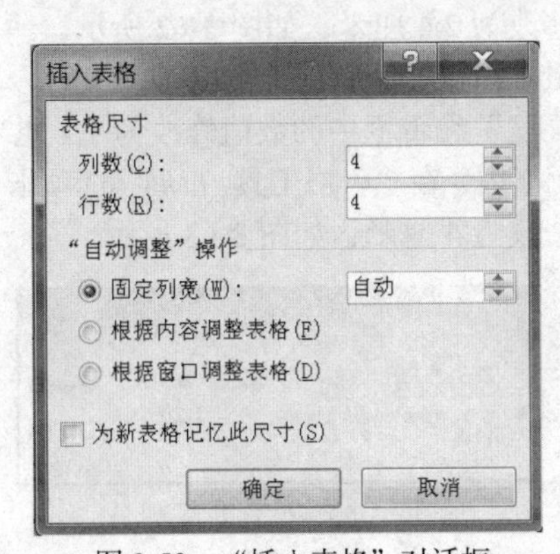

图 3-58　“插入表格”对话框

图 3-59　快速插入表格

（3）单击表格左上角的表格移动控点⊞，将表格选中，再单击“开始”选项卡中的“段落”选项组中的“居中”按钮，使表格在页面中水平居中显示。

四、编辑表格

1. 插入行和列

在表格下方插入 1 行，右侧插入 2 列。步骤如下：

（1）将光标定位在表格最后 1 行末尾处，按下 Enter 键即在表格最后插入 1 行。也可将光标定位在表格最后 1 行的一个单元格中，单击鼠标右键，选择“插入(I)”→“在下方插入行(B)”，如图 3-60 所示。

（2）选中表格最后 2 列，单击“表格工具 布局”选项卡中“行和列”选项组中的“在右侧插入”按钮，即在表格的右侧插入 2 列。

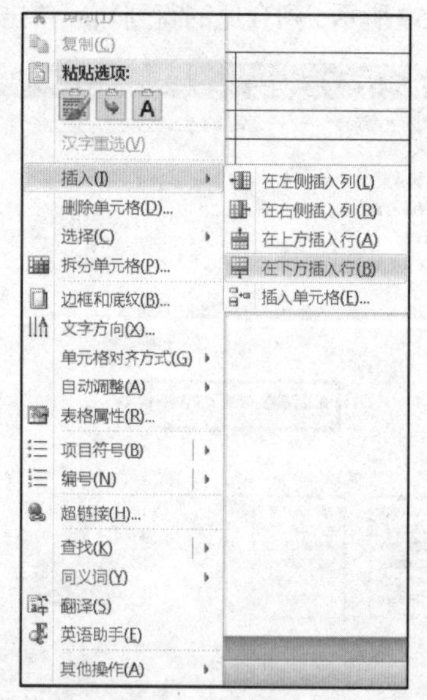

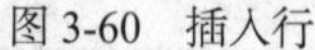
图 3-60　插入行

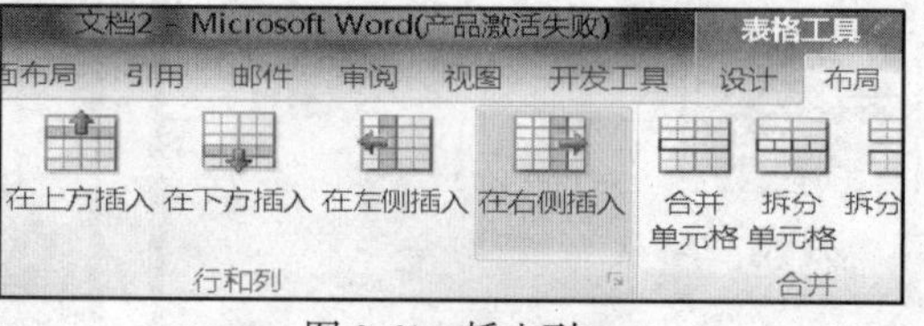

图 3-61　插入列

2．调整行高和列宽

将表格第 1 行的行高调整为 2.4 厘米，其余行高为 1.1 厘米；第 1 列的列宽为 4 厘米，其余列调整为 3.5 厘米。步骤如下：

（1）将光标定位到表格第 1 行中的任何一个单元格内，在“表格工具 布局”选项卡中的“单元格大小”选项组中，将“高度”编辑框中的数值修改为 2.4 厘米，如图 3-62 所示。

（2）将鼠标指针移动到表格第 2 行的左侧，待鼠标指针变为斜向上的空心箭头时，单击鼠标左键并向下拖动，选中 2~5 行，用同样的方法将“高度”编辑框中的数值修改为 1.1 厘米。

（3）将光标定位到表格第 1 列中的任何一个单元格内，在“表格工具 布局”选项卡中的“单元格大小”选项组中，将“宽度”编辑框中的数值修改为 4 厘米，如图 3-63 所示。

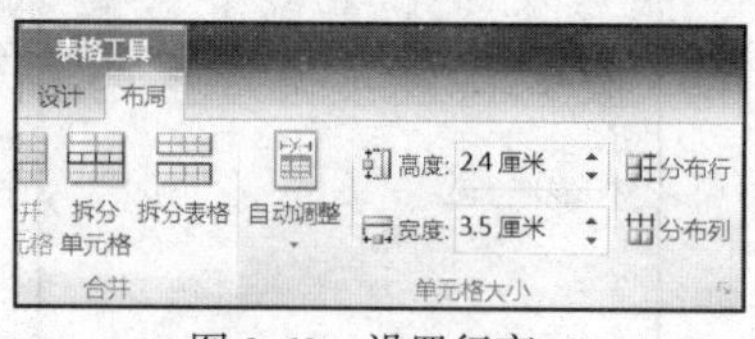

图 3-62　设置行高

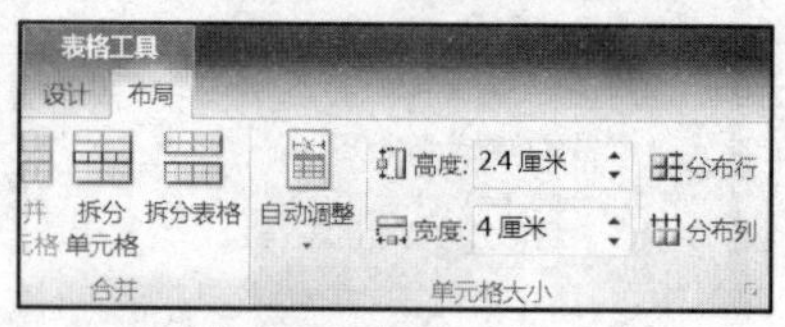

图 3-63　设置列宽

（4）将鼠标指针移动到表格第 2 列的上方，待鼠标指针变为向下的实心箭头时，单击鼠标左键并向右拖动，选中 2~6 列，用同样的方法将“宽度”编辑框中的数值修改为 3.5 厘米。

3．合并、拆分单元格

如图 3-64 所示对单元格进行合并或拆分。步骤如下：

（1）选中表格的第 2~4 行，单击“表格工具 布局”选项卡中的“合并”选项组中的“拆分单元格”按钮，如图 3-65 所示，在打开的“拆分单元格”对话框中设置需要拆分的列数为 2，行数不变，将所选单元格平均拆分成 2 列 3 行。

（2）选中拆分后的第 1 列的 2~4 行单元格，单击“表格工具 布局”选项卡中的“合并”选项组中的“合并单元格”按钮，如图 3-66 所示，将所选单元格合并，将鼠标指针移动到第 1 列的右框线上，按住鼠标左键向左适当拖动框线使第 1 列列宽变小。

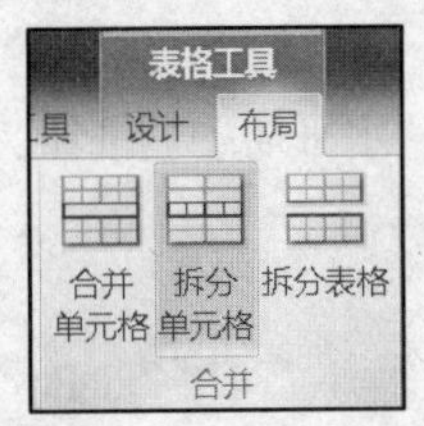

图 3-64　“拆分单元格”按钮

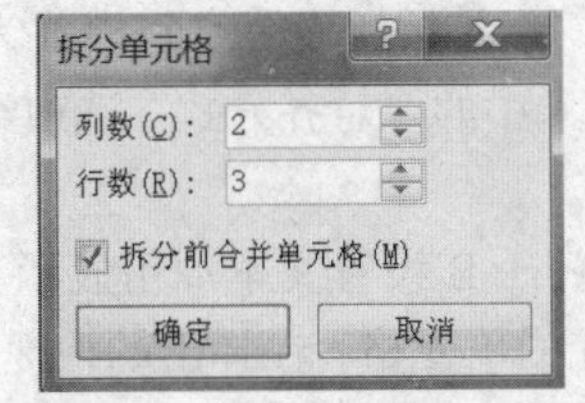

图 3-65　“拆分单元格”对话框

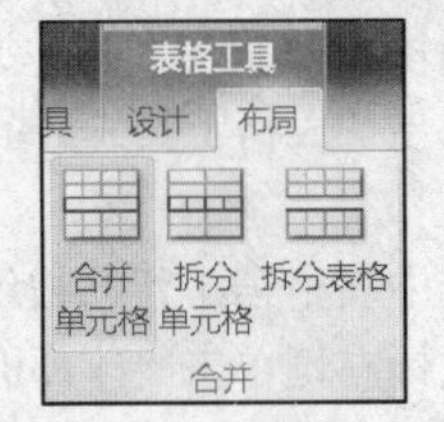

图 3-66　“合并单元格”按钮

4．制作斜线表头

如图 3-69 所示制作斜线表头，斜线颜色为红色，线宽 1 磅。步骤如下：

（1）将光标定位至表格单元格内，单击“表格工具 设计”选项卡中的“绘制表格”按钮，如图 3-67 所示，设置线型、线宽及笔颜色，在第 1 列第 1 行单元格中按住鼠标左键沿对角点拖动拉出一根斜线，如图 3-68 所示。

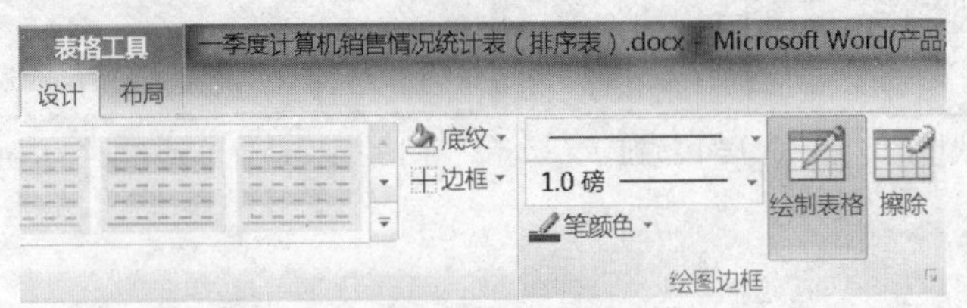

图 3-67　绘制表格按钮

一季度计算机销售情况统计表

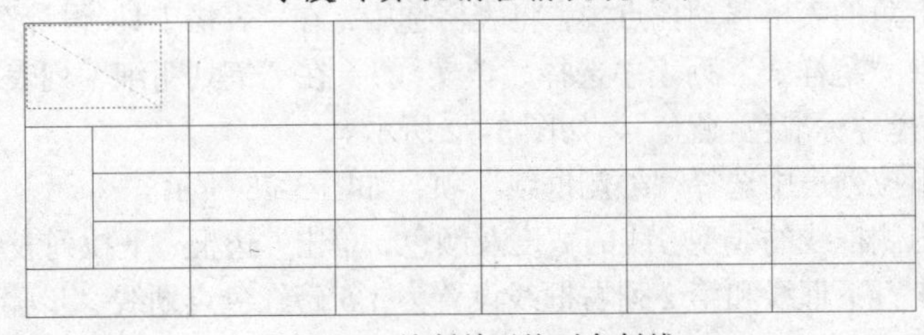
图 3-68　绘制单元格对角斜线

（2）利用“插入”选项卡中的“插图”选项组中的“形状”列表的“直线”，绘制出表头的第 2 根斜线，并设置线条颜色为红色，1 磅。

（3）利用文本框输入表头文字内容，字符格式：宋体、五号、加粗。

5．输入其他单元格内容并设置单元格格式

（1）按照图 3-69 所示输入文本内容。文本设置为宋体、小二号，第 1 行内容加粗显示。

月份 / 销售量 / 型号		一月份	二月份	三月份	总台数	平均数
计算机	惠普	340	400	460		
	联想	420	340	680		
	方正	150	230	286		
合计						

图 3-69　输入表格内容

（2）设置单元格格式

所有单元格内容对齐方式为“水平居中”，“计算机”所在单元格设置文字方向为竖排。步骤如下：

①单击表格左上角的表格移动控点⊞，将表格选中。

②利用“开始→字体”选项组的工具按钮设置字符格式为宋体、小二号。

③单击“表格工具 布局”选项卡中的“对齐方式”选项组中的“水平居中”按钮，如图3-70所示。

④选中表格第1行，按组合键Ctrl+B设置文本加粗显示。

⑤鼠标右键单击“计算机”所在的单元格，在弹出的快捷菜单中选择“文字方向(X):”命令，打开“文字方向-表格单元格”对话框，按如图3-71所示设置并单击“确定”按钮。

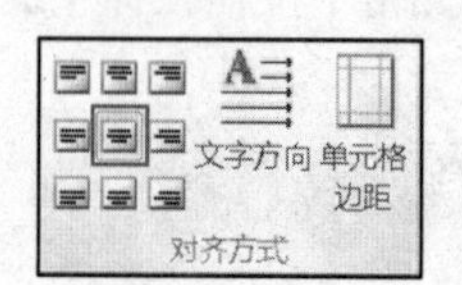

图3-70 对齐方式中的“水平”居中按钮

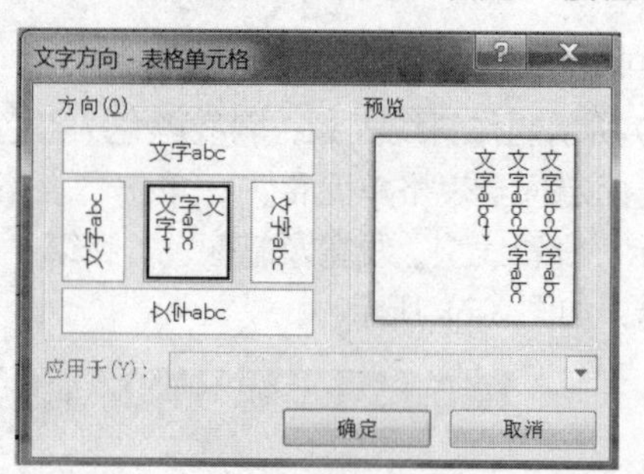

图3-71 设置单元格文字方向

五、美化表格

1. 设置表格边框线

（1）将表格外部框线设置为2.25磅的蓝色实线，内框线设置为1磅红色单实线。步骤如下：

①单击表格左上角的表格移动控点⊞，将表格选中，在“表格工具 设计”选项卡中的“绘图边框”选项组中，在“笔样式”列表中选择“单实线”，在“笔划粗细”列表中选择“2.25 磅”，“笔颜色”列表中选择“标准色-蓝色”，如图3-72所示。

②在“边框”下拉列表中选择“外侧框线”项，如图3-73所示。

③同上设置好内侧框线的线型、线的宽度及颜色，单击“边框”下拉列表中的“内部框线”。

（2）将表格第1行下框线和第2列右框线设置为1.5磅红色点划线。步骤如下：

①在“表格工具 设计”选项卡中的“绘图边框”选项组中，在“笔样式”列表中选择“点划线”，在“笔划粗细”列表中选择“1.5 磅”，“笔颜色”列表中选择“标准色-红色”。

②单击“绘制表格”按钮，如图3-74所示，鼠标指针变成画笔的形状，用画笔描相应的框线即可。

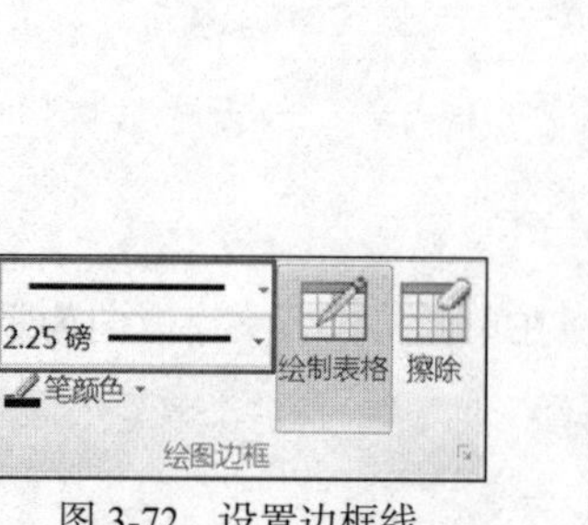

图3-72 设置边框线

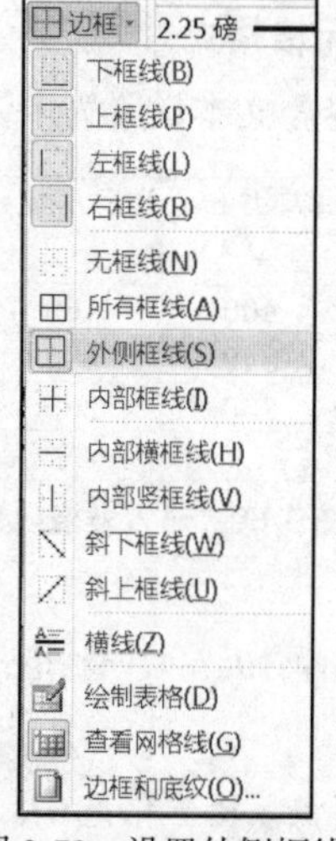

图3-73 设置外侧框线

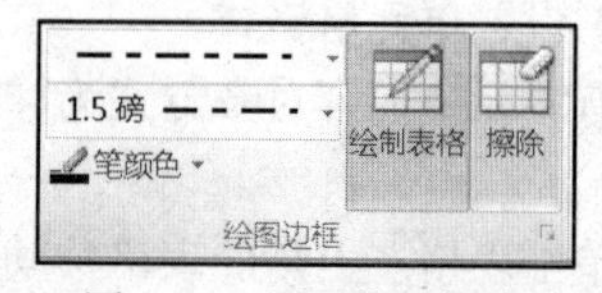

图3-74 用画笔画框线

2. 设置底纹

将表格第 1 行底纹设置为填充“白色，背景 1，深色 15%”，图案样式“5%”，最后 1 行底纹为“白色，背景 1，深色 15%”，表格 1、2 列的 3~5 行单元格底纹设置为“茶色，背景 2”。步骤如下：

（1）选中第 1 行，在选定的区域内单击鼠标右键，在弹出的快捷菜单中选择“边框和底纹(B)...”命令，如图 3-75 所示，打开“边框和底纹”对话框，在“底纹”选项卡中的填充下拉列表中选择“白色，背景 1，深色 15%”，图案样式下拉列表中选择“5%”，如图 3-76 所示。

（2）再选中最后 1 行，单击“表格工具 设计”选项卡中的“表格样式”选项组的“底纹”按钮，在列表中选择主题颜色“白色，背景 1，深色 15%”，如图 3-77 所示。

（3）选中第 1、2 列的 3~5 行，同上方法设置底纹为“茶色，背景 2”。

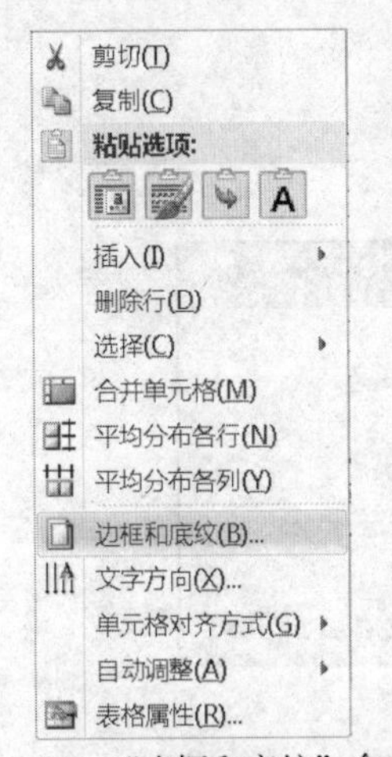

图 3-75 “边框和底纹”命令

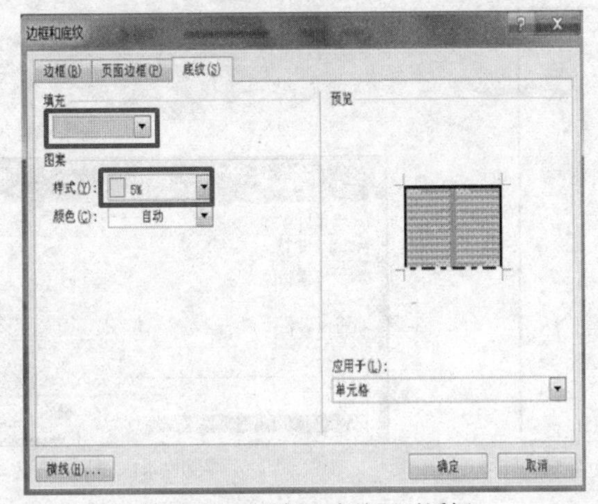

图 3-76 “边框和底纹”对话框

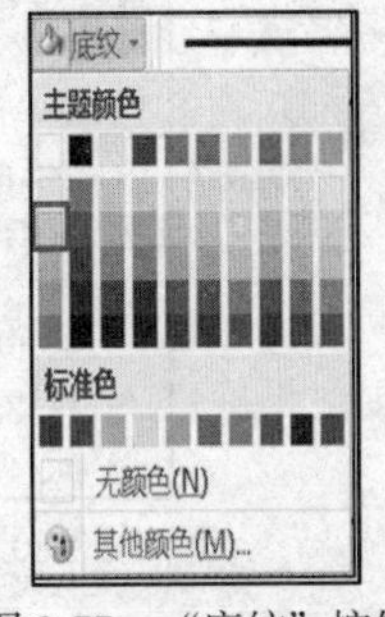

图 3-77 “底纹”按钮

六、公式计算

1. 按月份统计计算机的总销售量

（1）将鼠标光标定位在“合计”行的第 1 个空白单元格（C5）。

（2）单击“表格工具 布局”选项卡中的“数据”选项组中的“公式”按钮，如图 3-78 所示，打开“公式”对话框，如图 3-79 所示，默认公式为“=SUM(ABOVE)”，即纵向求和，单击“确定”按钮。

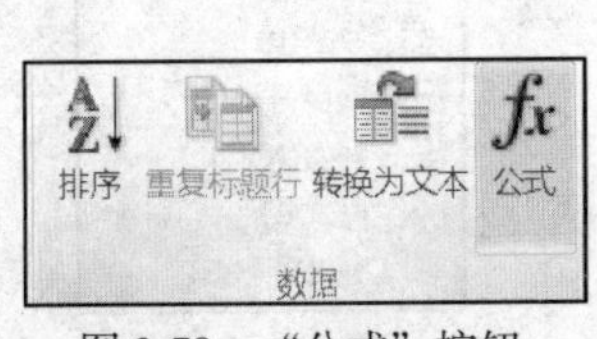

图 3-78 “公式”按钮

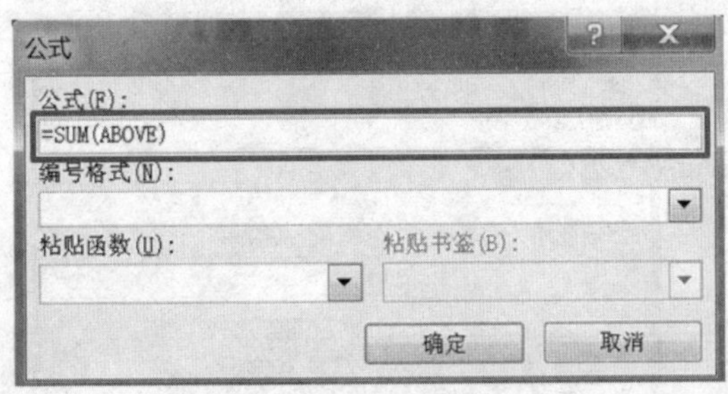

图 3-79 “公式”对话框

（3）用同样的方法计算出二月份和三月份的总销售量置于 D5、E5 单元格。

2. 按季度统计各品牌计算机的总销售量和平均销售量

（1）计算各品牌一季度总台数

①将鼠标光标定位在“总台数”列的第 1 个空白单元格（F2）。

②单击“表格工具 布局”选项卡中的“数据”选项组中的“公式”按钮，如图 3-78 所示，打开“公式”对话框，默认公式为“=SUM(LEFT)”，即对左侧数据求和。

③选定 F1 单元格的内容，按下组合键 Ctrl+C 进行复制，按组合键 Ctrl+V 将其粘贴至下方两个空白单元格（F3、F4），分别在 F3、F4 单元格内容上单击鼠标右键，在弹出的快捷菜单中选择“更新域”，如图 3-80 所示。

（2）计算各品牌一季度的平均数

①将鼠标光标定位在“平均数”列的第 1 个空白单元格。

②如上述方法打开“公式”对话框，在“公式(F):”文本框中删除“=”后面的内容，单击“粘贴函数(U)”下拉按钮，在列表中选择“AVERAGE”，如图 3-81 所示，公式编辑框中显示“=AVERAGE()”，在小括号内输入“c2:e2”，如图 3-82 所示，单击“确定”按钮。

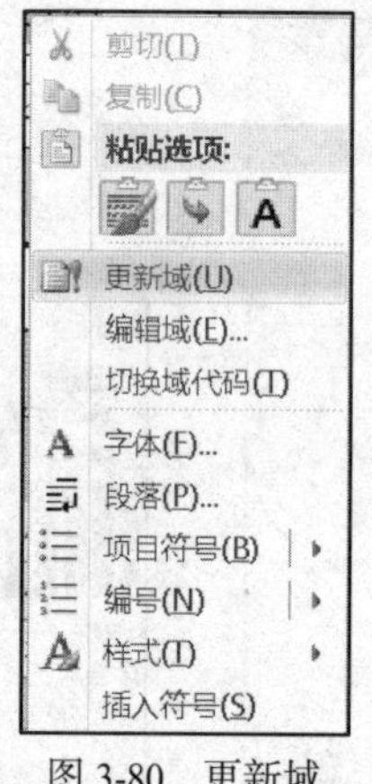

图 3-80　更新域

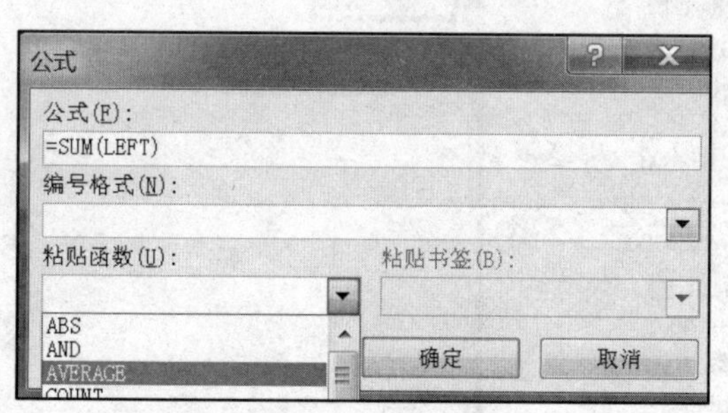

图 3-81　粘贴函数

③选定计算出来的结果，分别复制到下方的两个空白单元格（G3、G4），再分别在 G3、G4 单元格内容上单击鼠标右键，在快捷菜单中选择“切换域代码(T)”，如图 3-83 所示，将单元格公式分别更改为“=AVERAGE(c3:e3)”和“=AVERAGE(c4:e4)”，然后在公式上单击鼠标右键，在快捷菜单中选择“更新域(U)”命令。

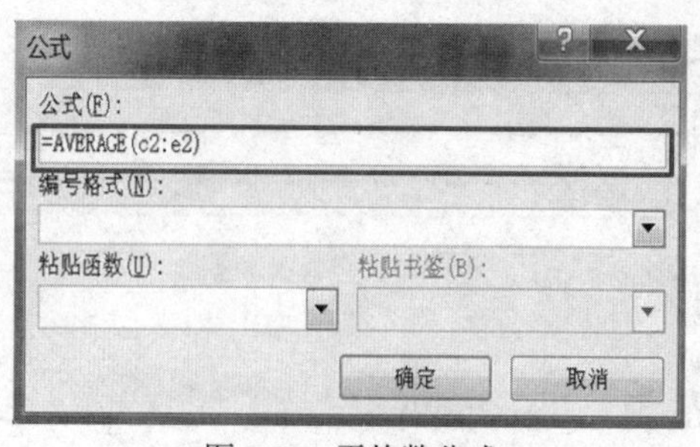

图 3-82　平均数公式

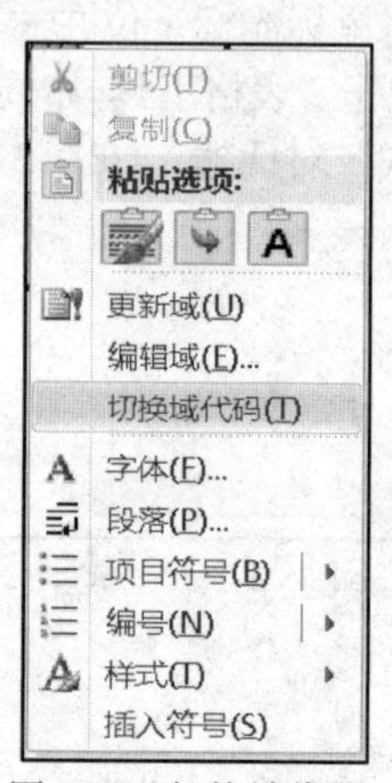

图 3-83　切换域代码

七、排序

1. 修改表格结构

因表格中有合并单元格，不能进行排序，故将表格结构修改成图 3-84 所示的结构，步骤如下：

一季度计算机销售情况统计表

月份 销售量 型号	一月份	二月份	三月份	总台数	平均数
惠普	340	400	460	1200	400
联想	420	340	680	1440	480
方正	150	230	286	666	222
合计	910	970	1426		

图 3-84　改造后的销售情况统计表

（1）将光标定位在“计算机”单元格，单击“表格工具 布局”选项卡中的“行和列”选项组中的“删除”按钮，如图 3-85 所示，在列表中选择“删除单元格(D)...”命令，打开“删除单元格”对话框，如图 3-86 所示，单击“确定”按钮，删除单元格后表格如图 3-87 所示。

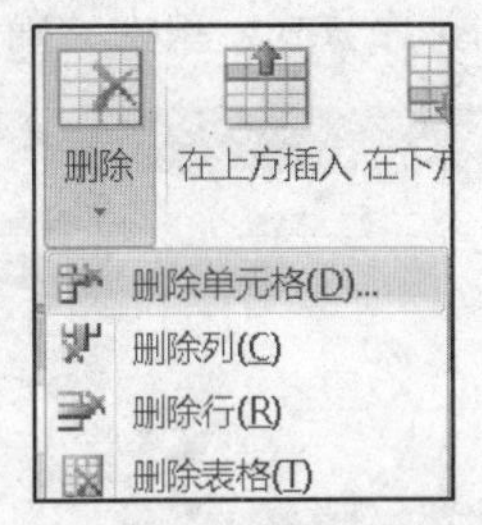

图 3-85　“删除”列表

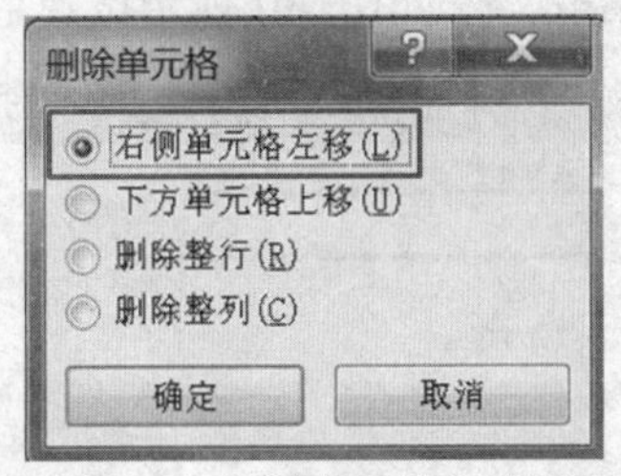

图 3-86　“删除单元格”对话框

月份 销售量 型号	一月份	二月份	三月份	总台数	平均数
惠普	340	400	460	1200	400
联想	420	340	680	1440	480
方正	150	230	286	666	222
合计	910	970	1426		

图 3-87　删除“计算机”单元格后的表格

（2）用鼠标拖动表格右侧框线使之对齐（可以同时按住 Alt 键进行微调），将表格第 1 列右框线对齐，调整后效果如图 3-88 所示。

月份 销售量 型号	一月份	二月份	三月份	总台数	平均数
惠普	340	400	460	1200	400
联想	420	340	680	1440	480
方正	150	230	286	666	222
合计	910	970	1426		

图 3-88　调整框线后的表格

（3）选中表格第 2~6 列，单击“表格工具 布局”选项卡中的“单元格大小”选项组中的“分布列”按钮，如图 3-89 所示，使单元格列平均分布，如图 3-90 所示。

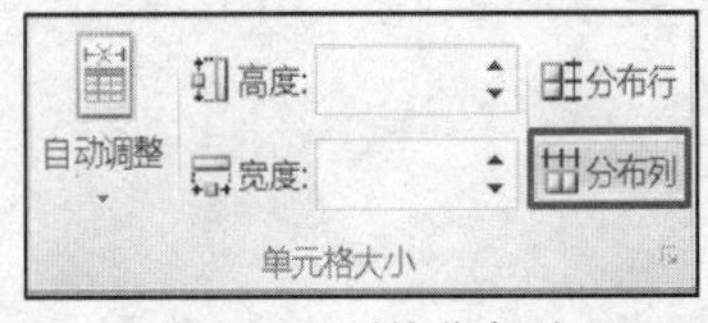

图 3-89　平均分布列

月份 销售量 型号	一月份	二月份	三月份	总台数	平均数
惠普	340	400	460	1200	400
联想	420	340	680	1440	480
方正	150	230	286	666	222
合计	910	970	1426		

图 3-90　分布列后表格效果

（4）重新设置表格第 1 列左框线为 2.25 磅单实线。

2. 将表格按“平均数”列的降序进行排序

选中表格 2~4 行，单击“表格工具 布局”选项卡中的“数据”选项组中的“排序”按钮，打开“排序”对话框，按如图 3-91 所示设置主要关键字和排序方式，单击“确定”按钮。

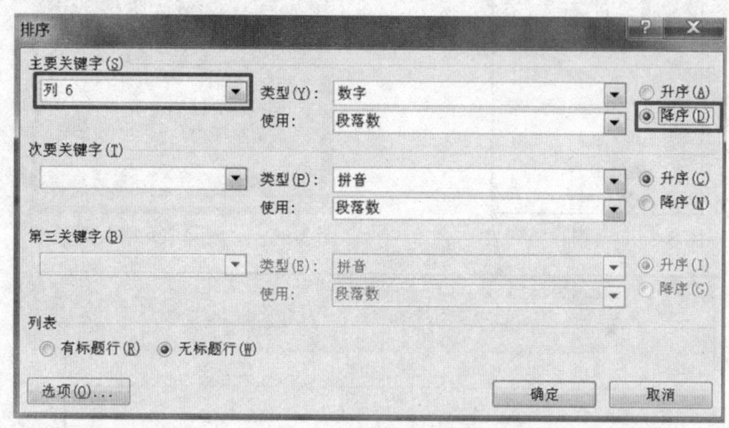

图 3-91　“排序”对话框

八、保存并关闭文档

单击快速访问工具栏中的“保存”按钮，再次将文档以原文件名保存。保存完成后，单击文档窗口右上角的“关闭”按钮，将文档关闭。

任务 4　制作“自荐书”

情景描述

小王是某职业院校大三的一名学生，即将面临毕业，通过在企业实习期间的锻炼，他了解到大学生在求职应聘的过程中，不仅要有过硬的专业技术知识和良好的个人素养，同时还了解到制作一份求职自荐书对于求职者来说是多么的重要。一份内容贴切、版式美观大方的求职自荐书直接可以让面试单位对应聘者产生良好的第一印象。小王通过网上浏览各种求职自荐书的样板，收集并整理了自己的相关资料，最后规划设计出个人求职自荐书的封面，书写好自荐信，制作出如下个人简历。

作品展示

小王制作完成的求职自荐书封面效果如图 3-92 所示，自荐书如图 3-93 所示，个人简历效果如图 3-94 所示。

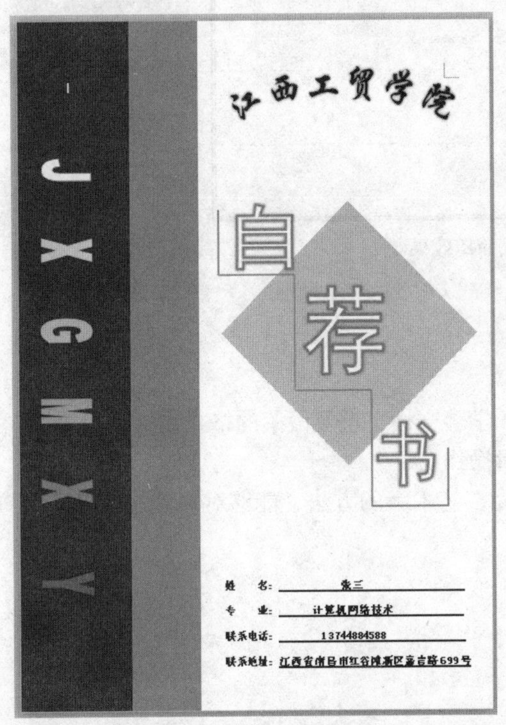

图 3-92　自荐书封面效果

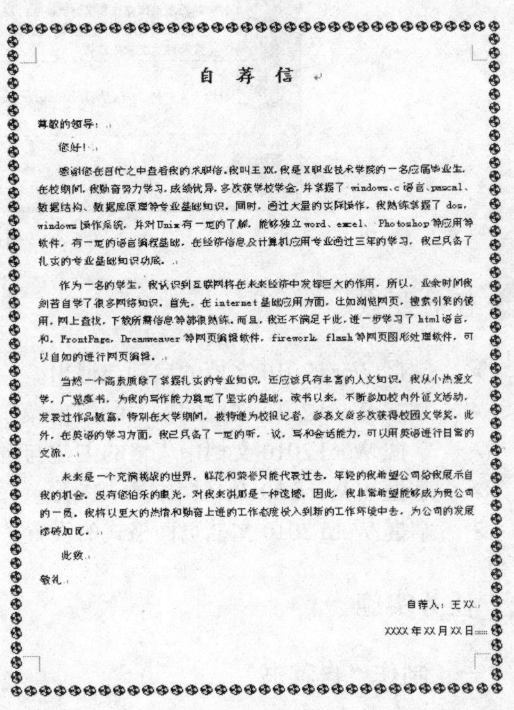

自　荐　信

尊敬的领导：

您好！

感谢您在百忙之中查看我的求职信。我叫王XX，我是X职业技术学院的一名应届毕业生。在校期间，我勤奋努力学习，成绩优异，多次获学校学金，并掌握了 windows、c 语言、pascal、数据结构、数据库原理等专业基础知识。同时，通过大量的实际操作，我熟练掌握了 dos、windows 操作系统，并对 Unix 有一定的了解，能够独立 word、excel、Photoshop 等应用等软件，有一定的语言编程基础，在经济信息及计算机应用专业通过三年的学习，我已具备了扎实的专业基础知识功底。

作为一名的学生，我认识到互联网将在未来经济中发挥巨大的作用，所以，业余时间我刻苦自学了很多网络知识。首先，在 internet 基础应用方面，比如浏览网页，搜索引擎的使用，网上查找，下载所需信息等都很熟练。而且，我还不满足于此，进一步学习了 html 语言，和，FrontPage，Dreamweaver 等网页编辑软件，firework，flash 等网页图形处理软件，可以自如的进行网页编辑。

当然一个高素质除了掌握扎实的专业知识，还应该具有丰富的人文知识。我从小热爱文学，广览群书，为我的写作能力奠定了坚实的基础。读书以来，不断参加校内外征文活动，发表过作品数篇。特别在大学期间，被特邀为校报记者，参赛文章多次获得校团文学奖。此外，在英语的学习方面，我已具备了一定的听，说，写和会话能力，可以用英语进行日常的交流。

未来是一个充满挑战的世界，鲜花和荣誉只能代表过去。年轻的我希望公司给我展示自我的机会。没有伯乐的眼光，对我来讲那是一种遗憾。因此，我非常希望能够成为贵公司的一员。我将以更大的热情和勤奋上进的工作态度投入到新的工作环境中去，为公司的发展添砖加瓦。

此致

敬礼

自荐人：王XX

XXXX 年 XX 月 XX 日

图 3-93　自荐信效果

个人简历						
个人基本情况	姓名	XXX	性别	女		
	出生年月	1997.1.1	籍贯	XX 省 XX 市		
	毕业时间	2018 年 7 月	政治面貌	中共党员		
	学历	大专	专业	计算机软件技术		
	毕业院校	江西工贸学院	Email	xxxxx@qq.com		
经历	学习教育	2003 年 9 月-2009 年 7 月 实验小学 2009 年 9 月-2012 年 7 月 实验中学 2012 年 9 月-2015 年 7 月 南昌市第九中学 2015 年 9 月-2018 年 6 月 江西工贸学院计算机软件技术专业				
	社会实践	2016 年 7 月沃尔玛临时促销员 2017 年 7 至 8 月江西清华同方电脑科技有限公司实习				
自我评价	本人具有较强的专业理论知识，为人诚实，吃苦耐劳，具有较强的组织能力和沟通协调能力，热爱集体，有责任心和上进心					
获奖情况	2016 年度荣获“优秀团干”“励志奖学金” 2017 年度荣获“三好学生”、院第十四届技能竞赛中获“网站设计”项目二等奖					
英语水平	➢ 能进行简单的口语交流 ➢ 具有较强的文章阅读能力 ➢ 通过英语等级四级					
计算机水平	➢ 熟练办公自动化软件的应用 ➢ 熟悉数据库操作和网络协议 TCP/IP ➢ 熟悉一些常用软件的应用，如 Photoshop、Dreamweaver ➢ 获得网络工程师证书					
主要作品	我的个人网站：http://www.zhangsan.com					
应聘岗位	愿意从事与 IT 相关的任一行业工作					

图 3-94　个人简历效果

任务要点

- ➢ 掌握 Word 2010 文档的启动与退出。
- ➢ 掌握 Word 2010 文档的撰写和编辑操作，学会文档字符及段落的格式设置。
- ➢ 掌握 Word 2010 文档中表格的创建与编辑操作。
- ➢ 掌握在 Word 2010 文档中插入图形、图片、艺术字的方法，能够对对象进行格式设置。
- ➢ 掌握 Word 2010 文档页面格式的设置。

任务实施

一、制作“自荐书”

1. 建立 Word 文档并输入自荐书内容

（1）新建 Word 文档，保存文件名为“自荐书.docx”。

（2）设置文档纸张大小为 A4，上、下页边距为 2.54 厘米，左右页边距为 2 厘米，纸张方向为纵向。

单击功能区的“页面布局”→“页面设置”选项组右下角的对话框启动器，在弹出的“页面设置”对话框中进行设置，如图 3-95 所示。

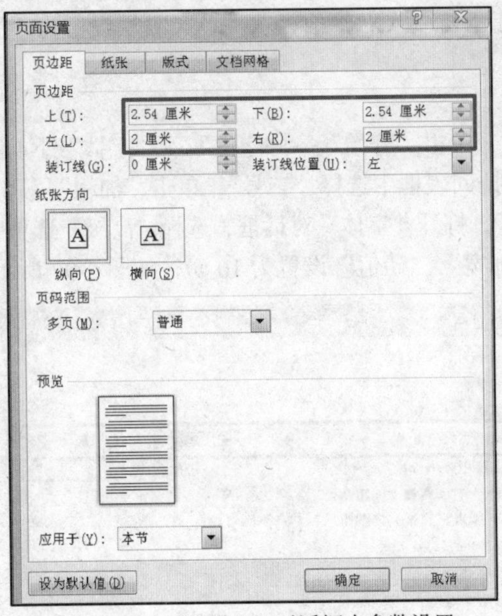

图 3-95　“页面设置”对话框中参数设置

（3）输入“自荐信”内容。

在光标起始位置处按图 3-96 所示输入内容，注意各段落开始处不要按空格键，各段均顶格输入。

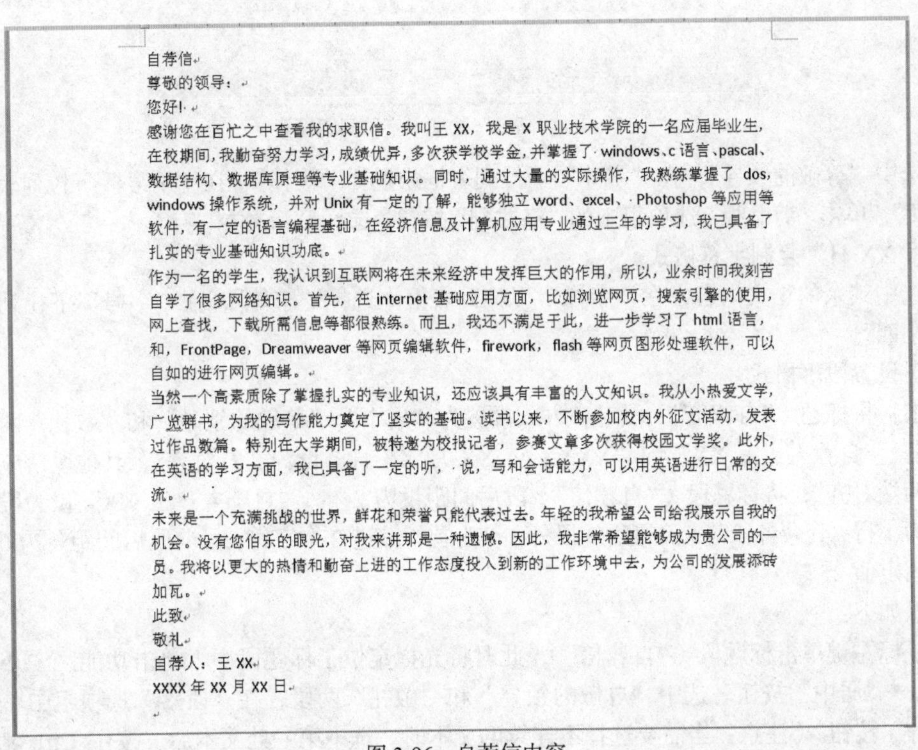

自荐信

尊敬的领导：

您好!

感谢您在百忙之中查看我的求职信。我叫王 XX，我是 X 职业技术学院的一名应届毕业生，在校期间，我勤奋努力学习，成绩优异，多次获奖学校学金，并掌握了 windows、c 语言、pascal、数据结构、数据库原理等专业基础知识。同时，通过大量的实际操作，我熟练掌握了 dos，windows 操作系统，并对 Unix 有一定的了解，能够独立 word、excel、Photoshop 等应用等软件，有一定的语言编程基础，在经济信息及计算机应用专业通过三年的学习，我已具备了扎实的专业基础知识功底。

作为一名的学生，我认识到互联网将在未来经济中发挥巨大的作用，所以，业余时间我刻苦自学了很多网络知识。首先，在 internet 基础应用方面，比如浏览网页，搜索引擎的使用，网上查找，下载所需信息等都很熟练。而且，我还不满足于此，进一步学习了 html 语言，和，FrontPage，Dreamweaver 等网页编辑软件，firework，flash 等网页图形处理软件，可以自如的进行网页编辑。

当然一个高素质除了掌握扎实的专业知识，还应该具有丰富的人文知识。我从小热爱文学，广览群书，为我的写作能力奠定了坚实的基础。读书以来，不断参加校内外征文活动，发表过作品数篇。特别在大学期间，被特邀为校报记者，参赛文章多次获得校园文学奖。此外，在英语的学习方面，我已具备了一定的听，说，写和会话能力，可以用英语进行日常的交流。

未来是一个充满挑战的世界，鲜花和荣誉只能代表过去。年轻的我希望公司给我展示自我的机会。没有您伯乐的眼光，对我来讲那是一种遗憾。因此，我非常希望能够成为贵公司的一员。我将以更大的热情和勤奋上进的工作态度投入到新的工作环境中去，为公司的发展添砖加瓦。

此致

敬礼

自荐人：王 XX

XXXX 年 XX 月 XX 日

图 3-96　自荐信内容

2．设置字符格式及段落格式

（1）设置字符格式

要求：将标题“自荐信”设置为“楷体”“二号”“加粗”，并将字符间距设置加宽 10 磅。将

“尊敬的领导”“自荐人：王 XX”“XXXX 年 XX 月 XX 日”设置为“黑体”“小四”，正文其他内容为“宋体”“小四”。

步骤如下：

①选中标题“自荐信”，单击“开始”→“字体”→“字体”下拉列表按钮，在下拉框中选择“楷体”，在“字号”下拉列表框中选择“二号”，单击“加粗”**B** 按钮。再单击“字体”选项组右下角的对话框启动器，打开“字体”对话框，选择“高级”选项卡，在“字符间距”的“间距”下拉列表框中选择“加宽”，“磅值”设置为 10 磅，如图 3-97 所示。

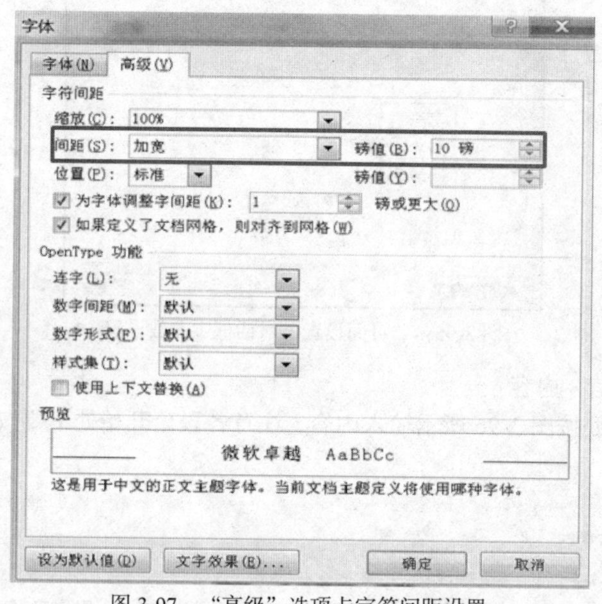

图 3-97 “高级”选项卡字符间距设置

②选中“尊敬的领导”，在“字体”下拉列表框中选择“黑体”，在“字号”下拉列表框中选择“小四”。单击“剪贴板”选项组中的“格式刷”按钮，选择目标文本“自荐人：王 XX”“XXXX 年 XX 月 XX 日”复制字符格式。

③选中其余的正文内容，在“字体”下拉列表框中选择“宋体”，在“字号”下拉列表框中选择“小四”。

（2）设置段落格式

要求：将标题（“自荐信”）段对齐方式设置为“居中”，“尊敬的领导”和“敬礼”两段设为“左对齐”，“自荐人：王 XX”和“XXXX 年 XX 月 XX 日”设为“右对齐”，其他段落应用默认设置“两端对齐”；将标题段（“自荐信”）段后间距设为 2 行，“自荐人：王 XX”设为段前段后间距各为 1 行，其余各段落（除最后 3 段外）设为首行缩进 2 个字符，段前段后间距各为 0.5 行，行距为固定值 25 磅。

步骤如下：

①鼠标左键单击标题段（“自荐信”），此时将光标定位于标题段中，单击功能区“开始”→“段落”→“居中”按钮。选中“尊敬的领导”和“敬礼”两段，在“段落”选项组中单击“文本左对齐”按钮。（注意：当需要选择不连续的文本时，选中第一处文本后，按住 Ctrl 键不放再选择其他文本）。选中“自荐人：王 XX”和“XXXX 年 XX 月 XX 日”两段，在“段落”选项组中单击“文本右对齐”按钮。

②选中标题段（“自荐信”），单击功能区“开始”→“段落”选项组，单击右下角的斜箭头按钮（对话框启动器），打开“段落”对话框，在“缩进和间距”选项卡中，将“间距 段后(F)”

设置为“2 行”。

③右击“自荐人：王 XX”一段，在弹出的快捷菜单中单击“段落”，打开“段落”对话框，在“缩进和间距”选项卡中，将“间距 段前(B)”及“间距 段后(F)”分别设置为“1 行”。

④选中其他段落（“您好！”……“敬礼”），在“段落”选项组中单击右下角的斜箭头按钮（对话框启动器），打开“段落”对话框，在“缩进和间距”选项卡中，将“缩进 特殊格式(S)”设置为“首行缩进”，“磅(Y)”设置为“2 字符”，“间距 段前(B)”和“间距 段后(F)”各设置为“0.5 行”。“行距”为“固定值”，“设置值”为“25 磅”，单击“确定”按钮完成设置。

二、制作“个人简历”表格

利用表格形式来制作个人简历，可以使内容更加简洁，条理更加清晰。制作完成后的“个人简历”表格如图 3-98 所示。

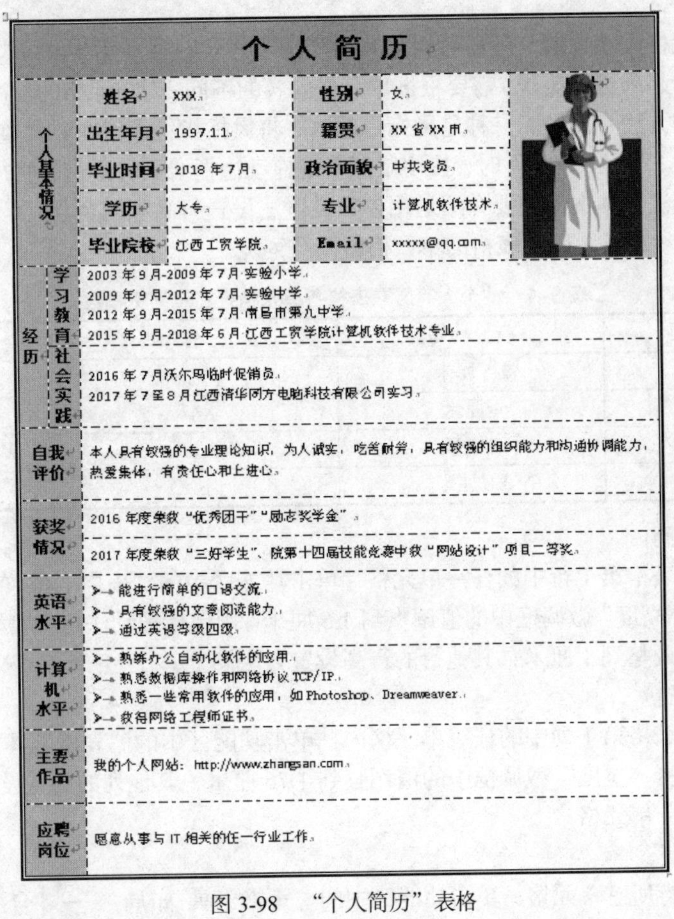

<table>
<tr><td colspan="6">个 人 简 历</td></tr>
<tr><td rowspan="5">个人基本情况</td><td>姓名</td><td>XXX</td><td>性别</td><td>女</td><td rowspan="5"></td></tr>
<tr><td>出生年月</td><td>1997.1.1</td><td>籍贯</td><td>XX 省 XX 市</td></tr>
<tr><td>毕业时间</td><td>2018 年 7 月</td><td>政治面貌</td><td>中共党员</td></tr>
<tr><td>学历</td><td>大专</td><td>专业</td><td>计算机软件技术</td></tr>
<tr><td>毕业院校</td><td>江西工贸学院</td><td>Email</td><td>xxxxx@qq.com</td></tr>
<tr><td rowspan="2">经历</td><td>学习教育</td><td colspan="4">2003 年 9 月-2009 年 7 月 实验小学
2009 年 9 月-2012 年 7 月 实验中学
2012 年 9 月-2015 年 7 月 南昌市第九中学
2015 年 9 月-2018 年 6 月 江西工贸学院计算机软件技术专业</td></tr>
<tr><td>社会实践</td><td colspan="4">2016 年 7 月沃尔玛临时促销员
2017 年 7 至 8 月江西清华同方电脑科技有限公司实习</td></tr>
<tr><td>自我评价</td><td colspan="5">本人具有较强的专业理论知识，为人诚实，吃苦耐劳，具有较强的组织能力和沟通协调能力，热爱集体，有责任心和上进心</td></tr>
<tr><td rowspan="2">获奖情况</td><td colspan="5">2016 年度荣获“优秀团干”“励志奖学金”</td></tr>
<tr><td colspan="5">2017 年度荣获“三好学生”、院第十四届技能竞赛中获“网站设计”项目二等奖</td></tr>
<tr><td>英语水平</td><td colspan="5">➢ 能进行简单的口语交流
➢ 具有较强的文章阅读能力
➢ 通过英语等级四级</td></tr>
<tr><td>计算机水平</td><td colspan="5">➢ 熟练办公自动化软件的应用
➢ 熟悉数据库操作和网络协议 TCP/IP
➢ 熟悉一些常用软件的应用，如 Photoshop、Dreamweaver
➢ 获得网络工程师证书</td></tr>
<tr><td>主要作品</td><td colspan="5">我的个人网站：http://www.zhangsan.com</td></tr>
<tr><td>应聘岗位</td><td colspan="5">愿意从事与 IT 相关的任一行业工作</td></tr>
</table>

图 3-98 “个人简历”表格

1. 创建表格的结构

（1）插入一个 15 行 6 列的表格

将光标定位到文档的最后，单击功能区的“页面布局”→“页面设置”→“分隔符”下拉按钮，选择“分节符”中的“下一页”，插入一空白页。单击功能区中的“插入”→“表格”→“插入表格”命令，在“插入表格”对话框中设置行数和列数。

（2）输入简历表格中有底纹颜色的单元格文字内容（如图 3-99 所示）

个人简历					
个人基本情况	姓名		性别		照片
	出生年月		籍贯		
	毕业时间		政治面貌		
	学历		专业		
	毕业院校		Email		
经历					
自我评价					
获奖情况					
英语水平					
计算机水平					
主要作品					
应聘岗位					

图 3-99　单元格内容

（3）设置单元格大小（调整行高和列宽）

为了让表格看起来更加美观，需要根据单元格内容的不同，对单元格的行高和列宽进行设置。调整行高和列宽的方法有两种。一种是鼠标拖动法（将鼠标指针停留在要调整列宽的单元格边框线上，当光标变成“↔”或“↕”时，按住鼠标左键拖动边框线到合适位置释放鼠标左键即可）；另一种是参数设置法。本案例主要介绍运用参数设置法设置行高和列宽。

按表 3-1 所示参数设置简历表格的单元格行高及列宽。

表 3–1　“个人简历”表格各单元格行高及列宽参数

行	行　高	列	列　宽
1	1.5 厘米	1	1.76 厘米
2 ~ 6，10~11	1 厘米	2,4	2.2 厘米
7 ~ 9,12~13	2 厘米	3,5	3.4 厘米
14 ~ 15	1.8 厘米	6	4 厘米

①设置表格行高。

将光标定位在表格第 1 行中的任一单元格，单击功能区中的“表格工具 布局” →“单元格大小”选项组，将“高度”微调框中的值调整到 1.5 厘米。用鼠标拖动法选中表格 2 ~ 6 行，将“高度”微调框中的值调整到 1 厘米，其他行的行高设置方法同上。

②设置表格列宽。

将光标定位在表格第 1 列中的任一单元格内，单击功能区中的“表格工具 布局” →“单元格大小”选项组，将“宽度”微调框中的值调整到 1.76 厘米，其他列的列宽设置方法同上。

（4）合并或拆分单元格

①合并单元格。

选中表格第 1 行所有单元格，单击功能区中的“表格工具 布局” →“合并”→“合并单元格”按钮。用同样的方法合并第 1 列 2 至 6 行单元格，第 6 列 2 至 6 行，第 7 行至第 15 行的 2 至 6 列，第 1 列 7 至 8 行、10 至 11 行单元格。完成合并后的效果如图 3-100 所示。

②拆分单元格。

将光标定位在第 7 行第 1 列单元格（文字内容为“经历”），单击功能区中的“表格工具 布局” →“合并”→“拆分单元格”按钮，在弹出的“拆分单元格”对话框中设置 “列数”微调框中的值为 2，“行数”值为 1。（见图 3-101）。单击功能区中的“表格工具 设计” →“绘图边框”→“绘制表格”按钮，按住鼠标左键移动光标在刚拆出的第 2 列单元格内绘制出一根横线，将其拆分出上下两个单元格，输入相应的文字内容“学习教育”和“社会实践”。完成后的表格效果如图 3-102 所示。

个人简历					
个人基本情况	姓名		性别		照片
	出生年月		籍贯		
	毕业时间		政治面貌		
	学历		专业		
	毕业院校		Email		
经历					
自我评价					
获奖情况					
英语水平					
计算机水平					
主要作品					
应聘岗位					

图 3-100　合并单元格后的表格

拆分单元格

列数(C)：2

行数(R)：1

拆分前合并单元格(M)

确定　取消

图3-101　“拆分单元格”对话框

个人简历						
个人基本情况		姓名		性别		照片
		出生年月		籍贯		
		毕业时间		政治面貌		
		学历		专业		
		毕业院校		Email		
经历	学习教育					
	社会实践					
自我评价						
获奖情况						
英语水平						
计算机水平						
主要作品						
应聘岗位						

图 3-102　拆分后的表格效果图

2．表格的美化

（1）设置单元格底纹

要求：参照图 3-94，将对应单元格的底纹分别设置为“白色，背景 1，深色 35%”、“白色，背景 1，深色 25%”和“白色，背景 1，深色 15%”。

步骤：将光标定位在第 1 个单元格（内容为“个人简历”），单击功能区中的“表格工具”→“设计”→“表格样式”→“底纹”按钮，打开“底纹”下拉菜单，在“主题颜色”选项中选择“白色，背景 1，深色 35%”。用鼠标拖动法选定“个人基本情况”及其下方的所有要设置相同底纹颜色的单元格，用同样的方法设置底纹颜色为“白色，背景 1，深色 25%”。选择“姓名”及其他要设置相同底纹颜色的单元格（可以按住 Ctrl 键同时选中不连续的单元格），用同样的方法设置底纹颜色为“白色，背景 1，深色 15%”。完成之后效果如图 3-103 所示。

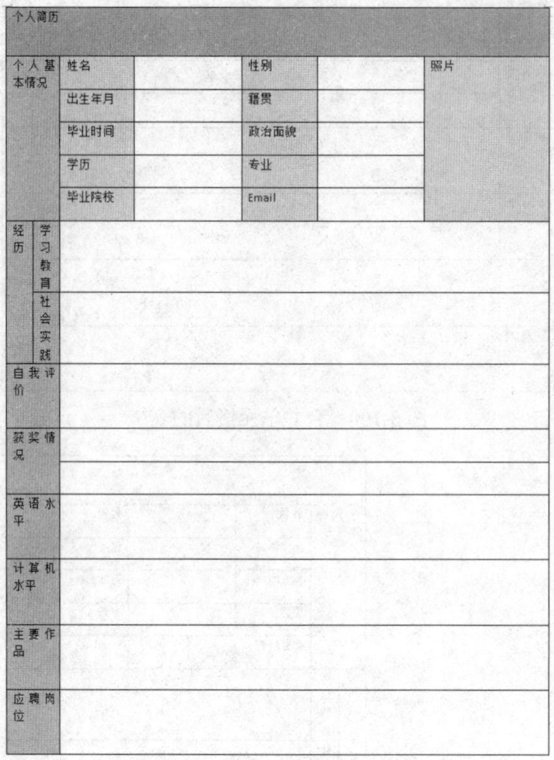

个人简历					
个人基本情况	姓名		性别		照片
	出生年月		籍贯		
	毕业时间		政治面貌		
	学历		专业		
	毕业院校		Email		
经历	学习教育				
	社会实践				
自我评价					
获奖情况					
英语水平					
计算机水平					
主要作品					
应聘岗位					

图 3-103　设置底纹后的表格效果

（2）设置单元格字符格式

要求：将第 1 个单元格内容“个人简历”字符格式设置为“黑体”、“二号”、“加粗”、字符间距加宽 6 磅，其余有底纹的单元格字符格式设置为“宋体”、“小四号”、“加粗”，其他单元格字符格式为“宋体”、“五号”。

步骤：选定第 1 个单元格中的“个人简历”，在选定的文本上右击，在弹出的快捷菜单中选择“字体”，打开“字体”对话框，在“字体”选项卡中设置中文字体为“黑体”，字形为“加粗”，字号为“二号”，单击切换至“高级”选项卡，在“字符间距 间距”下拉列表中选择“加宽”，设置磅值为“6 磅”。用同样的方法设置其他字符格式。

（3）设置表格对齐及单元格内容的对齐方式

要求：将表格设置为居中，有底纹的单元格内容设置对齐方式为“水平居中”，其余单元格内容设置为“中部两端对齐”。

步骤：选定表格后，按“Ctrl+E”组合键将表格设置为居中对齐。选定表格的第 1 个单元格（内容为个人简历），单击功能区中的“表格工具”→“布局”→“对齐方式”→“水平居中”按钮，用同样的方法将其他有底纹的单元格对齐方式设置为“水平居中”。选定其他单元格，在“对齐方式”选项组中单击“中部两端对齐”按钮，将空白单元格内容输入完整后，表格效果如图 3-104 所示。

<table>
<tr><td colspan="7">个 人 简 历</td></tr>
<tr><td colspan="2" rowspan="5">个人基本情况</td><td>姓名</td><td>XXX</td><td>性别</td><td>女</td><td rowspan="5">照片</td></tr>
<tr><td>出生年月</td><td>1997.1.1</td><td>籍贯</td><td>XX 省 XX 市</td></tr>
<tr><td>毕业时间</td><td>2018 年 7 月</td><td>政治面貌</td><td>中共党员</td></tr>
<tr><td>学历</td><td>大专</td><td>专业</td><td>计算机软件技术</td></tr>
<tr><td>毕业院校</td><td>江西工贸学院</td><td>Email</td><td>xxxxx@qq.com</td></tr>
<tr><td rowspan="2">经历</td><td>学习教育</td><td colspan="5">2003 年 9 月-2009 年 7 月 实验小学
2009 年 9 月-2012 年 7 月 实验中学
2012 年 9 月-2015 年 7 月 南昌市第九中学
2015 年 9 月-2018 年 6 月 江西工贸学院计算机软件技术专业</td></tr>
<tr><td>社会实践</td><td colspan="5">2016 年 7 月沃尔玛临时促销员
2017 年 7 至 8 月江西清华同方电脑科技有限公司实习</td></tr>
<tr><td colspan="2">自我评价</td><td colspan="5">本人具有较强的专业理论知识，为人诚实，吃苦耐劳，具有较强的组织能力和沟通协调能力，热爱集体，有责任心和上进心</td></tr>
<tr><td colspan="2" rowspan="2">获奖情况</td><td colspan="5">2016 年度荣获“优秀团干”“励志奖学金”</td></tr>
<tr><td colspan="5">2017 年度荣获“三好学生”、院第十四届技能竞赛中获“网站设计”项目二等奖</td></tr>
<tr><td colspan="2">英语水平</td><td colspan="5">能进行简单的口语交流
具有较强的文章阅读能力
通过英语等级四级</td></tr>
<tr><td colspan="2">计算机水平</td><td colspan="5">熟练办公自动化软件的应用
熟悉数据库操作和网络协议 TCP/IP
熟悉一些常用软件的应用，如 Photoshop、Dreamweaver
获得网络工程师证书</td></tr>
<tr><td colspan="2">主要作品</td><td colspan="5">我的个人网站：http://www.zhangsan.com</td></tr>
<tr><td colspan="2">应聘岗位</td><td colspan="5">愿意从事与 IT 相关的任一行业工作</td></tr>
</table>

图 3-104　设置对齐后的效果图

（4）设置单元格文本方向

要求：将“个人基本情况”所在单元格设置文字方向为“竖排”。

步骤：右击“个人基本情况”所在的单元格，在弹出的快捷菜单中选择“文字方向”，在“文字方向-表格单元格”对话框中选择竖排文字，单击“确定”按钮。

（5）设置表格边框线

要求：设置表格外框线为“上粗下细 ▬▬▬▬▬▬▬▬”、“2.25 磅”，内侧框线为“点划线 — - — - — - —”、“1 磅”，颜色均为默认设置。

步骤：选定整张表格，单击功能区中的“表格工具 设计”→“绘图边框”→“笔样式”下拉按钮，在列表框中将线形设置为“▬▬▬▬▬▬▬▬”，将“笔划粗细”列表中的值设置为“2.25 磅”。在“表格样式”选项组中，将“边框”列表框的“边框类型”设置为“外侧框线”。内框线的设置方法同上，设置好线形为“ — - — - — - —”、粗细为“1 磅”，将“边框”列表框的“边框类型”设置为“内部框线”，完成之后的表格如图 3-105 所示。

（6）照片的插入、段落项目符号的添加

要求：按图 3-94，在照片单元格内插入相应的剪贴画，为“英语水平”和“计算机水平”后所填的段落内容添加项目符号“➢”。步骤如下：

①将光标定位在照片所在单元格内，单击功能区中的“插入”→“插图”→“剪贴画”按钮，

弹出“剪贴画”窗格，在“搜索文字”处输入“人物”，单击“搜索”按钮，在出现的图片列表中找到该图片（见图 3-106），将光标移至该图片，单击下拉按钮，在弹出的菜单中选择“插入”即可。图片插入后，右击图片，在弹出的快捷菜单中选择“自动换行”中的“浮于文字上方”命令，然后将图片移至合适位置。

②选择“英语水平”对应的三段文字，在选定的文字上右击，选择“项目符号”中的“➢”即可（见图 3-107）。同理设置“计算机水平”对应的四段文字。

个 人 简 历						
个人基本情况		姓名	XXX	性别	女	照片
		出生年月	1997.1.1	籍贯	XX省XX市	
		毕业时间	2018 年 7 月	政治面貌	中共党员	
		学历	大专	专业	计算机软件技术	
		毕业院校	江西工贸学院	Email	xxxxx@qq.com	
经历	学习教育	2003 年 9 月-2009 年 7 月 实验小学 2009 年 9 月-2012 年 7 月 实验中学 2012 年 9 月-2015 年 7 月 南昌市第九中学 2015 年 9 月-2018 年 6 月 江西工贸学院计算机软件技术专业				
	社会实践	2016 年 7 月沃尔玛临时促销员 2017 年 7 至 8 月江西清华同方电脑科技有限公司实习				
自我评价		本人具有较强的专业理论知识，为人诚实，吃苦耐劳，具有较强的组织能力和沟通协调能力，热爱集体，有责任心和上进心				
获奖情况		2016 年度荣获“优秀团干”“励志奖学金”				
		2017 年度荣获“三好学生”、院第十四届技能竞赛中获“网站设计”项目二等奖				
英语水平		能进行简单的口语交流 具有较强的文章阅读能力 通过英语等级四级				
计算机水平		熟练办公自动化软件的应用 熟悉数据库操作和网络协议 TCP/IP 熟悉一些常用软件的应用，如Photoshop、Dreamweaver 获得网络工程师证书				
主要作品		我的个人网站：http://www.zhangsan.com				
应聘岗位		愿意从事与 IT 相关的任一行业工作				

图 3-105　设置内外框线后的表格

图 3-106　“剪贴画”窗格

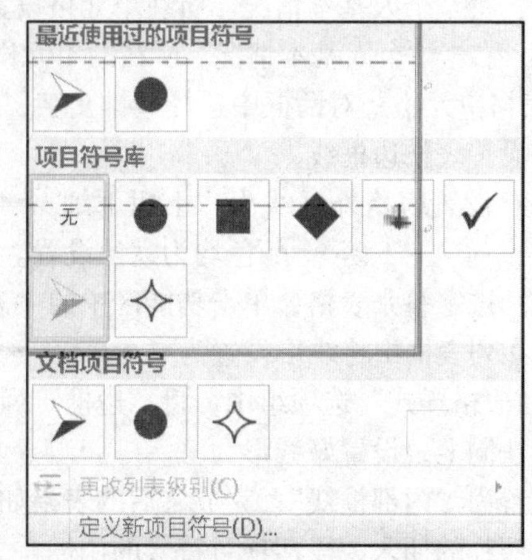

图 3-107　项目符号的设置

三、制作自荐书封面

为了让“自荐书”更加完美，需要给它制作一个封面，制作完成后的封面效果如图 3-108 所示。

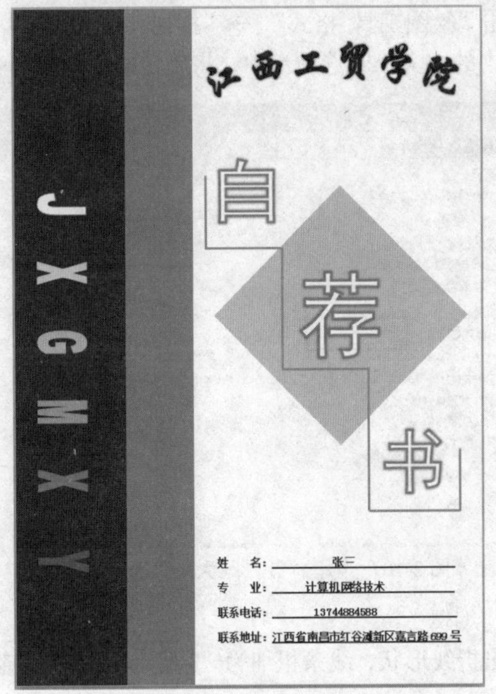

图 3-108　自荐书封面

1．插入封面页

将光标定位至文档开始处，单击“页面布局”→“页面设置”→“分隔符”→“分节符”→“下一页”，此时在文档前插入了一个空白页。

2．形状的绘制与编辑

（1）矩形的绘制与编辑

要求：插入三个“矩形”形状，第一个高 30cm，宽 5cm，填充与线条颜色为“深蓝”，左边界与页面左边界重合；第二个高 30cm，宽 3cm，填充与线条颜色为“白色，背景 1，深色 50%”，左边界与第一个形状的右边界重合；第三个高 8cm，宽 8cm，旋转 45 度，填充与线条颜色为“白色，背景 1，深色 25%”，上下居中对齐。步骤如下：

①形状的绘制。

选择功能区中的“插入”→“插图”→“形状”按钮，在打开的“形状”下拉菜单列表中选择“矩形”项目，此时光标变成“**十**”形，单击即绘制出一个矩形。选择“绘图工具”中的“格式”选项卡，在“大小”选项组中将形状的高度设置为“30 厘米”，宽度设置为“5 厘米”，用同样的方法绘制出第二、三个矩形。

②颜色的设置。

单击选定第一个矩形，选择“绘图工具 格式” →“形状样式”→“形状填充”按钮，在“标准色”中选择“深蓝”，单击“形状样式”选项组中的“形状轮廓”按钮，在“标准色”中同样选择“深蓝”。用同样的方法设置第二、三个矩形颜色。

③对象的位置。

按住左键将第一个矩形拖动至页面左边界处，第二个矩形拖至第一个矩形的右边界处并与之重合，第三个矩形左边界移动至合适位置，选择“绘图工具 格式” →“排列”→“对齐”按钮，在菜单中选择“上下居中”命令。

④矩形的旋转。

选定第三个矩形，单击“绘图工具 格式” →“排列”→“旋转”→“其他旋转选项”命令，在弹出的“布局”对话框中的“大小”选项卡中，将旋转的值调整为45°，如图3-109所示。

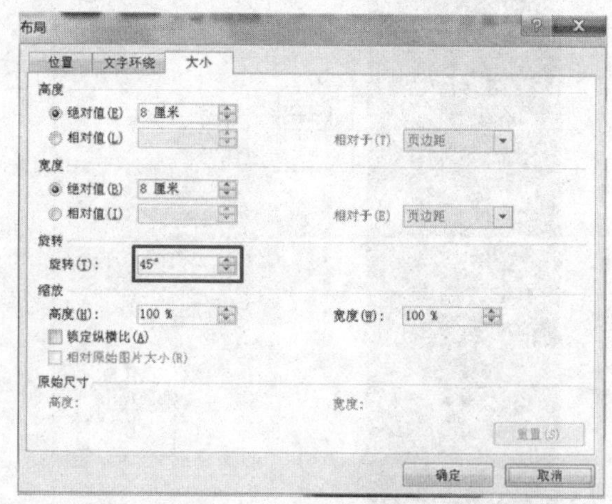

图3-109　第三个矩形“大小”选项卡设置

（2）折线形状的绘制与编辑

要求：使用线条绘制出折线形状，线条粗细为“3磅”，颜色为“茶色，背景2，深色50%”。

①折线形状的绘制。

单击功能区中的“插入”→“插图”→“形状”按钮，在打开的“形状”下拉菜单列表中选择“直线”项目，此时光标变成“+”形，按住Shift键的同时单击鼠标左键由上至下拖动即绘制出一个垂直的直线，单击“绘图工具 格式” →“大小”选项组，将“形状高度”值设置为2.8厘米；右击该线条，在弹出的快捷菜单中选择“其他布局”命令，在“位置”选项卡中，将“水平”绝对位置值设置为6.9厘米，“垂直”绝对位置值设置为5.6厘米（见图3-110）；选定该线条，按“Ctrl+C”组合键复制，然后按“Ctrl+V”组合键粘贴，生成该线条的副本；选定副本线条，单击“绘图工具 格式” →“排列”→“旋转”按钮→“向右（或向左）旋转90°”命令，使之变为一条横线；选定该横线，单击“绘图工具 格式” →“大小”选项组，将“形状宽度”的值设置为3.4厘米，然后移动直线使之左端与第一根竖线的下端重合（直接用鼠标拖动的方法），用相同的方法绘制出后续线条，线条大小和位置如图3-111所示。

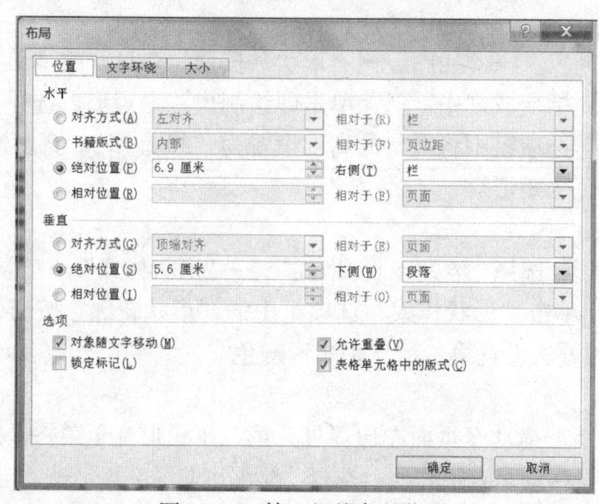

图3-110　第一根线条的位置

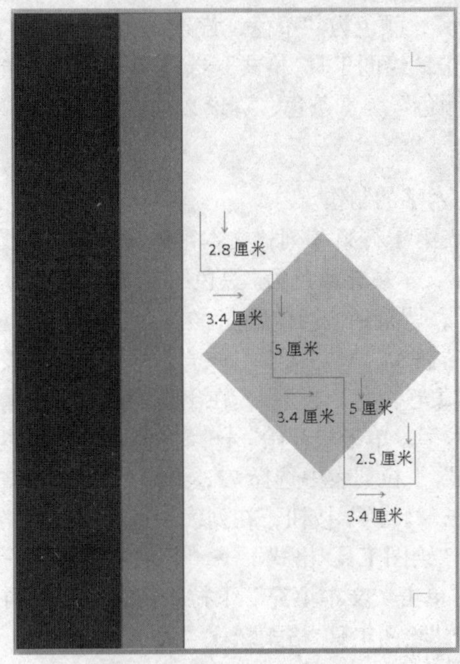

图 3-111　绘制的折线形状

②线条的组合。

选定所有线条，可以先单击选定其中一根线条，再按住 Ctrl 键的同时选中其他线条，或者也可以选定其中一个线条后，选择“绘图工具格式”→“排列”→“选择窗格”按钮，在弹出的“选择窗格”列表中选择所有的“直线连接符”并选中所有线条，然后单击“排列”选项组的“组合”按钮，在弹出的菜单中选择“组合”命令，完成组合后的效果如图 3-112 所示。

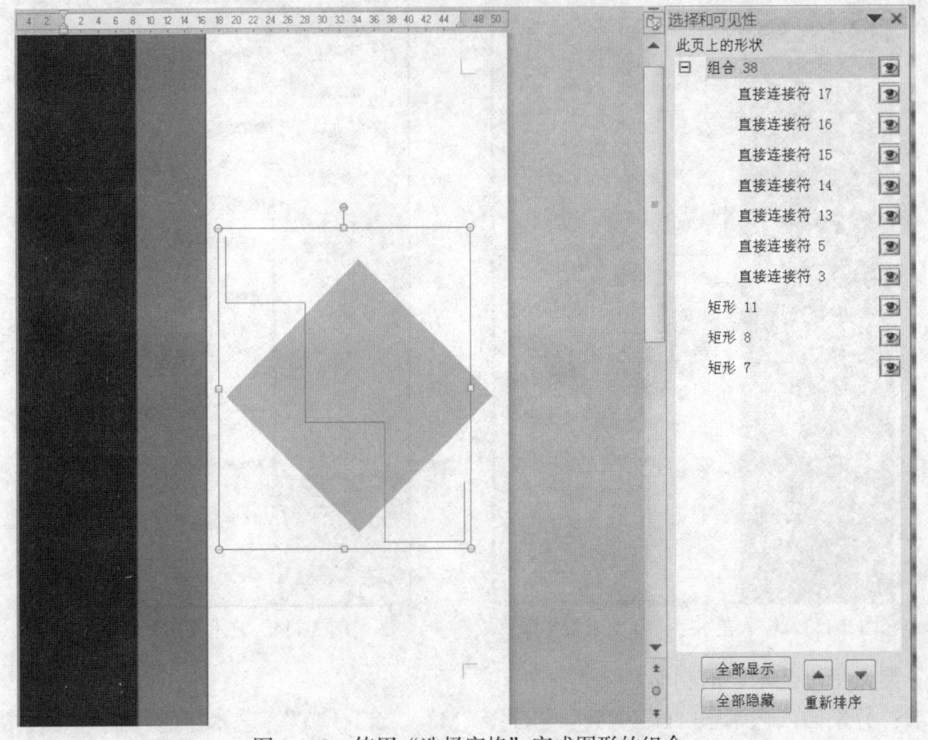

图 3-112　使用“选择窗格”完成图形的组合

③设置折线粗细为“3 磅”，颜色为“茶色，背景 2，深色 50%”。

选定组合后的折线，单击“绘图工具 格式”选项卡→“形状样式”→“形状轮廓”按钮，在弹出的列表中选择“主题颜色”为“茶色，背景 2，深色 50%”，“粗细”为 3 磅。

3．艺术字的制作

（1）“江西工贸学院”艺术字的制作。

要求：艺术字样式为列表第 1 行第 3 列；文本字体为“华文行楷”，字号为 72；艺术字形状为“上弯形”；文本轮廓线无，文本填充颜色为“黑色”；艺术字大小为“高 3.5 厘米，宽 13 厘米”；环绕方式为“浮于文字上方”，调整到适当位置。

步骤：单击功能区中的“插入”→“文本”→“艺术字”下拉按钮，在弹出的艺术字样式列表中选择第 1 行第 3 列的“填充-白色，投影”，在出现的图文框中输入艺术字内容“江西工贸学院”（见图 3-113）；选中艺术字，单击“开始”→“字体”→“字体”下拉按钮，在下拉列表中选择“华文行楷”，在“字号”下拉列表中选择 72；选定艺术字，单击“绘图工具 格式”→“艺术字样式”→“文本效果”→“转换”按钮，在列表中选择“跟随路径-上弯弧”（见图 3-114）；选定艺术字，单击功能区的“绘图工具 格式”→“艺术字样式”→“文本轮廓”下拉按钮，在下拉列表中选择“无轮廓”，单击“文本填充”下拉按钮，在下拉列表中选择“主题颜色-黑色，文字 1”；选定艺术字，单击“绘图工具 格式”→“大小”选项组，将“形状高度”的值设置为 3.5 厘米，“形状宽度”的值设置为 13 厘米；选定艺术字，单击“绘图工具 格式”→“排列”→“自动换行”下拉按钮，在下拉列表中选择“浮于文字上方”；选定艺术字，按住鼠标左键将其拖放到合适位置。

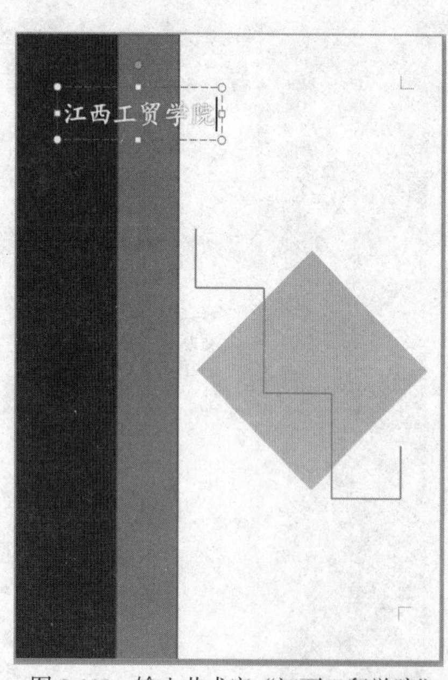

图 3-113 输入艺术字“江西工贸学院”

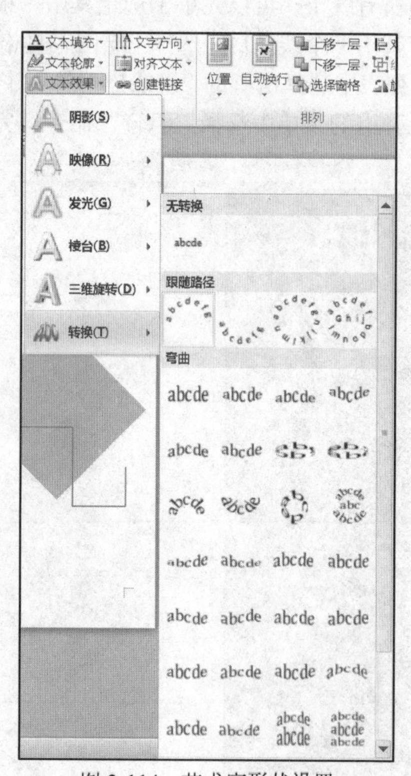

图 3-114 艺术字形状设置

（2）英文字母艺术字的制作

要求：分别插入艺术字“G”、“X”、“G”、“M”、“X”、“Y”。艺术字的样式为列表中第 1 行第 1 列；字体为“ArialBlack”，字号为 36；形状为“正方形”，向右旋转 90 度；艺术字大小：高 2.5 厘米，宽 1.5 厘米；环绕方式为“浮于文字上方”；文本轮廓线的粗细为“0.25 磅”，文本填充颜色和文本轮廓线颜色依次为“白色，背景 1”“白色，背景 1，深色 15%”“白色，背景 1，深色 25%”“白色，背景 1，深色 35%”　“白色，背景 1，深色 50%”“黑色，文字 1，淡色 35%”，位置如图 3-108 所示。

步骤：艺术字制作步骤同上（略），艺术字的旋转：选定艺术字，单击“绘图工具 格式”→“排列”→“旋转”→“向右旋转 90°　”命令；轮廓线的粗细：选定艺术字，单击“绘图工具 格式”→“艺术字样式”→“文本轮廓”→“粗细”按钮，在列表中选择“3 磅”。所有艺术字制作完成后用鼠标将其拖放到合适位置，选定所有字母艺术字，右击，在快捷菜单中选择“组合”下的“组合”命令。

（3）自荐书艺术字的制作

要求：分别插入艺术字“自”“荐”“书”，艺术字样式为列表中第 1 行第 3 列；字体为“黑体”；形状为“正方形”；艺术字大小分别为：“高 3 厘米，宽 3 厘米”“高 4.5 厘米，宽 4.5 厘米”“高 3.5 厘米，宽 3.5 厘米”；环绕方式为“浮于文字上方”；文本轮廓线颜色为 “蓝色，强调文字颜色 1”，文本轮廓的粗细为“3 磅”，文本填充颜色为“白色”，将其移动到适当位置。方法同上，此处省略。

4．文本框的插入及制表位的使用

（1）文本框的插入

要求：在封面下方插入一个宽度为 11.5 厘米，高度为 5 厘米的文本框，取消文本框线条颜色，在文本框中输入相应的文字内容。

步骤：单击功能区的“插入”→“文本”→“文本框”→“绘制文本框”命令，此时光标变成“十”形，按住鼠标左键拖动鼠标拉出一个矩形文本框，选定文本框，单击“绘图工具 格式”→“大小”选项组，将“形状高度”的值设置为 5 厘米，“形状宽度”的值设置为 11.5 厘米，输入如下内容（见图 3-115），选定文本框，单击“绘图工具 格式”→“形状样式”→“形状轮廓”下拉按钮，在下拉列表中选择“无”。

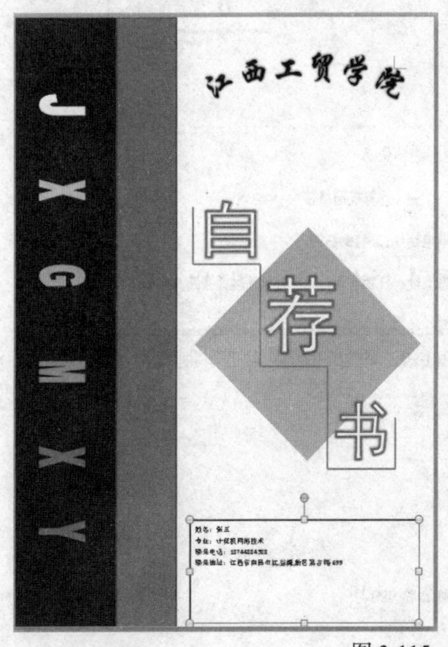

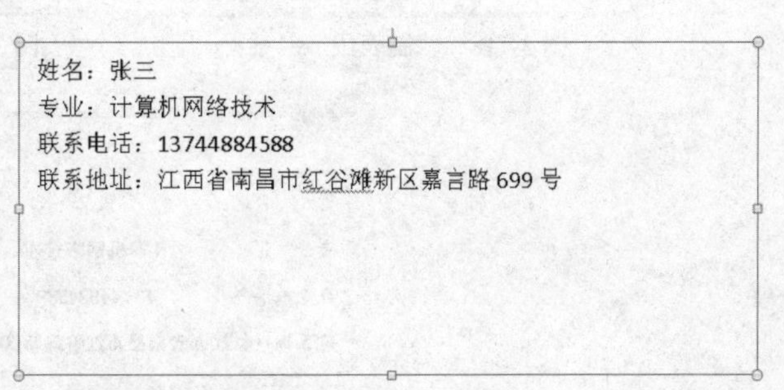

图 3-115　文本框的插入及内容的输入

（2）文本框字符格式的设置

要求：设置字体为宋体，字号为四号，加粗，设置成如图 3-116 所示的效果。

步骤：选定文本框里的文字内容，单击“开始”→“字体”→“字体”下拉按钮，在下拉列表中选择“宋体”，单击“字号”下拉按钮，在列表中选择“四号”，按“Ctrl+B”组合键加粗字体；按 Ctrl 键的同时选中“姓名”及“专业”，单击“开始”→“段落”→“中文版式”→“调整宽度”命令，在“调整宽度”对话框中将“新文字宽度”的值设置为 4 字符（见图 3-117），单击“确定”按钮即可。

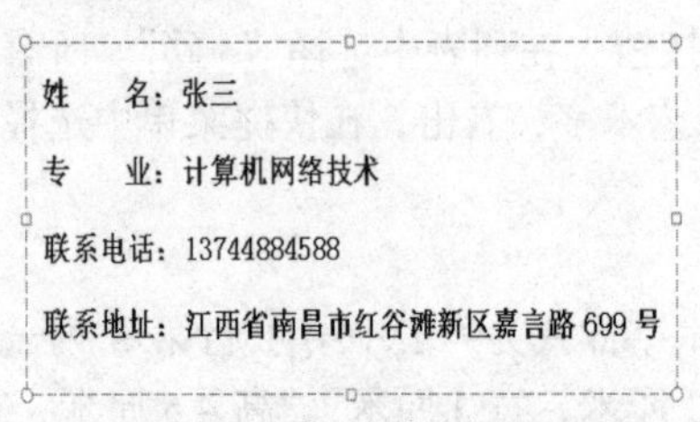

图 3-116　设置格式后的效果图

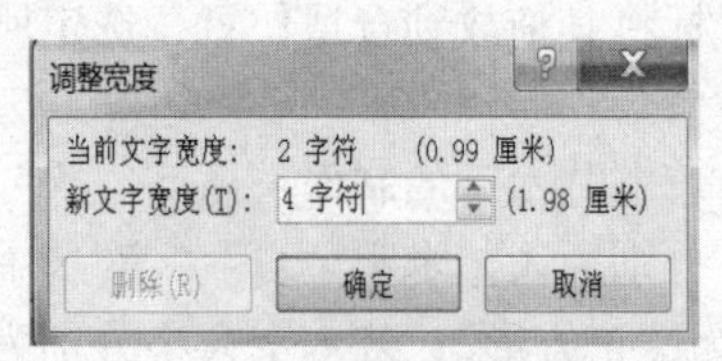

图3-117　文本框字符的格式设置

（3）制表位的使用

要求：利用制表位将文本框带下画线的内容设置成居中对齐。

步骤：选定文本框中的所有文字内容，单击“开始”→“段落”选项卡右下角的对话框启动器按钮，在弹出的“段落”对话框中单击“制表位”按钮，弹出“制表位”对话框，在“制表位位置”文本框中输入“15.5 字符”，“对齐方式”选择“居中”（见图 3-118），单击“确定”按钮。则在水平标尺上多了一个居中对齐制表位“┴”（见图 3-119），将光标分别移至“张三”、“计算机网络技术”、“13744884588”、“江西省南昌市红谷滩新区嘉言路 699 号”前，按下“Tab”键，将它们按制表位对齐，完成后如图 3-120 所示，选定“张三”等内容，单击“开始”→“字体”→“下画线”按钮，在列表中选择“粗线”。

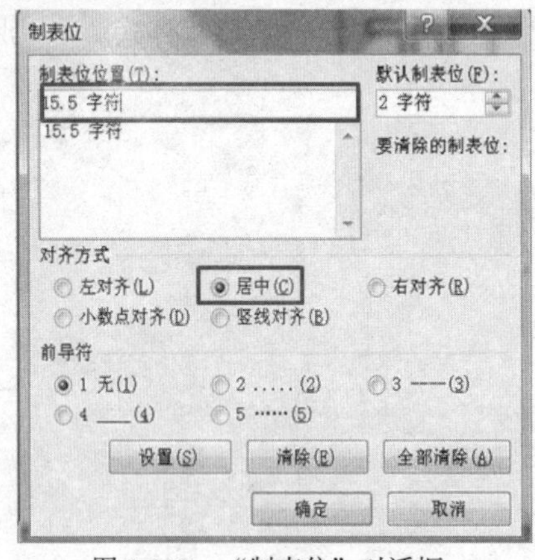

图 3-118　“制表位”对话框

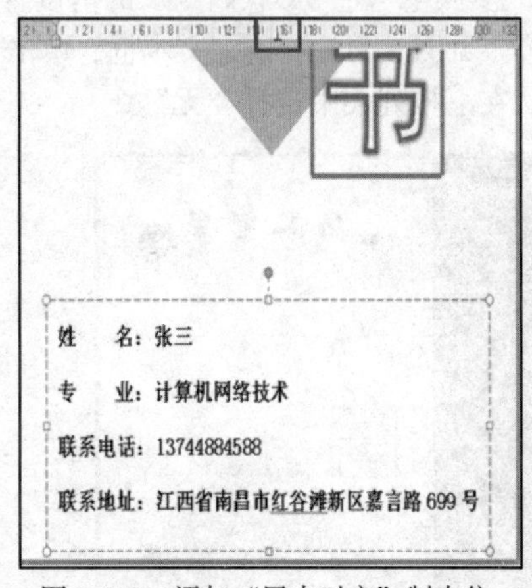

图 3-119　添加“居中对齐”制表位

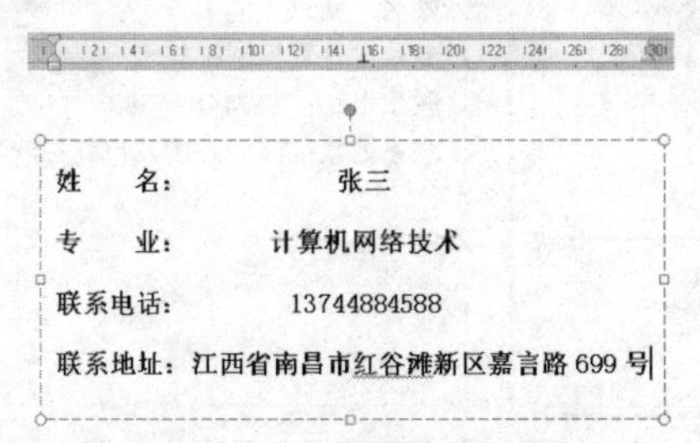

图 3-120　按居中对齐制表位对齐文本

四、添加自荐信页面边框

要求：为文档第二页“自荐书”添加页面边框，边框宽度为 10 磅。

步骤：将光标定位在文档第二页，单击“页面布局”→“页面背景”→“页面边框”按钮，在“边框和底纹”对话框的“页面边框”选项卡中，选择艺术型边框，将“宽度”值设置为 12 磅，“应用于”下拉列表中选择“本节”（见图 3-121），单击“确定”按钮。

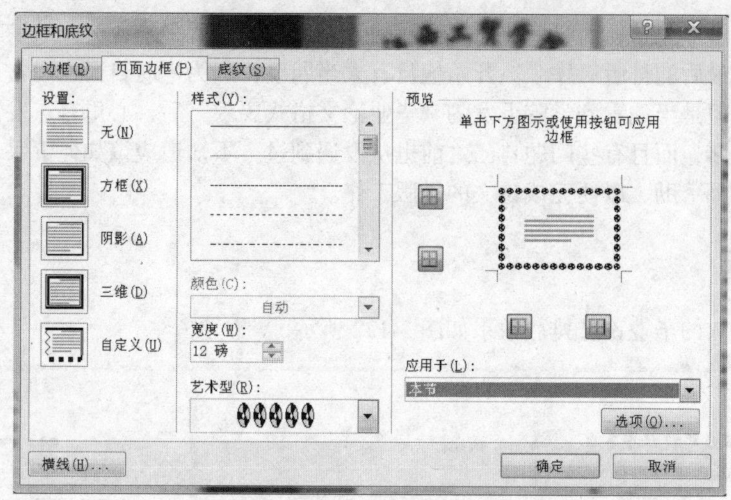

图 3-121　页面边框设置

五、保存与关闭文档

单击快速访问工具栏中的“保存”按钮，再次将文档以原文件名保存。保存完成后，单击文档窗口右上角的“关闭”按钮，将文档关闭。

任务5 毕业论文排版

情景描述

小李就要大学毕业了，面临毕业前要完成的最后一项作业就是毕业论文的撰写。现在论文内容已完成，就差最后的排版工序了。开始他没有太当回事，因为平时自己也经常用 Word 对文字进行一些编辑，但是当他看到学院下发的“毕业论文格式要求”后，心里有点发慌了，因为这个论文格式要求很多，而且有些问题自己之前也从没遇到过，不知道应该如何下手，无奈之下，小李只得向指导老师求助，以便完成论文的排版工作。

作品展示

小李制作完成的毕业论文排版效果如图 3-122 所示。

江西工业贸易职业技术学院

软件技术专业毕业设计（论文）

设计题目：基于 Struts 框架的 BBS 论坛

指导教师：林 XX

班　　级：XX 软件技术班

学生姓名：李 XX

2013 年 6 月 10 日

目 录

第 1 章 系统概述

1.1 总体概述

进入二十一世纪，计算机技术迅速向着网络化、集成化方向发展。[illegible]

1.2 开发背景

1978 年在美国芝加哥开发出一套基于 8080 芯片的 CBBS/Chicago（Computerized Bulletin Board System/Chicago），此乃最早的一套 BBS 系统。[illegible]

终于在 1983 年通过 Capital PC User Group(CPCUG)的 Communication Special Interest Group 会员的努力，改写出了个人计算机系统的 BBS。[illegible]

1.3 开发目的

[illegible]

第 2 章 系统分析

2.1 技术可行性分析

2.1.1 开发语言综述

本系统是基于面向对象思想的 JAVA 语言中 J2EE 平台进行编写，J2EE 平台具有以下优点

[illegible]

2.1.2 MySQL 数据库的选用

[illegible]

图 3-122 论文排版后的效果图

任务要点

- 掌握样式的新建、应用及修改操作。
- 熟练掌握页眉和页脚、页码的插入与设置。
- 掌握分页符与分节符的使用方法。
- 熟练掌握 Word 2010 自动生成目录的操作。

任务实施

一、页面设置

学院对毕业论文格式的具体要求：A4 纸，上边距 3 厘米，下边距 3 厘米；左边距 3 厘米，右边距 2 厘米；页眉边距为 2 厘米，页脚边距各 1.8 厘米；左侧装订。

步骤：单击“页面布局”→“页面设置”→“纸张大小”下拉按钮，在列表中选择 A4（21 厘米×29.7 厘米）；单击“页边距”下拉按钮，选择“自定义边距”命令，按要求设置上、下、左、右边距的值，切换至“版式”选项卡，设置“页眉”距边界值为 2 厘米，“页脚”距边界值为 1.8 厘米，单击“确定”按钮完成设置（见图 3-123）。

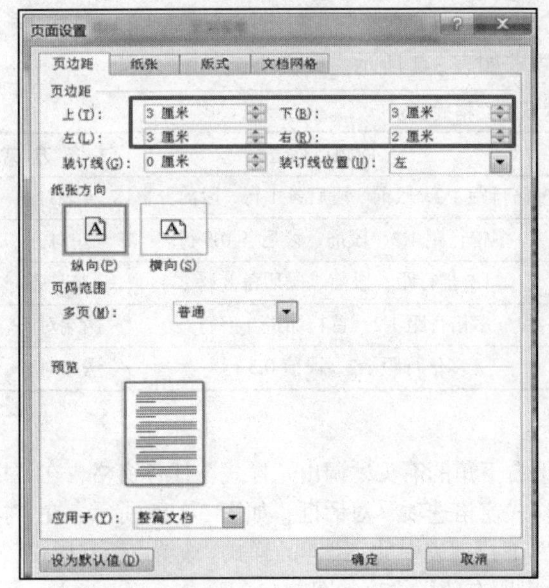

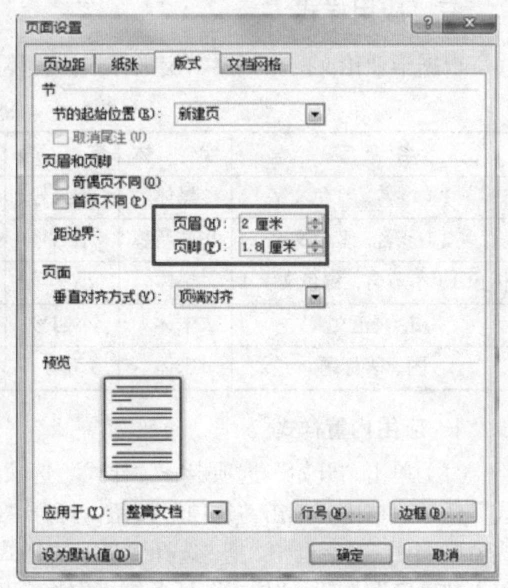

图 3-123 页面格式的设置

二、属性设置

要求：设置文档属性，标题为“基于 Struts 框架的 BBS 论坛”；作者“自己的学号+姓名”；单位“所在班级”。

步骤：单击功能区中的“文件”→“信息”→“属性”→“高级属性”命令，打开当前文档的属性对话框，在对话框中的“摘要”选项卡中，可以设置文档的标题、作者、单位的相关属性（见图 3-124）。

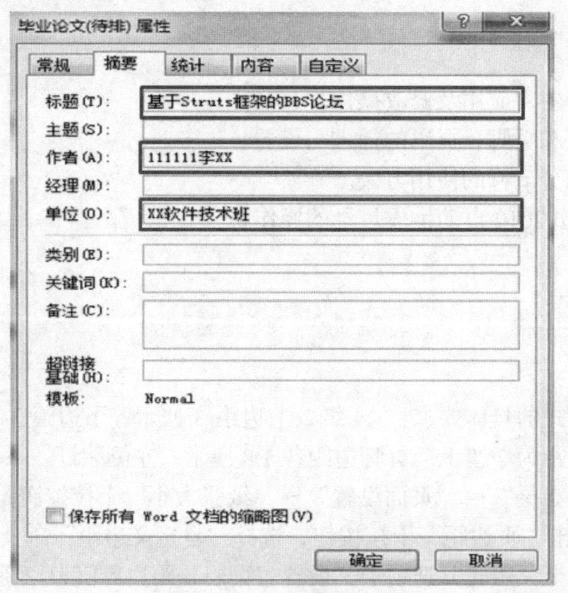

图 3-124 “文档属性”设置

三、应用样式

根据毕业论文的格式要求定义样式。具体要求如表 3-2 所示。

表 3–2 标题及正文格式要求

名　称	字　体	字　号	间距、缩进	对齐方式
标题 1（章名，红色文字）	黑体	小二号	多倍行距 1.2，段前、段后各 1 行，段前分页	居中对齐
标题 2（节名，蓝色文字）	华文新魏	小二号	多倍行距 1.2，段前、段后各 0.5 行	左对齐
标题 3（小节名，绿色文字）	黑体	小三号	1.5 倍行距，段前、段后各 8 磅	左对齐
论文正文	宋体	小四号	多倍行距 1.2，首行缩进 2 字符	两端对齐
图、表标题	宋体	五号	多倍行距 1.2，段前 0.5 行	居中对齐

1. 应用内置样式

（1）单击“开始”选项卡→“样式”选项组右下角的箭头，调出“样式”任务窗格，在“样式”任务窗格中，单击“选项”按钮，打开“样式窗格选项”对话框，如图 3-125 所示。在“样式窗格选项”对话框中，把“选择要显示的样式”下拉列表中的“推荐的样式”改为“所有样式”，单击“确定”按钮。“样式”任务窗格中将会显示所有的样式，如图 3-126 所示。

（2）先选取红色文字“第一章 系统概述”，然后在“样式”任务窗格列表中，单击“标题 1”，完成相应标题 1 样式的应用，重复上面的操作将其他红色文字（章标题，参考文献，致谢）设置套用“标题 1”的样式。

（3）同理，对蓝色文字（节标题）和绿色文字（小节标题）分别套用“标题 2”、“标题 3”（提示：在套用相同的样式时可以使用“开始”→“剪贴板”→“格式刷”完成样式的套用，效果见图 3-127）。

2. 修改样式

（1）将光标定位在“标题 1”所在的文本中，在“样式”任务窗格中，单击“标题 1”样式右边的下拉按钮，如图 3-128 所示，在列表中选择“修改(M)...”命令，打开“修改样式”对话框，如图 3-129 所示。

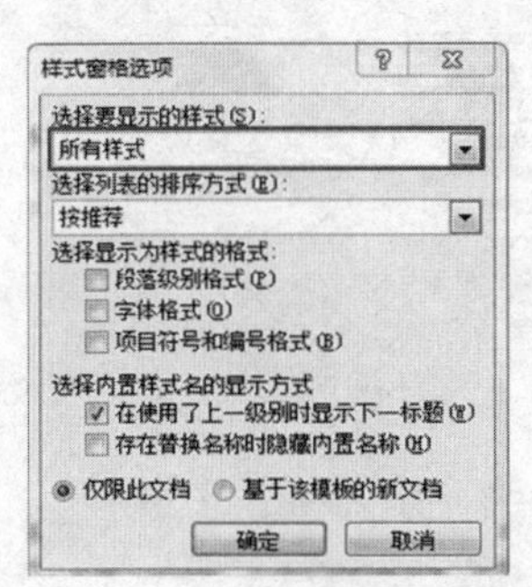

图 3-125 “样式窗格选项”对话框

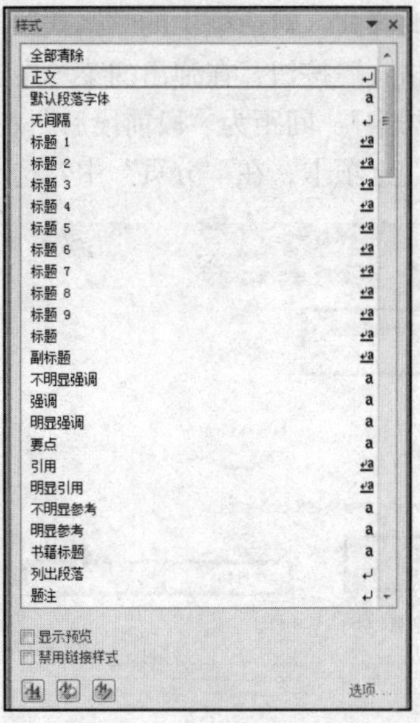

图 3-126 “样式”任务窗格

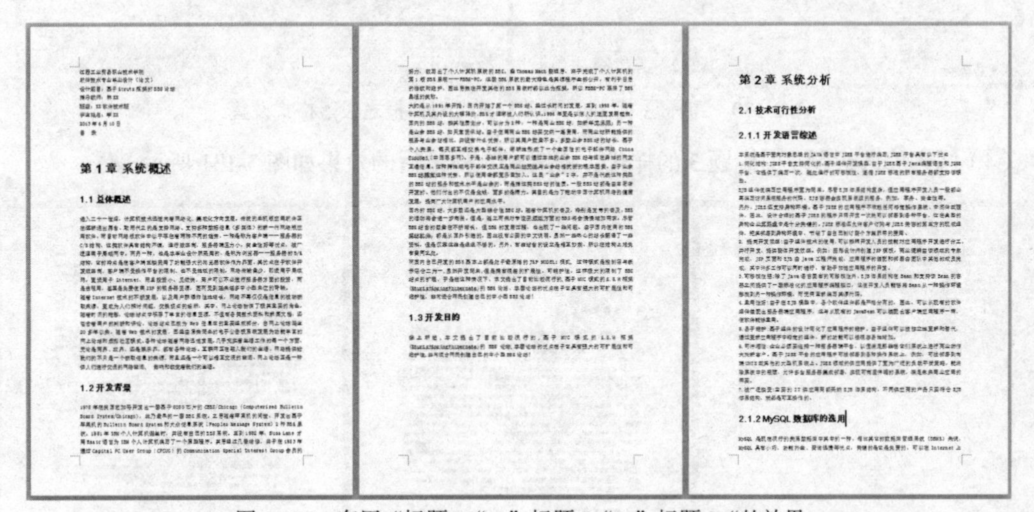

图 3-127 套用“标题 1“、”标题 2“、”标题 3“的效果

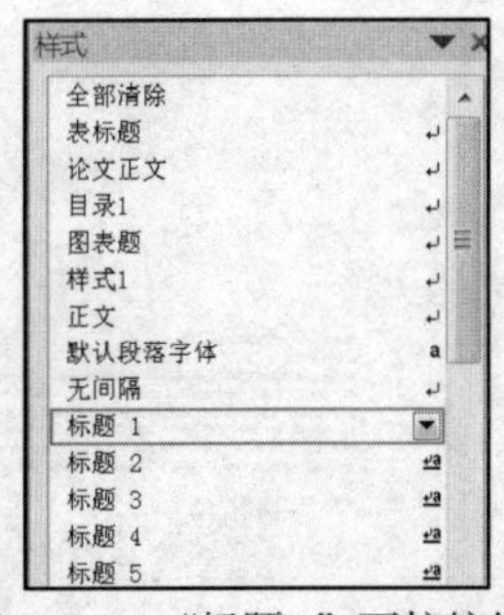

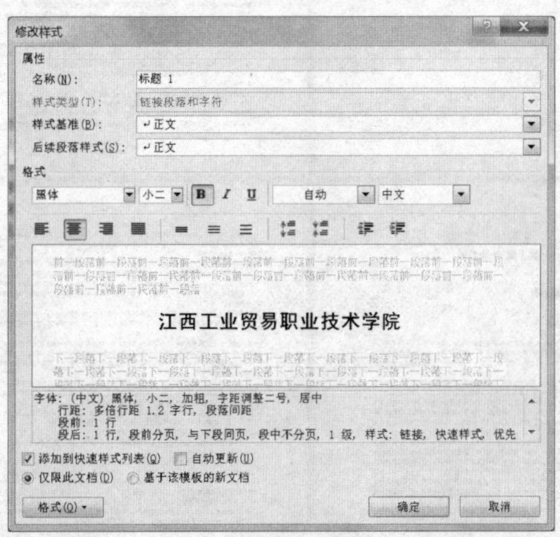

图 3-128 “标题 1”下拉按钮　　图3-129 “标题 1”的“修改样式”对话框

（2）在“修改样式”对话框中的“格式”区域中，选择字体为“黑体”，字号为“小二”。

（3）单击“格式”按钮，在弹出的菜单中选择“段落”命令，在“缩进和间距”选项卡中设置对齐方式为“居中”，间距为“段前段后”各 1 行，行距“多倍行距 1.2”（见图 3-130）。切换至“换行和分页”选项卡，在“分页”中勾选 “段前分页”复选框，单击“确定”按钮。

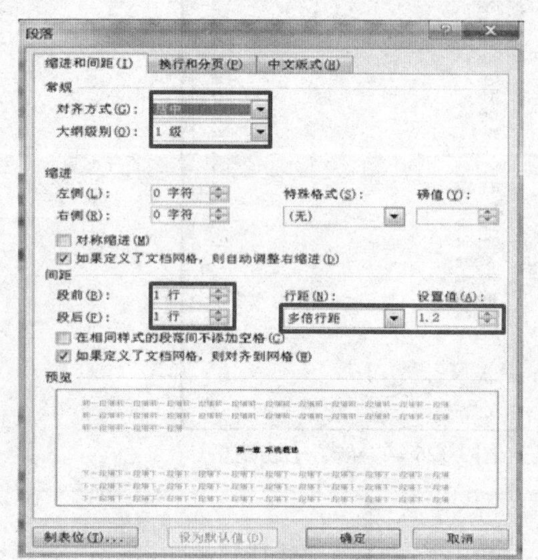

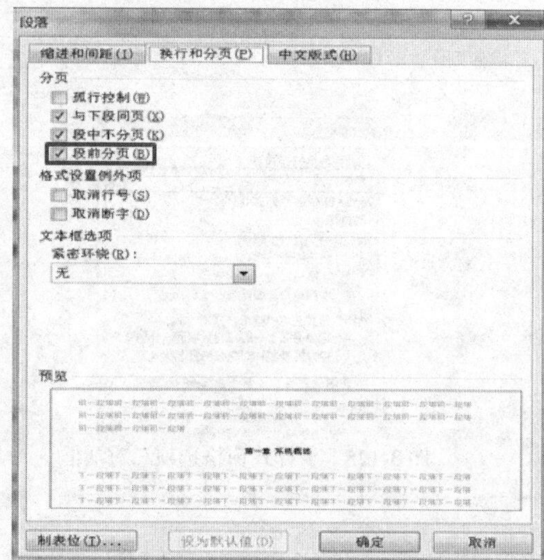

图 3-130　“标题 1”的“修改样式”对话框之段落格式设置

（4）同理修改标题 2、标题 3 的样式（修改标题样式后的效果如图 3-131 所示）。

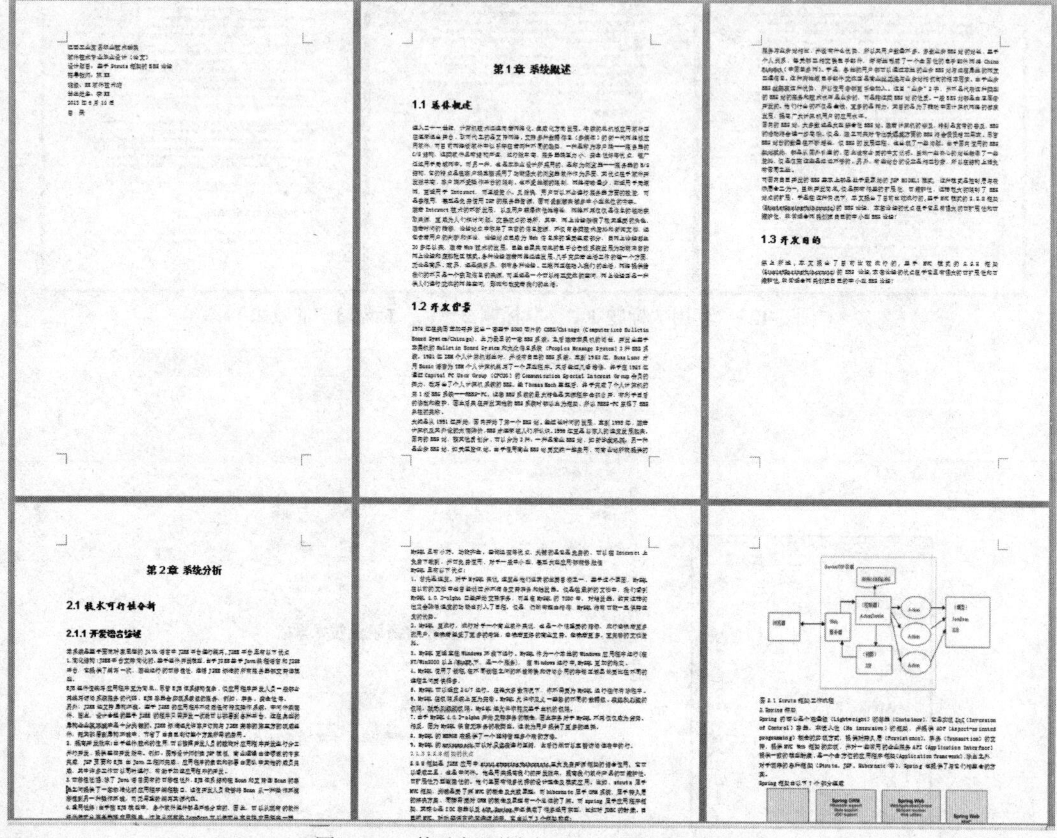
第1章 系统概述

1.1 系统概述

1.2 开发背景

1.3 开发目的

第2章 系统分析

2.1 技术可行性分析

2.1.1 开发语言特性

图 3-131　修改标题样式后的文档部分效果图

3．新建样式

（1）光标定位在正文第 1 段中，在“样式”任务窗格中，单击“新建样式”按钮，弹出如图 3-132 所示的“根据格式设置创建新样式”对话框，在名称框中输入“论文正文”，样式基准更改为“正文”，在“格式”区域中设置“宋体”、“小四”，单击“格式”按钮，选择“段落”命令，在“段落”对话框中设置首行缩进“2 字符”，行距为“多倍 1.2”，单击“确定”按钮完成“论文正文”样式的新建操作。

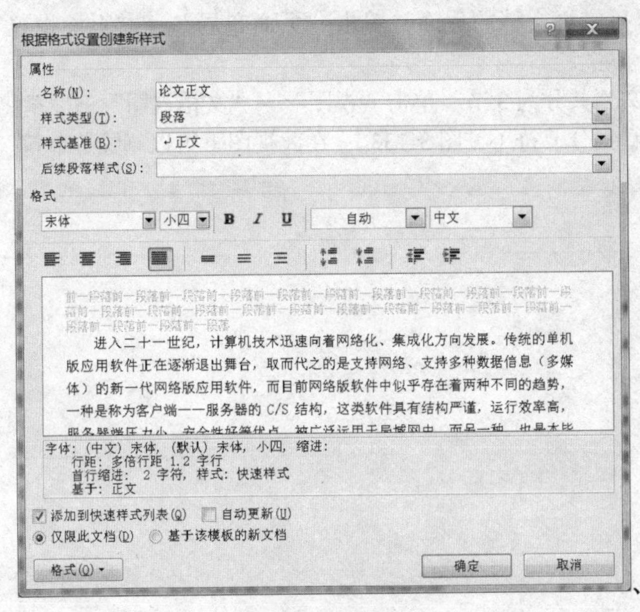

图 3-132 “根据格式设置创建新样式”对话框

（2）将“论文样式”应用到其他正文段落，可以使用“开始”→“剪贴板”→“格式刷”复制格式。

（3）图、表标题样式的新建操作同上。

四、自动生成目录

要求：利用二级标题样式生成毕业论文目录，要求，目录中含有“标题 1”、“标题 2”。其中“目录”文本格式为“居中、小二、黑体”。步骤如下：

（1）将光标定位在目录的后面，单击功能区“引用”选项卡→“目录”选项组→“目录”下拉按钮，在列表中选择“插入目录”命令，打开“目录”对话框，将“显示级别”设置为“2”，单击“确定”按钮即可。

（2）选定“目录”，单击“开始”→“字体”选项组，设置字体为“黑体”，字号为“小二”，按 Ctrl+E 组合键设置居中对齐。

五、添加页眉和页脚

要求：封面、目录、正文分别单独在一页上，给毕业论文添加页眉和页脚，封面和目录没有页眉，从论文正文开始设置页眉，其中奇数页的页眉为论文名称在左侧，章名在右侧；偶数页的页眉为章名在左侧，论文名称在右侧。页脚处添加页码，其中封面没有页码，目录部分的页码格式为“I、II、III、…”，对齐方式为右对齐，正文部分的页码格式为“1、2、3、…”，页脚左侧为论文作者，右侧为页码。步骤如下：

1. 插入分节符

在目录文字的前面以及正文第 1 章的文字前面各插入一个分节符。

（1）为了使封面、目录、正文均单独成页，可以在目录页的前面插入分页符。一般有两种方法，一是将光标移至目录文字的最前面，单击“插入”→“页”→“分页”；二是单击“页面布局”→“页面设置”→“分隔符”→“下一页”。区别是第二种方法会产生节，而第一种不会，如果要给文档设置不同的页眉页脚，就应采用第二种方法。

（2）将光标移至目录页文档的后面，单击“页面布局”→“页面设置”→“分隔符”→“连续”。

（3）此时，整个文档共分为 3 节。单击“视图”→“文档视图”→“草稿”按钮，将文档切换至草稿视图，可以看到分节符（见图 3-133），在此视图下可以删除分节符。

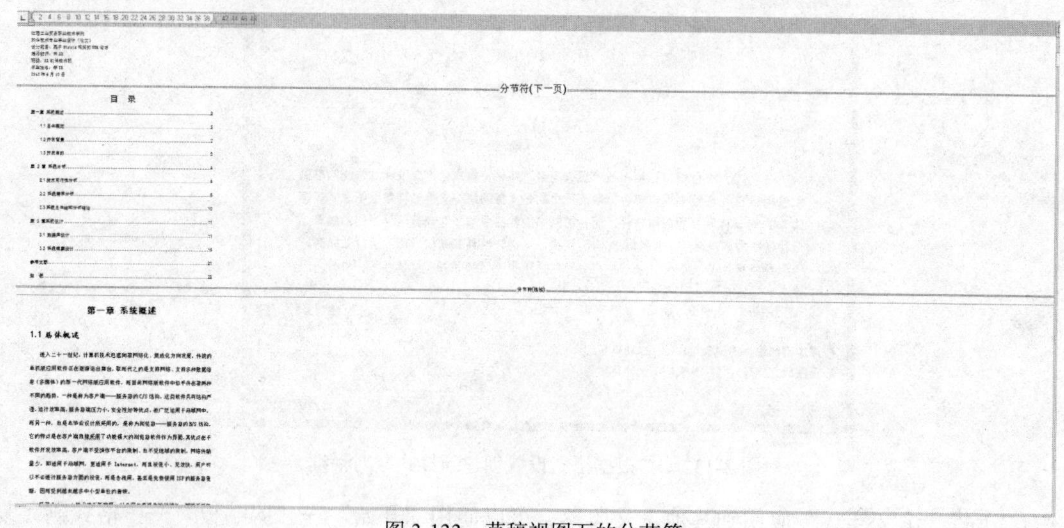

图 3-133　草稿视图下的分节符

2. 添加页眉

（1）切换至“页面视图”，单击“插入”→“页眉和页脚”→“页眉”下拉按钮，在列表中选择“空白（三栏）”样式，效果如图 3-134 所示。

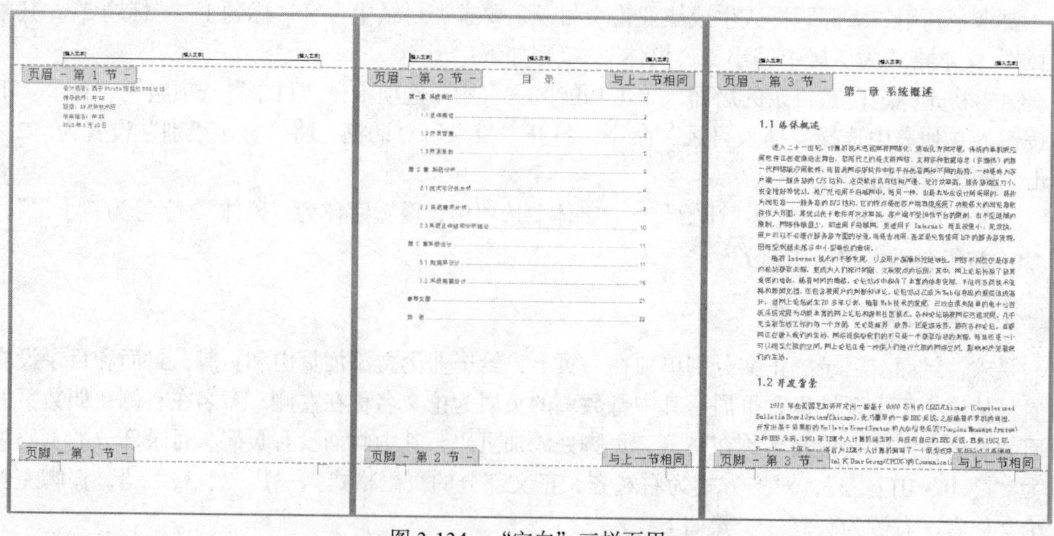

图 3-134　“空白”三栏页眉

（2）光标定位在文档第 3 页，即“页眉-第 3 节”的中的页眉处，在“页眉和页脚工具 设计”选项卡的“导航”选项组中，单击“链接到前一条页眉”命令（见图 3-135），取消链接功能。

（3）将光标定位在文档第 1 页的页眉中，选定“输入文字处”一行，按 Delete 键将其删除，单击“关闭页眉和页脚”按钮，并选定页眉段落标记，在段落“边框”下拉列表中设置“无框线”，则删除了封面页和目录页的页眉，并去掉了页眉的下框线。

（4）双击第 3 页页眉位置，则进入页眉编辑状态，在“页眉和页脚工具 设计”选项卡的“选项”组中，勾选 “奇偶页不同”复选框（见图 3-136），则可以设置奇偶页不同的页眉。

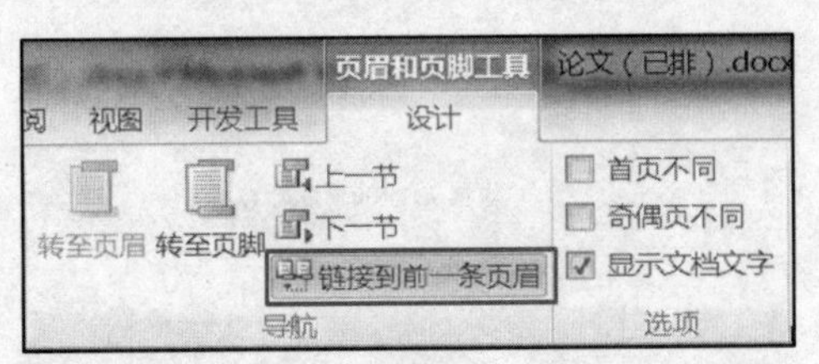

图 3-135 “页眉和页脚工具 设计“的”导航

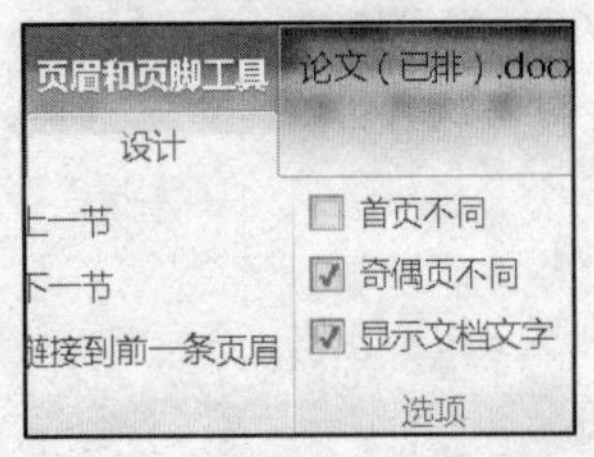

图 3-136 设置奇偶页不同

（5）删除第 3 页页眉中间位置的“输入文字”，将光标定位在左侧的“输入文字”处，单击“页眉和页脚工具 设计”→“插入”→“文档部件”下拉按钮，在列表中选择“域”命令，弹出“域”对话框，在“类别”中选择“文档信息”，在“域名”中选择“Title”，单击“确定”按钮（见图 3-137）。

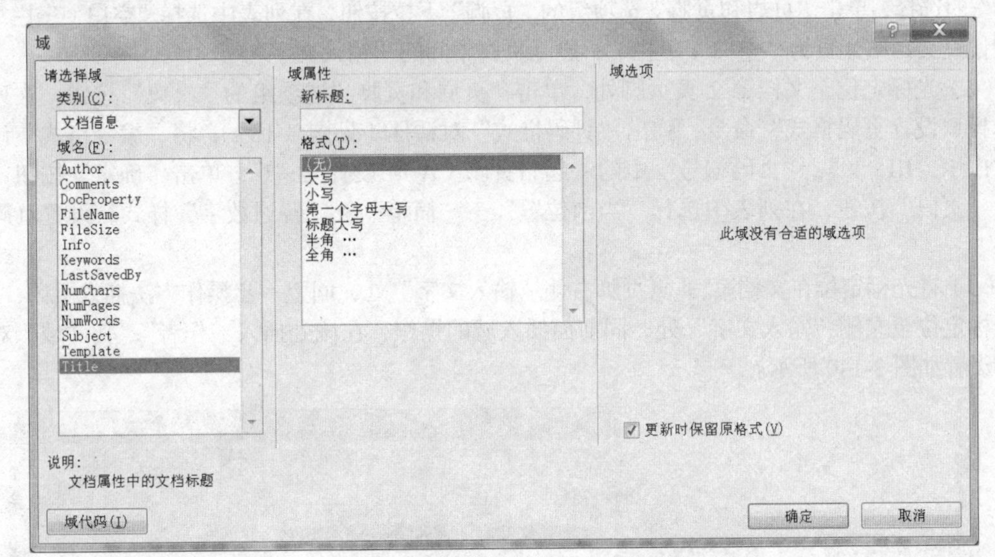

图 3-137 “域”对话框插入文档标题

（6）将光标定位在文档第 3 页页眉右侧“输入文字”处，同上述操作插入“域”，在“域”对话框的“类别”中选择“链接和引用”，在“样式名”中选择“StyleRef”，单击“确定”按钮即可（见图 3-138）。

（7）将光标定位在文档第 4 页页眉处，取消对“链接到前一条页眉”的选择，单击“页眉和页脚工具 设计”→“页眉和页脚”→“页眉”→“空白（三栏）”，删除中间的“输入文字”，同上述操作分别在右侧和左侧插入文档标题和章标题，单击“关闭页眉和页脚”按钮退出页眉的编辑。

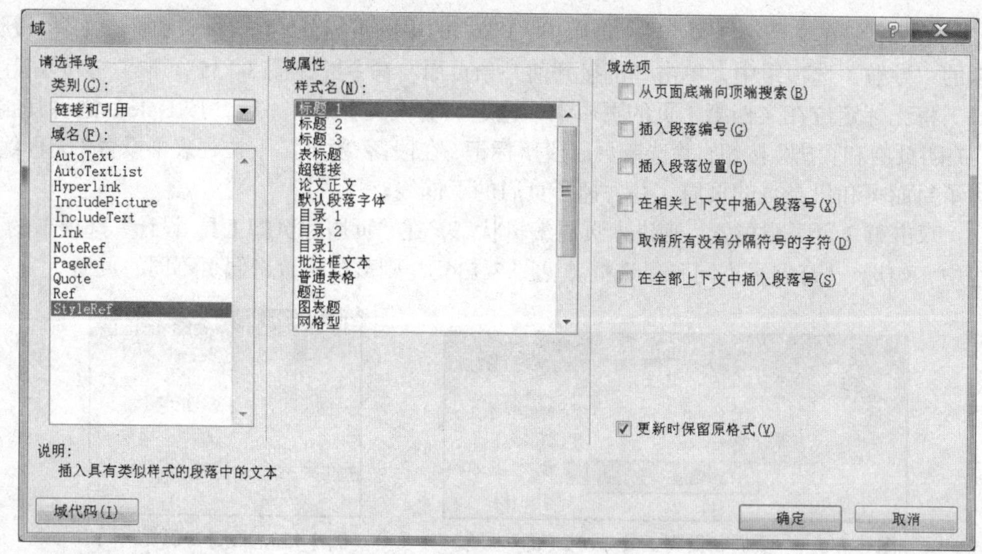

图 3-138　“域”对话框

3．添加页脚和页码

（1）双击文档第 3 页页眉位置，进入页眉和页脚编辑状态，单击“页眉和页脚工具 设计”→“导航”→“转至页脚”按钮，光标定位至页脚处，分别取消第 2、3、4 页对“链接到前一条页眉”的选择，单击“页眉和页脚”选项组的“页脚”下拉按钮，在列表中选择“空白（三栏）”，同理设置文档第 4 页为“空白（三栏）”；删除页脚中间的“输入文字”。

（2）光标定位至文档第 2 页页脚处，单击“页眉和页脚“选项组的“页码”按钮，在列表中选择“设置页码格式”命令，弹出“页码格式”对话框（见图 3-139），将“编号格式”设置为“I，II，III，...”，“页码编号”中的“起始页码（A）”设置为“I”，单击“确定”按钮，再单击“页码”按钮，在列表中选择“当前位置”→“简单”→“普通数字”样式，设置页码右对齐。

（3）将光标定位在文档第 3 页页脚右侧“输入文字”处，同上一步操作方法插入页码“1”。将光标定位至左侧“输入文字”处，同前面插入域的操作，在该处插入“作者”，其“域”对话框的设置如图 3-140 所示。

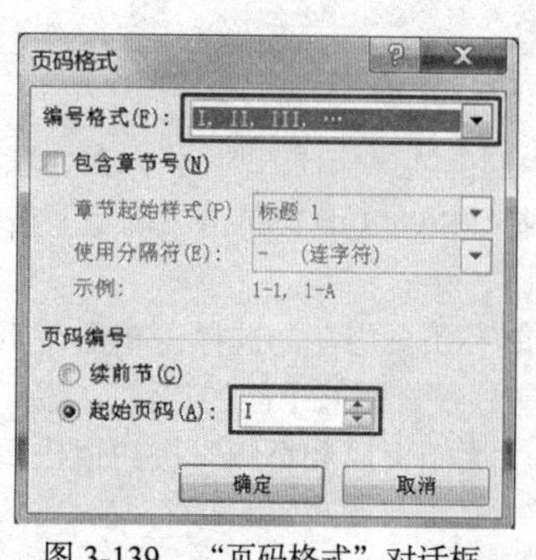

图 3-139　“页码格式”对话框

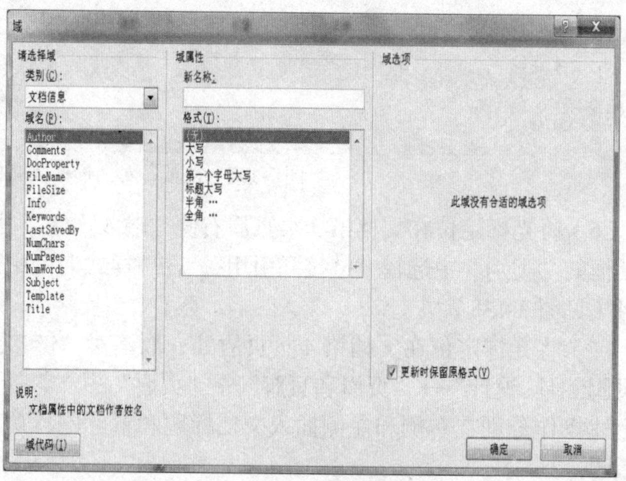

图 3-140　“域”对话框插入作者

（4）同上面操作方法一样，设置偶数页页脚，页码不需要重新设置格式，只要单击“页码”→“当前位置”→“简单”→“普通数字”即可。

六、制作论文封面

格式要求：第 1 行字体为“华文行楷”、字号“小初”；第 2 行字体为“楷体”、字号“一号”、字符间距加宽 5 磅；第 1、2 行及最后一行（日期）均为居中对齐；3 至 7 行字体为“黑体”、字号为“小二”、字形为“加粗”，段落行距为“多倍 2.5”，其中的下画线为粗线。因此部分操作在前面项目中有所讲述，故此处不写具体操作，简单叙述方法。步骤如下：

（1）设置字符和段落格式。

（2）选中第 3 行至第 7 行文本，插入文本框，设文本框大小为“高 10 厘米，宽 18.5 厘米”，“无形状轮廓”、“上下居中对齐”以及“左右居中对齐”，文本对齐为“中部对齐”。

（3）选中“班级”两个字，“调整宽度”为 4 字符，选中 3 至 7 行设置段落左缩进 7 字符。

（4）利用居中对齐制表位设置粗下画线部分的内容，制表符位置在 24 至 26 字符之间。注意先设置制表位对齐文本后再加下画线。

七、保存并关闭文档

单击快速访问工具栏中的“保存”按钮，再次将文档以原文件名保存。保存完成后，单击文档窗口右上角的“关闭”按钮，将文档关闭。

任务6　利用邮件合并制作“荣誉证书”

情景描述

第十四届校园技能竞赛节的各项比赛已经全部结束。一天，办公室的李主任拿来一摞空白的荣誉证书，让小许填写各项比赛的获奖证书，他浏览了一下获奖信息表，发现各种奖项加一起，一共有200多人，如果一个一个地填写，辛苦不必说，还很容易出错，而且自己的字也写的不是很好，写出来的荣誉证书也不美观。怎样才能既快速又准确地完成这个任务，同时让制作出来的荣誉证书更加美观呢？小许想了很久，最后想到了可以使用Word 2010中的邮件合并功能来完成这项任务。

作品展示

小许制作完成的荣誉证书效果如图3-141所示。

图3-141　荣誉证书效果

任务要点

- 了解邮件合并的概念及应用范围。
- 掌握邮件合并的基本方法和步骤。
- 学会灵活使用文本框、图片、艺术字等对象设计邮件合并的主文档。
- 培养学生获取信息、传输信息、处理信息和应用信息的能力。

任务实施

一、准备“荣誉证书”数据源

数据表既可以是Word表格，也可以是Excel电子表格。

1. 在Word中创建数据表

（1）启动Word，新建一个空白文档，并以“第十四届技能竞赛节获奖信息表.docx”为文件名保存到“项目三\任务6”文件夹中。

（2）利用Word表格功能制作获奖信息表，如图3-142所示。

序号	姓名	奖项类型	奖项级别
1	孙俊杰	网页制作大赛	三等奖
2	刘洪玉	中国好故事	一等奖
3	王馨语	英文电影配音大赛	二等奖
4	叶素素	跆拳道比赛	二等奖
5	张一迪	茶艺比赛	三等奖
6	刘轩	插花比赛	一等奖
7	赵海龙	朗诵比赛	一等奖
8	陈依林	导游线路设计比赛	三等奖
9	程芸芸	书法比赛	二等奖
10	王峰	会计基础技能比赛	三等奖

图 3-142　Word 获奖信息表

（3）关闭制作好的数据源文件（获奖信息表）。

2．在 Excel 中创建数据表

（1）启动 Excel，新建一个空白工作簿，并以“第十四届技能竞赛节获奖信息表.xlsx”为文件名保存到“项目三\任务 6”文件夹中。

（2）在 Sheet1 工作表中建立数据表。

二、设计“荣誉证书”版式（主文档）

1．新建文档

（1）启动 Word 2010，新建一个空白文档，并以“荣誉证书.docx”保存到“项目三\任务 6”文件夹中。

（2）单击“页面布局”→“页面设置”右下角的“ ”页面设置按钮，打开“页面设置”对话框，在对话框中，设置“纸张大小：A4、纸张方向：横向、页边距：上下左右各 1.5 厘米、其余为默认值”。

2．插入背景

（1）单击“插入”→“插图”→“图片”按钮，打开“插入图片”对话框，选择事先下载好的背景图片“bjt.jpg”，单击“插入（S）”按钮，将背景图片插入当前文档中。

（2）选中插入的图片，单击“图片工具 格式”选项卡→“大小”选项组右下角的“ ”高级版式按钮，打开“布局”对话框（见图 3-143），在“大小”选项卡中，将高度设置为 21 厘米、宽度设置为 29.7 厘米；切换至“文字环绕”选项卡，设置图片的环绕方式为“衬于文字下方”（如图 3-144 所示）；切换至“位置”选项卡，设置“水平对齐方式”和“垂直对齐方式”均为“居中”（如图 3-145 所示），单击“确定”按钮，效果如图 3-146 所示。

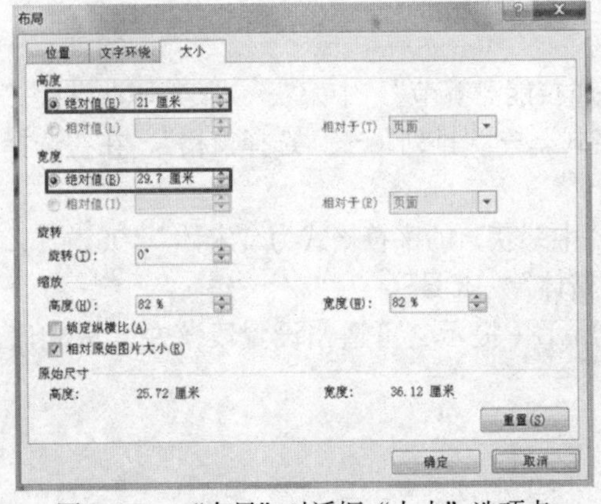

图 3-143　“布局”对话框“大小”选项卡

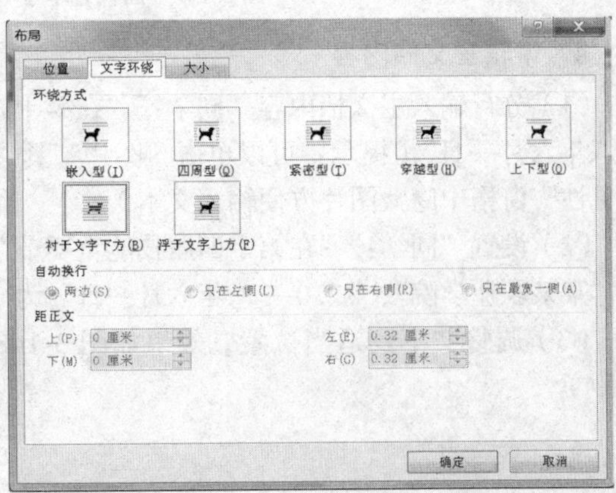

图 3-144　“文字环绕”方式设置

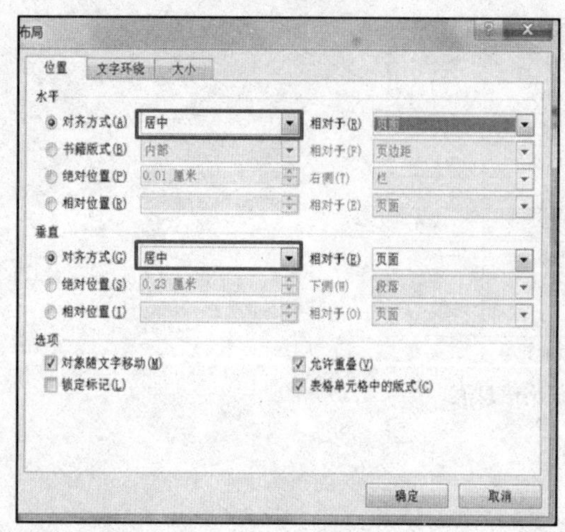

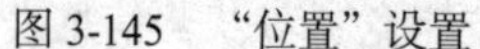
图 3-145 “位置”设置

图 3-146 插入背景图片后的效果

3．插入艺术字

（1）单击“插入”→“文本”→“艺术字”按钮，在弹出的下拉列表中，选择“第 3 行第 4 列”的艺术字样式，输入艺术字“荣誉证书”。

（2）选中“荣誉证书”四个字，设置其字符格式为“华文行楷”“72 号”。

（3）设置艺术字的“文本填充”为主题颜色中的“红色，强调文字颜色 2”，艺术字对齐方式为“左右居中”、“顶端对齐”，完成后的效果如图 3-147 所示。

图 3-147 插入艺术字“荣誉证书”后的效果

4．编辑主文档内容

（1）分行输入主文档内容“同学:”“在第十四届技能竞赛节”“中荣获”“某某职业学院二〇一八年六月一日”（提示：可以单击“图片工具 格式”→“排列”→“选择窗格”，在“选择和可见性”窗格中隐藏图片方便输入文本）。

（2）设置“同学:”“在第十四届技能竞赛节”“中荣获”的字符格式为“宋体”“28 号”；文字“某某职业学院”、“二 0 一八年六月一日”为“楷体”“18 号”。

（3）调整文字到适当位置，效果如图 3-148 所示（提示：可适当设置段落左缩进和段落间距）。

图 3-148 主文档格式设置后的效果

三、邮件合并

1. 确定主文档

（1）单击“邮件”选项卡→“开始邮件合并”选项组中的“开始邮件合并”按钮，在其下拉列表中选择“邮件合并分步向导”，向导启动后，在“邮件合并”任务窗格中可以看到“邮件合并分步向导”的第一步为“选择文档类型”，这里我们采用默认的选择“信函”，如图 3-149 所示。

（2）单击任务窗格下方的“下一步：正在启动文档”，进入“邮件合并分步向导”的第二步“选择开始文档”。由于我们当前的文档就是主文档，故采用默认的选择“使用当前文档”，如图 3-150 所示。

2. 建立主文档与数据源的连接

单击任务窗格下方的“下一步：选取收件人”，进入“邮件合并分步向导”的第三步“选择收件人”，如图 3-151 所示。单击“使用现有列表”区的“浏览”链接，打开“选取数据源”对话框，如图 3-152 所示。

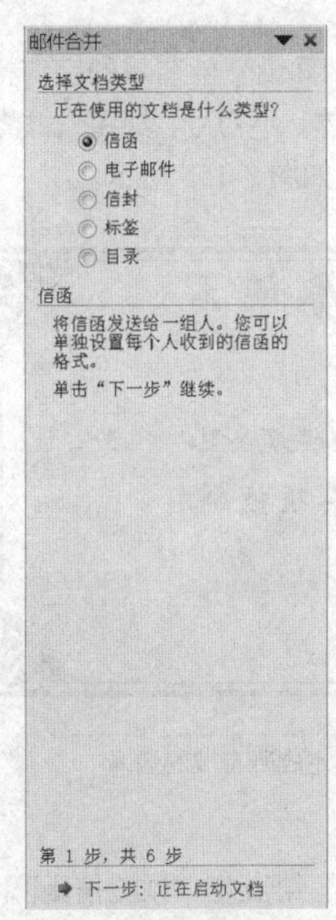

图 3-149 选择文档类型

图 3-150 选择开始文档

图 3-151 选择收件人

定位到奖状数据文件“第 14 届校园技能竞赛节获奖信息表.docx”的存放位置，选中它后单击“打开”。接着弹出“邮件合并收件人”对话框（见图 3-153），可以在这里选择哪些记录要合并到主文档，默认状态是全选。这里保持默认状态，单击“确定”按钮，返回 Word 编辑窗口。

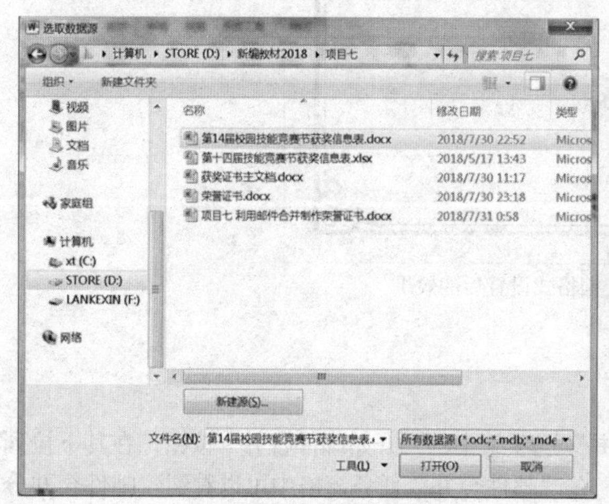

图 3-152　选取数据源

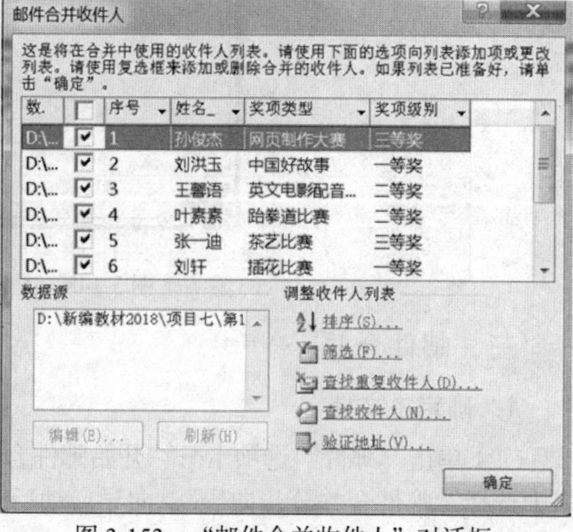

图 3-153　“邮件合并收件人”对话框

3．插入合并域

（1）单击“下一步：撰写信函”，进入“邮件合并分步向导”的第四步“撰写信函”。这个步骤是邮件合并的核心，因为在这里我们将完成把数据源中的恰当字段插入主文档中的恰当位置的过程。

（2）先将鼠标定位到需要插入姓名的地方，接着单击任务窗格中的“其他项目”链接，打开“插入合并域”对话框，如图 3-154 所示。“数据库域”单选按钮被默认选中，“域”下方的列表中出现了数据源表格中的字段。接下来我们选中“姓名”，单击“插入”按钮后，关闭“插入合并域”对话框，数据源中该字段就合并到了主文档中。

用同样的方法可以完成“姓名”“项目”“名次”等域的插入，并设置姓名域的字符格式为“华文行楷、36 号、加粗显示”；“奖项类型”域字符格式为“华文楷体、小初号、加粗”；“奖项级别”域字符格式为“华文行楷、48 号、加粗、居中对齐”，完成之后如图 3-155 所示。

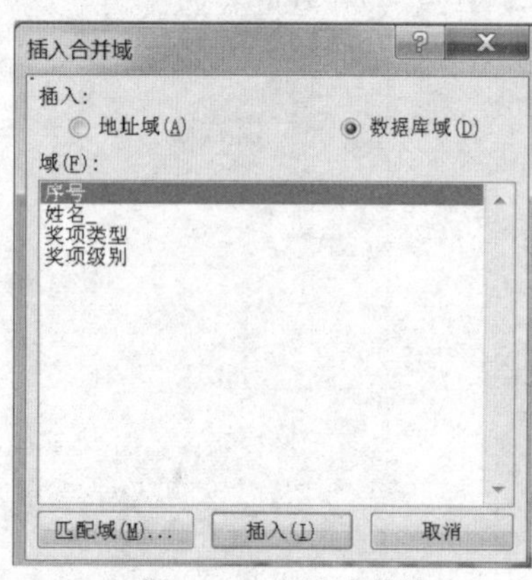

图 3-154　插入合并域

图 3-155　完成所有域的插入

4．预览合并效果

单击“下一步：预览信函”链接，进入“邮件合并分步向导”第五步“预览信函”。首先可以看到刚才主文档中的带有“《》”符号的字段，变成数据源表中的第一条记录信息的具体内容，单击任务窗格中的“<”或“>”按钮可以浏览批量生成的其他信函，如图 3-156 所示。

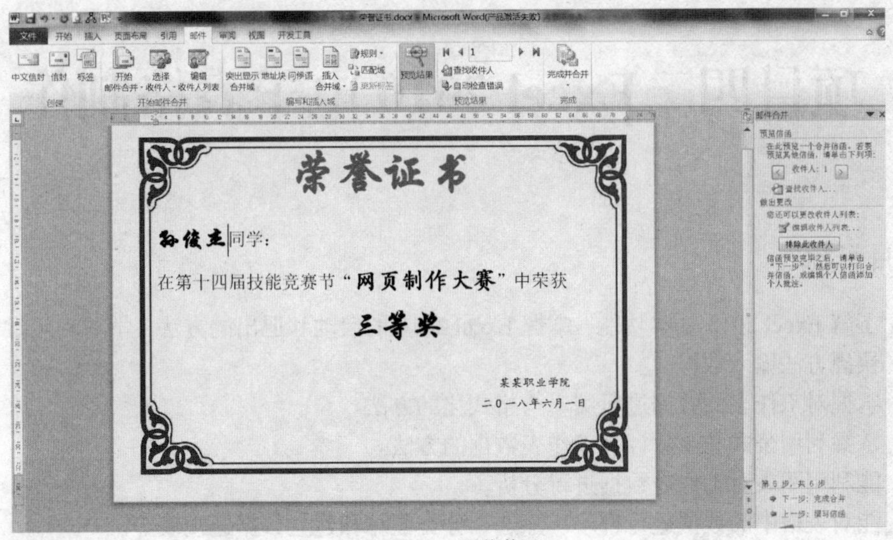

图 3-156　预览信函

5. 完成合并

因为证书不是标准的 A4 大小，在纸张设置上进一步调整，有的证书上面有固定文字的，还要进一步设计对象的位置和大小。确认正确无误之后，单击“下一步：完成合并”，就进入了“邮件合并分步向导”的最后一步“完成合并”。在这里单击“合并”区的“打印”链接就可以批量打印合并得到的 10 份奖状了。在弹出的“合并到打印机”对话框（见图 3-157 左图）中还可以指定打印的范围，这里我们采用默认的选择“全部”。也可单击“编辑单个信函”，弹出“合并到新文档”对话框（见图 3-157 右图），指定合并的范围，然后单击“确定”按钮，把电子表格中的所有记录生成一个新的 Word 文件。

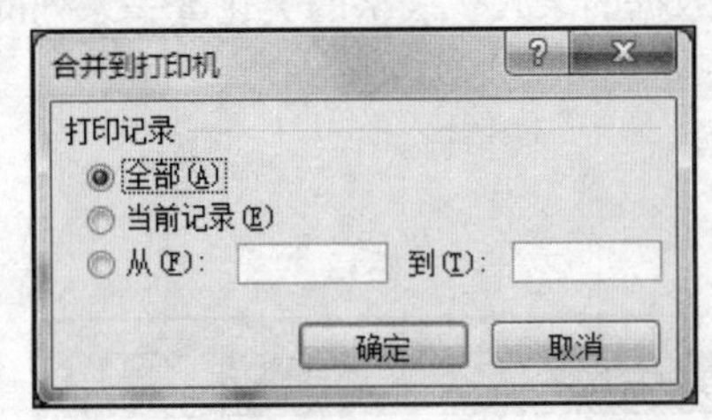

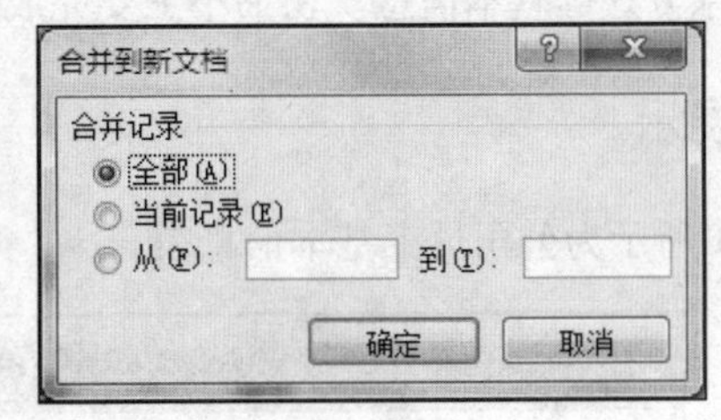

图 3-157　“合并到打印机”与“合并到新文档”对话框

四、保存并关闭

单击快速访问工具栏中的“保存”按钮，将文档以文件名“荣誉证书（全）.docx”保存至“项目三\任务 6”文件夹中。保存完成后，单击文档窗口右上角的“关闭”按钮，将文档关闭。

项目四　Excel 2010 电子表格制作

项目目标

- 了解 Excel 2010 基本功能，掌握 Excel 2010 的启动和退出的方法；学习利用常规方法和快捷方法输入数据。
- 掌握对工作表的数据进行编辑与格式化的方法。
- 掌握利用公式和函数计算工作表数据的方法。
- 能利用图表对工作表数据进行分析。
- 能对表格中的数据进行排序、筛选、分类汇总和建立数据透视表等。
- 能通过设置将工作表按要求进行打印。

任务 1　制作公司员工基本信息表

情景描述

为了更好地对公司员工进行管理，公司领导安排秘书小王用 Excel 2010 制作一份员工档案表，档案表中包括员工的工号、姓名、性别、身份证号、出生日期、学历、参加工作时间、职务、基本工资，联系方式等基本信息。秘书小王要完成数据的录入、表格的美化等一系列的操作。

作品展示

如图 4-1 所示为公司员工基本信息表。

	A	B	C	D	E	F	G	H	I	J	K
1	员工基本信息表										
2									制作时间：2018-12-19		
3	工号	姓名	性别	身份证号	出生日期	学历	参加工作时间	部门	职务	基本工资	联系方式
4	0001	李霞	女	360103197011050016	1970年11月05日	中专	1982/2/1	财务科	副科长	¥3,000.00	6327832
5	0002	王鹏	男	360103198212220251	1982年12月22日	本科	1995/5/1	后勤科	科长	¥4,000.00	8664325
6	0003	郭彩霞	女	360104197512182437	1975年12月18日	大专	1996/9/1	设计科	科员	¥2,000.00	4678921
7	0004	沈阳	男	360101198005061213	1980年05月06日	大专	1992/10/5	财务科	科员	¥2,500.00	6459812
8	0005	杨小东	男	360104197702067895	1977年02月06日	中专	1997/5/30	设计科	科员	¥2,600.00	6451235
9	0006	文龙	男	360102197106250000	1971年06月25日	初中	2000/9/1	设计科	科员	¥2,400.00	6458963
10	0007	王农	男	360103199009108521	1990年09月10日	本科	2001/10/1	后勤科	科员	¥2,200.00	6451289
11	0008	季小康	男	360102199302230423	1993年02月23日	研究生	2008/5/1	财务科	科员	¥2,100.00	6451287
12	0009	邓鹏	男	360104197305084562	1973年05月08日	中专	1998/6/1	财务科	科员	¥2,000.00	6541235
13	0010	温美	女	360105198612180258	1986年12月18日	研究生	2001/9/1	后勤科	科员	¥2,300.00	6452871
14	0011	刘琦其	女	360105197705304589	1977年05月30日	本科	2002/9/1	财务科	科员	¥2,200.00	6452318
15	0012	郭米露	女	360101198004235000	1980年04月23日	大专	2006/10/5	后勤科	科员	¥2,100.00	6452013
16	0013	刘伟	男	360107197708280146	1977年08月28日	本科	2007/9/1	财务科	科员	¥2,300.00	6452180
17	0014	赵涛涛	男	360102197011270429	1970年11月27日	本科	2005/8/1	财务科	科员	¥2,500.00	6452308
18	0015	喻聪	女	360104198206104587	1982年06月10日	研究生	2009/10/1	后勤科	科员	¥2,600.00	6452173
19	0016	李谷	男	360102199012180414	1990年12月18日	研究生	2010/9/8	后勤科	科员	¥2,400.00	6451230
20	0017	周婵	女	360104198410011006	1984年10月01日	本科	2006/9/5	设计科	科员	¥2,100.00	6451093
21	0018	丁嘉惠	女	360105197804052378	1978年04月05日	中专	2007/9/5	财务科	科员	¥2,000.00	6452034
22	0019	王星	女	360107198604088915	1986年04月08日	大专	2010/10/8	设计科	科员	¥2,000.00	6452581
23	0020	朱婷	女	360104198212270562	1982年12月27日	本科	2011/5/3	后勤科	科员	¥2,100.00	5412983

图 4-1　“员工基本信息表”效果图

任务要点

➢ 启动 Excel 2010，新建工作簿。
➢ 输入各种类型的数据及数据有效性功能的使用。
➢ 对数据表进行格式化操作。
➢ 利用条件格式突出显示工作表数据。
➢ 保存工作簿，关闭工作簿后退出 Excel 2010。

任务实施

一、启动 Excel 2010

启动 Excel 2010，系统会自动创建一个名为“工作簿 1”的空白工作簿及 3 个工作表，单击快速访问工具栏的“保存”按钮，将其以“员工信息管理总表.xlsx”为名保存到指定位置。

二、输入数据

在工作簿的 Sheet1 工作表中输入数据。

（1）在 A1 单元格输入“员工基本信息表”，在 A3:K3 单元格区域输入表格的列标题，如图 4-2 所示。

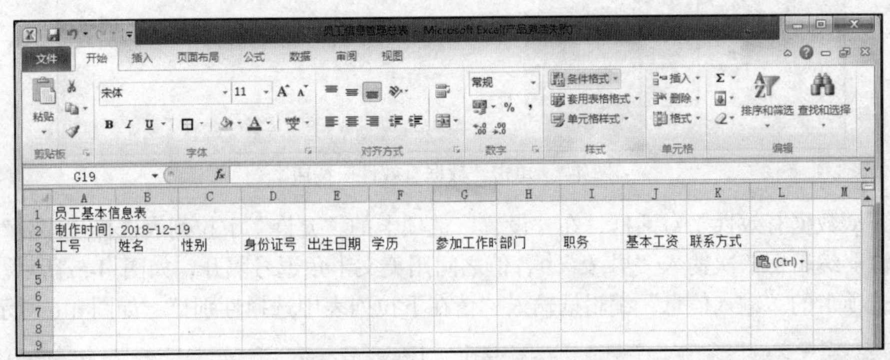

图 4-2 输入工作表标题、制作日期和列标题数据

（2）设置“工号”列数据的“前置零”效果，即将数值型数据转化为文本型数字串。由于“工号”列的数据有规律，所以可用 Excel 的自动填充功能来完成。

单击 A4 单元格，输入英文单引号“’”和 0001，即“’0001”，然后将鼠标指针指向 A4 单元格右下角的填充柄，待鼠标指针变为空心的十字形后按住鼠标左键向下拖动，至 A23 单元格，松开鼠标，即可完成“工号”列数据的填充，如图 4-3 所示。

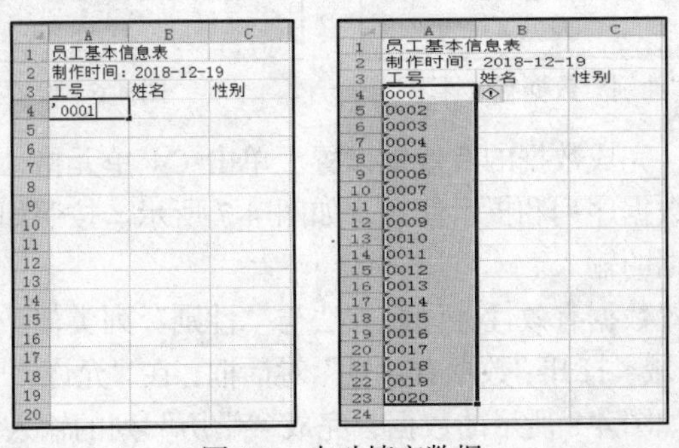

图 4-3 自动填充数据

（3）在“姓名”列中按照如图 4-1 所示方式依次输入员工姓名。

（4）在“身份证号”列中输入身份证号，类似“员工编号”输入方法。由于输入身份证号的长度超出列宽，需要调整列宽。将鼠标指针移动到 D 列列号右侧的边框线上，待鼠标指针变为左右双向箭头形状时，按住鼠标左键向右拖动，待合适大小后释放鼠标，即该列数据完全显示。

（5）为“性别”列设置数据有效性。

①选中 C4:C23 单元格区域，然后单击“数据”选项卡“数据工具”选项组中的“数据有效性”按钮，如图 4-4 所示。

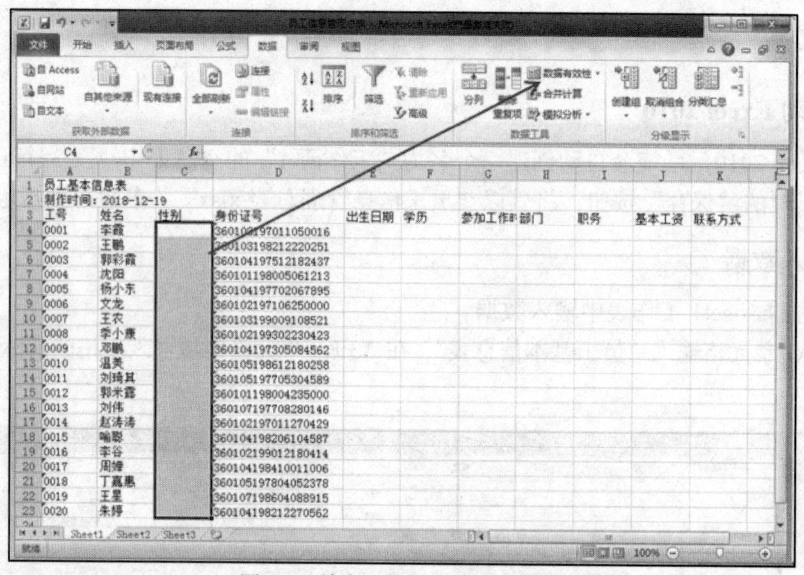

图 4-4　单击“数据有效性”按钮

②打开“数据有效性”对话框，在“设置”选项卡的“允许”下拉列表选择“序列”项，然后在“来源”编辑框依次输入“男,女”，各值之间用英文半角逗号隔开，如图 4-5 所示。在“输入信息”选项卡的“输入信息”编辑框输入“请在下拉列表中选择性别！”，如图 4-6 所示。

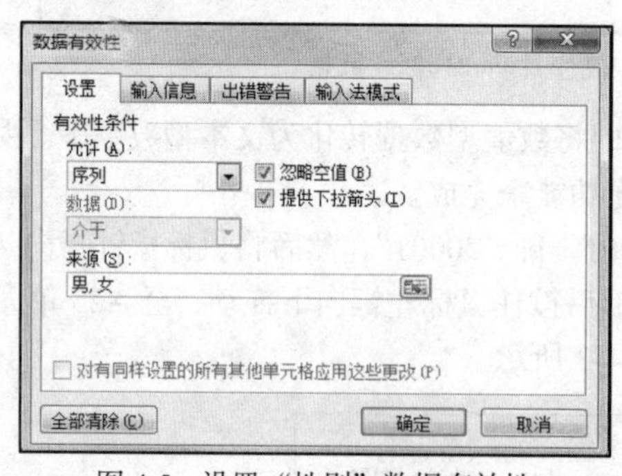

图 4-5　设置“性别”数据有效性

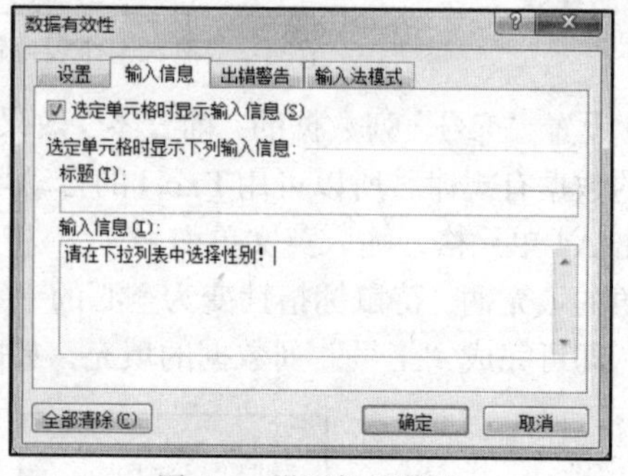

图 4-6　设置提示信息

③单击“确定”按钮，完成数据的有效性设置。单击 C4 单元格，其右侧将出现三角按钮。单击该按钮，出现设置的数据序列和提示信息，如图 4-7 所示。按照如图 4-1 从下拉列表中选择性别，完成“性别”列数据的输入。

（6）为“学历”列设置数据有效性，设置方法与“性别”列类似。

选中 F4:F23 单元格区域，打开“数据有效性”对话框，在“允许”下拉列表中选择“序列”，在“来源”编辑框中输入如图 4-8 所示的数据，完成“学历”列的输入。

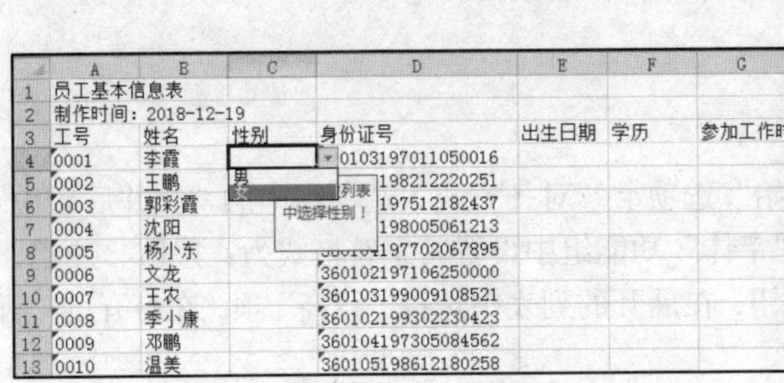

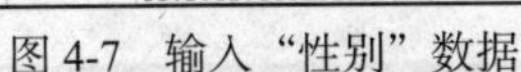
图 4-7 输入“性别”数据

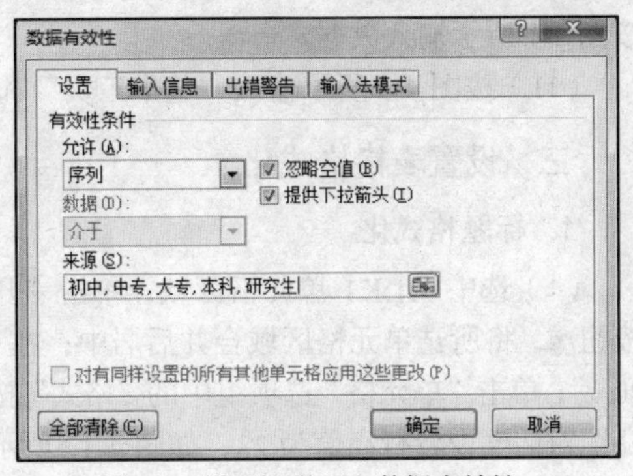

图 4-8 设置“学历”数据有效性

（7）为“部门”列设置数据有效性，设置方法与“性别”列类似。

选中 H4:H23 单元格区域，打开“数据有效性”对话框，在“允许”下拉列表中选择“序列”，在“来源”编辑框中输入如图 4-9 所示的数据，完成“部门”列的输入。

（8）为“职务”列设置数据有效性，设置方法与“性别”列类似。

选中 I4:I23 单元格区域，打开“数据有效性”对话框，在“允许”下拉列表中选择“序列”，在“来源”编辑框中输入如图 4-10 所示的数据，完成“职务”列的输入。

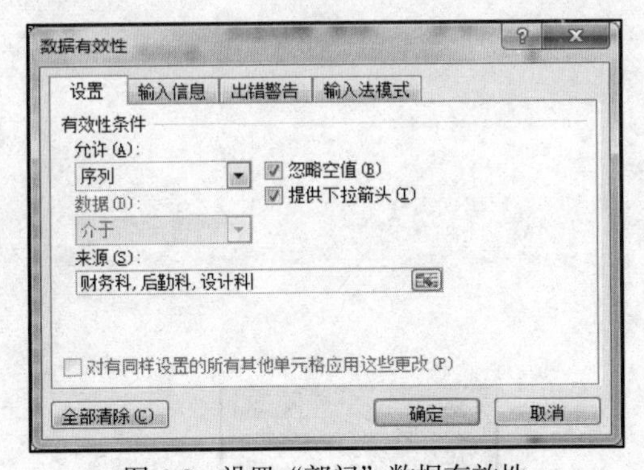

图 4-9 设置“部门”数据有效性

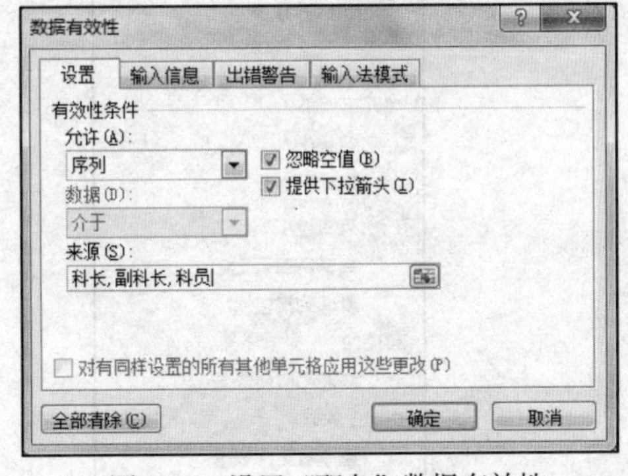

图 4-10 设置“职务”数据有效性

（9）输入“参加工作时间”列数据。

选中 G4:G23 区域，在右键菜单中选择“设置单元格格式”项，打开“设置单元格格式”对话框，在其中选择所需要的日期格式，如图 4-11 所示。然后按图 4-1 所示填入年、月、日，之间用斜线“/”或连字符“-”分隔。

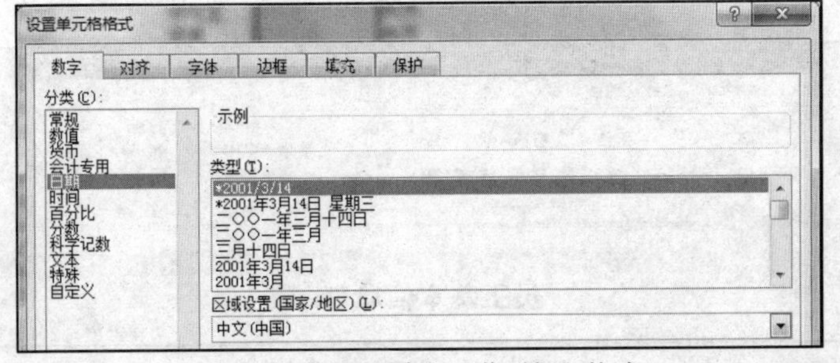

图 4-11 设置“参加工作时间”格式

（10）输入“出生日期”列数据，输入方法与“参加工作时间”列相同。

选中 E4:E23 区域，打开“设置单元格格式”对话框，在其中设置所需要的日期格式，然后按图 4-1 所示输入数据。

（11）按图 4-1 所示输入“基本工资”和“联系电话”列数据。

三、设置表格格式化

1．标题格式化

（1）选中 A1:K1 单元格区域，单击“开始”选项卡“对齐方式”选项组中的“合并后居中”按钮，将所选单元格区域合并后居中；在“字体”功能组中设置其字符格式为：黑体、加粗、20 磅；单击“单元格”选项组中的“格式”按钮，在展开的列表中选择“行高”项，在打开的“行高”对话框设置行高值为 28，如图 4-12 所示。

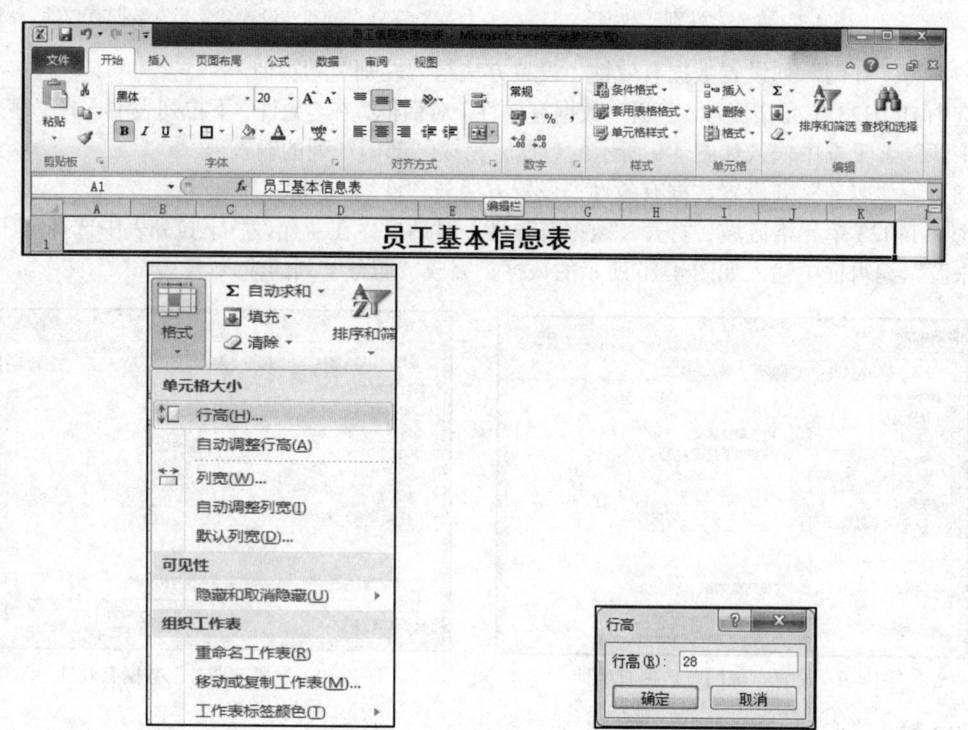

图 4-12　标题格式化

（2）选中 A2:K2 单元格区域，单击“开始”选项卡“对齐方式”选项组中的“合并后居中”按钮，再单击“文本右对齐”按钮，在“字体”选项组中设置其字符格式为：仿宋、14 磅，如图 4-13 所示。

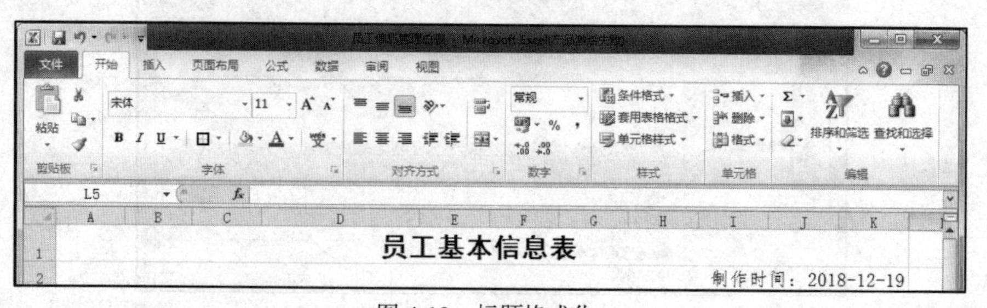

图 4-13　标题格式化

2．数据区域格式化

（1）选中 A3:K23 单元格区域，然后单击“开始”选项卡“对齐方式”选项组中的“垂直居中”、“水平居中”按钮，并设置其字符格式为：宋体、10 磅，行高为 15 磅，自动调整列宽。

（2）选中“基本工资”列数据，然后在“数字格式”下拉列表中选择“货币”，如图 4-14 所示。

	A	B	C	D	E	F	G	H	I	J	K
1	员工基本信息表										
2	制作时间：2018-12-19										
3	工号	姓名	性别	身份证号	出生日期	学历	参加工作时间	部门	职务	基本工资	联系方式
4	0001	李霞	女	360103197011050016	1970年11月05日	中专	1982/2/1	财务科	副科长	¥3,000.00	6327832
5	0002	王鹏	男	360103198212220251	1982年12月22日	本科	1995/5/1	后勤科	科长	¥4,000.00	8664325
6	0003	郭彩霞	女	360104197512182437	1975年12月18日	大专	1996/9/1	设计科	科员	¥2,000.00	4678921
7	0004	沈阳	男	360101198005061213	1980年05月06日	大专	1992/10/5	财务科	科员	¥2,500.00	6459812
8	0005	杨小东	男	360104197702067895	1977年02月06日	中专	1997/5/30	设计科	科员	¥2,600.00	6451235
9	0006	文龙	男	360102197106250000	1971年06月25日	初中	2000/9/1	设计科	科员	¥2,400.00	6458963
10	0007	王农	男	360103199009108521	1990年09月10日	本科	2001/10/1	后勤科	科员	¥2,200.00	6451289

图 4-14 设置货币数字格式

3．为表格相关单元格添加底纹

选中 A1:K1 单元格区域，然后在“字体”选项组中的“填充颜色”列表中选择“水绿色，强调文字颜色 5”；选中 A3:K3 单元格区域，然后在“字体”选项组中的“填充颜色”列表中选择“水绿色，强调文字颜色 5，淡色 60%”，如图 4-15 所示。

4．为表格添加边框

选中 A1:K23 单元格区域，然后单击“开始”选项卡“字体”选项组“边框”按钮右侧的三角按钮，在展开的列表中选择“所有框线”和“粗匣框线”，如图 4-16 所示。

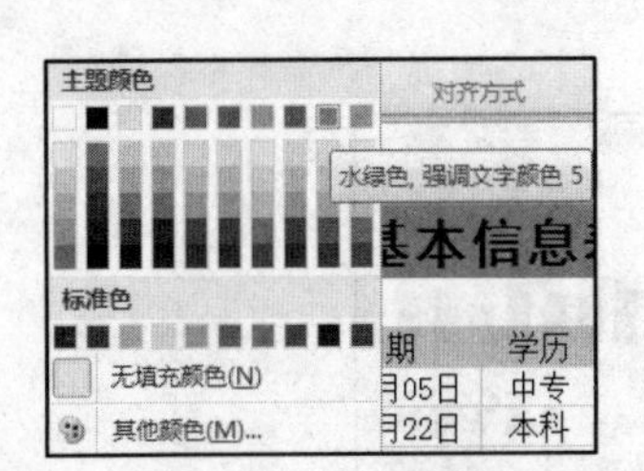

图 4-15 设置底纹

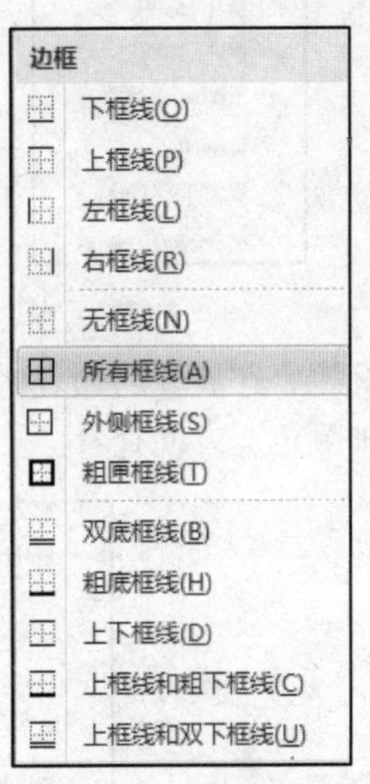

图 4-16 设置边框

四、使用条件格式突出显示数据

使用条件格式将基本工资在 2500 元以上的单元格以浅红色填充深红色文本突出显示。

选中要添加条件格式的单元格区域 J4:J23，单击“开始”选项卡上“样式”选项组中的“条件格式”按钮，在展开的列表中列出了 5 种条件规则，选择“突出显示单元格规则”，然后在其子列表中选择“大于”。

打开“大于”对话框，在左侧的编辑框内输入 2500，然后在“设置为”下拉列表中选择“浅红填充色深红色文本”，单击“确定”按钮，如图 4-17 所示。

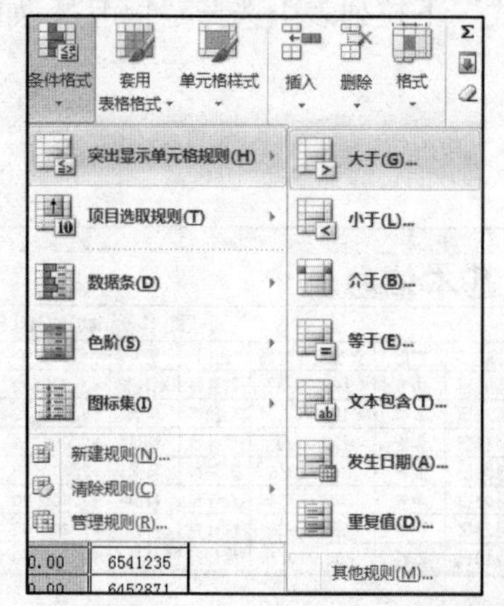

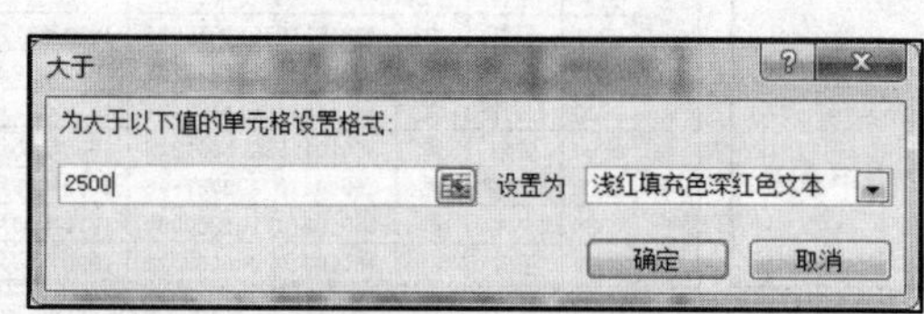

图 4-17 设置条件格式

五、重命名工作表并设置工作表标签颜色

右击“Sheet1”工作表标签，在弹出的快捷菜单中选择“重命名”项，输入新工作表名称“员工基本信息表”，按回车键确认，如图 4-18 所示。

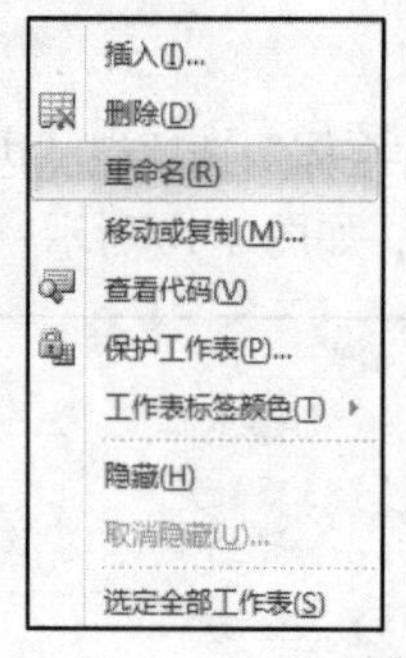

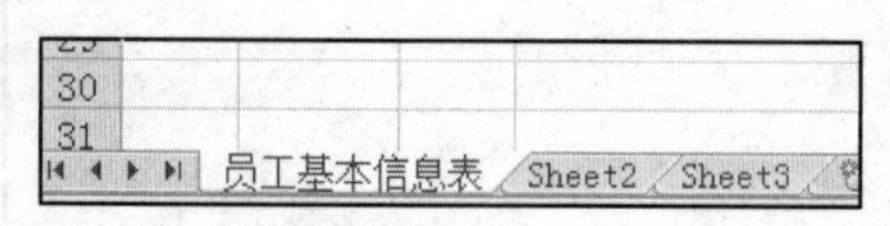

图 4-18 将“Sheet1”重命名

右击工作表标签，在展开的列表中选择“工作表标签颜色”中的“蓝色”，如图 4-19 所示，为工作表标签添加颜色，方便查看。

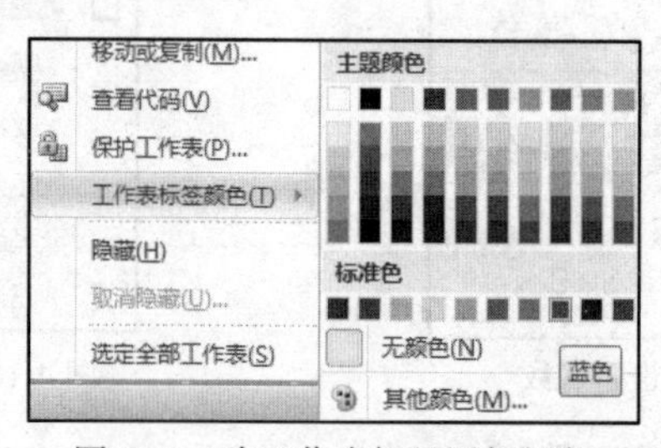

图 4-19 为工作表标签添加颜色

至此，完成公司“员工基本信息表”的制作。

六、保存并退出工作簿

选择“文件”选项卡中的“保存”按钮，单击当前工作簿文件窗口右上角的“关闭”按钮，关闭工作簿的同时退出 Excel。

任务 2　制作员工出勤表

情景描述

公司基本信息表制作完成后，小王要解决的第 2 个任务是要完成 1 月份的员工出勤表。利用员工出勤表，可以快速、方便地看到每个员工整个月的出勤情况和相关信息。这张表的完成可以引用“员工基本信息表”中的数据，再通过公式和函数计算得到所需数据。

作品展示

图 4-20 所示为公司 1 月份的员工出勤表。

1月份员工出勤表										
										制作时间：2019-2-1
工号	姓名	部门	基本工资	业绩额	业绩奖金	事假	病假	应扣款	排名	备注
0001	李霞	财务科	3000	10,000	¥ 1,200	0	0	¥0	18	全勤
0002	王鹏	后勤科	4000	15,000	¥ 1,800	0	0	¥0	12	全勤
0003	郭彩霞	设计科	2000	13,000	¥ 1,560	0	1	¥33	15	
0004	沈阳	财务科	2500	18,000	¥ 2,160	0	0	¥0	5	全勤
0005	杨小东	设计科	2600	20,000	¥ 2,400	1	0	¥87	2	
0006	文龙	设计科	2400	16,000	¥ 1,920	0	0	¥0	9	全勤
0007	王农	后勤科	2200	10,000	¥ 1,200	0	1	¥37	18	
0008	季小康	财务科	2100	10,000	¥ 1,200	1	0	¥70	18	
0009	邓鹏	财务科	2000	12,000	¥ 1,440	2	0	¥133	16	
0010	温美	后勤科	2300	19,000	¥ 2,280	0	0	¥0	4	全勤
0011	刘琦其	财务科	2200	16,000	¥ 1,920	0	0	¥0	9	全勤
0012	郭米露	后勤科	2100	15,000	¥ 1,800	0	0	¥0	12	全勤
0013	刘伟	财务科	2300	18,000	¥ 2,160	0	1	¥38	5	
0014	赵涛涛	财务科	2500	17,000	¥ 2,040	1	0	¥83	7	
0015	喻聪	后勤科	2600	20,000	¥ 2,400	0	1	¥43	2	
0016	李谷	后勤科	2400	25,000	¥ 3,000	0	0	¥0	1	全勤
0017	周婵	设计科	2100	16,000	¥ 1,920	0	0	¥0	9	全勤
0018	丁嘉惠	财务科	2000	17,000	¥ 2,040	0	1	¥33	7	
0019	王星	设计科	2000	15,000	¥ 1,800	1	0	¥67	12	
0020	朱婷	后勤科	2100	11,000	¥ 1,320	0	1	¥35	17	
			员工人数	事假人数	病假人数	扣款最多	财务科扣款总计	后勤科扣款总计	设计科扣款总计	全勤人数
			20	5	6	¥133	¥358	¥115	¥187	9

图 4-20　1 月份员工出勤表效果图

任务要点

- 利用“格式刷”格式化表格。
- 在工作表中引用其他工作表中的数据。
- 批注的使用。
- 利用公式计算数据。
- 利用函数计算数据。

任务实施

一、打开已有工作簿并命名工作表

打开“员工信息管理总表”，将工作簿中的“Sheet2”工作表命名为“员工出勤表”。

二、输入工作表基本数据并格式化

1．输入基本数据

在“员工出勤表”的单元格中输入基本数据，如图 4-21 所示。

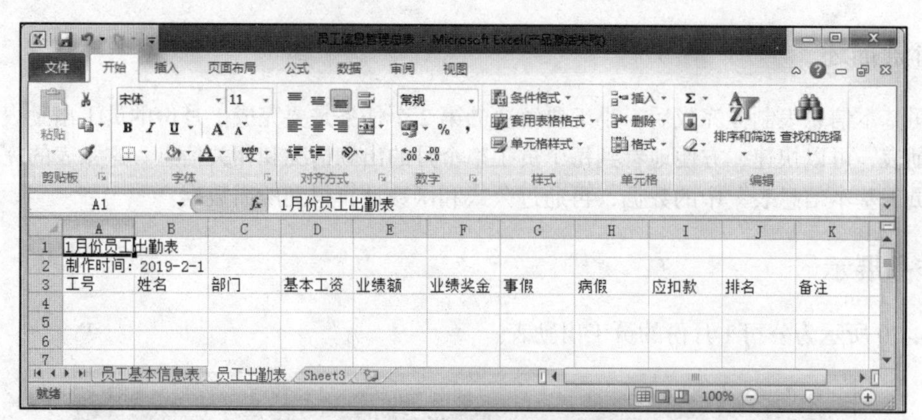

图 4-21　1 月份员工出勤表基本数据

2．用“格式刷”统一格式

（1）选中“员工基本信息表”的 A1:K23 单元格区域，然后单击“开始”选项卡“剪贴板”选项组的“格式刷”按钮，如图 4-22 所示。

（2）单击“员工出勤表”工作表标签并拖动鼠标选择 A1:K23 单元格区域。松开鼠标左键后，选中的格式将被复制到选中的目标区域。效果如图 4-23 所示。

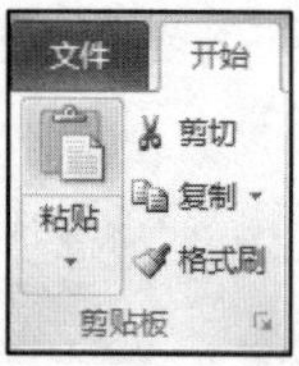

图 4-22　格式刷

图 4-23　1 月份员工出勤表的格式化效果

三、引用“员工基本信息表”数据完成“员工出勤表”中的“工号”信息

采用直接复制的方法。打开“员工基本信息表”，选中 A4:K23 单元格区域，右击，在打开的快捷菜单中选择“复制”项，再选择“员工出勤表”的 A4 单元格进行粘贴即可。

四、计算“员工出勤表”中的“姓名”、“部门”、“基本工资”数据

1．引用“员工基本信息表”中的数据

下面利用 VLOOKUP 函数引用“员工基本信息表”中的数据，操作步骤如下：

（1）在“员工出勤表”选中 B4 单元格，然后单击“公式”选项卡“函数库”选项组中的“查

找和引用”按钮，在展开的列表中选择“VLOOKUP”函数。

（2）打开“函数参数”对话框，依次设置 4 个函数参数为“A4”、“员工基本信息表!$A$4:$K$23”、“2”、“0”，如图 4-24 所示。单击“确定”按钮，即可得到计算结果。

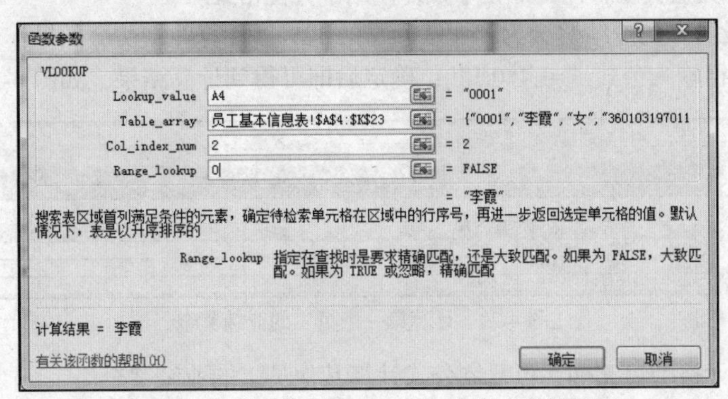

图 4-24　“姓名”列 VLOOKUP 函数参数设置图

（3）双击 B4 单元格的填充柄，复制公式，就完成了“姓名”列的引用，如图 4-25 所示。

2．引用“部门”列数据

操作方法与“姓名”列类似。单击 C4 单元格，打开 VLOOKUP 函数参数设置对话框，依次设置 4 个函数参数，效果如图 4-26 所示。单击“确定”按钮，双击 C4 单元格的填充柄，就完成了“部门”列的引用。

1月份员工出勤表

制作时间：2019-2-1

工号	姓名	部门	基本工资	业绩额	业绩奖金	事假	病假	应扣款	排名	备注
0001	李霞									
0002	王鹏									
0003	郭彩霞									
0004	沈阳									
0005	杨小东									
0006	文龙									
0007	王农									
0008	季小康									
0009	邓鹏									
0010	温美									
0011	刘琦其									
0012	郭米露									
0013	刘伟									
0014	赵涛涛									
0015	喻聪									
0016	李谷									
0017	周婵									
0018	丁嘉惠									
0019	王星									
0020	朱婷									

图 4-25　计算“姓名”列的效果图

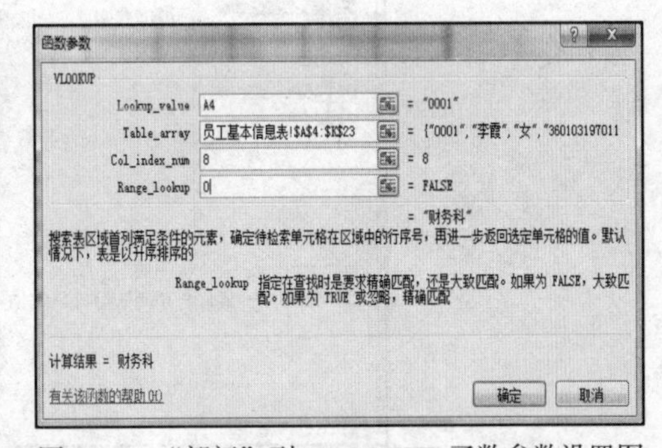

图 4-26　“部门”列 VLOOKUP 函数参数设置图

3．引用“基本工资”列数据

操作方法与“姓名”列类似。单击 D4 单元格，打开 VLOOKUP 函数参数设置对话框，依次设置 4 个函数参数，效果如图 4-27 所示。单击“确定”按钮，双击 D4 单元格的填充柄，就完成了“基本工资”列的引用。效果如图 4-28 所示。

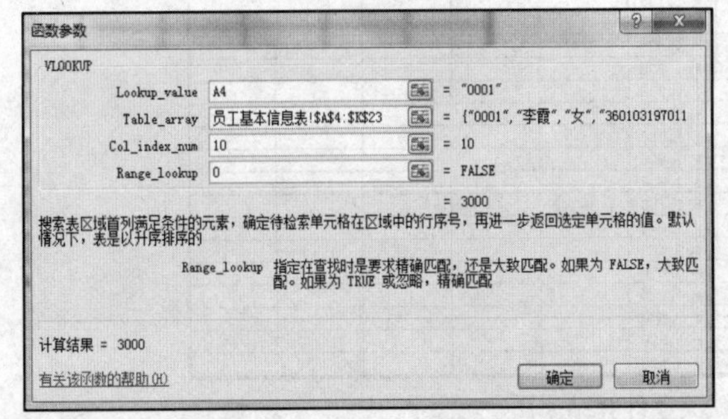

图 4-27　“基本工资”列 VLOOKUP 函数参数设置图

1月份员工出勤表

制作时间：2019-2-1

工号	姓名	部门	基本工资	业绩额	业绩奖金	事假	病假	应扣款	排名	备注
0001	李霞	财务科	3000							
0002	王鹏	后勤科	4000							
0003	郭彩霞	设计科	2000							
0004	沈阳	财务科	2500							
0005	杨小东	设计科	2600							
0006	文龙	设计科	2400							
0007	王农	后勤科	2200							
0008	季小康	财务科	2100							
0009	邓鹏	财务科	2000							
0010	温美	后勤科	2300							
0011	刘琦其	财务科	2200							
0012	郭米露	后勤科	2100							
0013	刘伟	财务科	2300							
0014	赵涛涛	财务科	2500							
0015	喻聪	后勤科	2600							
0016	李谷	后勤科	2400							
0017	周婵	设计科	2100							
0018	丁嘉惠	财务科	2000							
0019	王星	设计科	2000							
0020	朱婷	后勤科	2100							

图 4-28　引用数据效果图

五、用公式计算“员工出勤表”中的“业绩奖金”数据

（1）按图 4-20 所示，在“员工出勤表”中按实际情况填入员工的业绩额。将单元格区域 E4:E23 的数字格式设置为数值类型，保留 0 位小数，使用千分位格式。

（2）本例假设员工的业绩奖金为“业绩额”的 12%。计算业绩奖金的操作步骤如下：

①在 F4 单元格输入公式“=E4*0.12”，确定后即可得到计算结果，如图 4-29 所示。

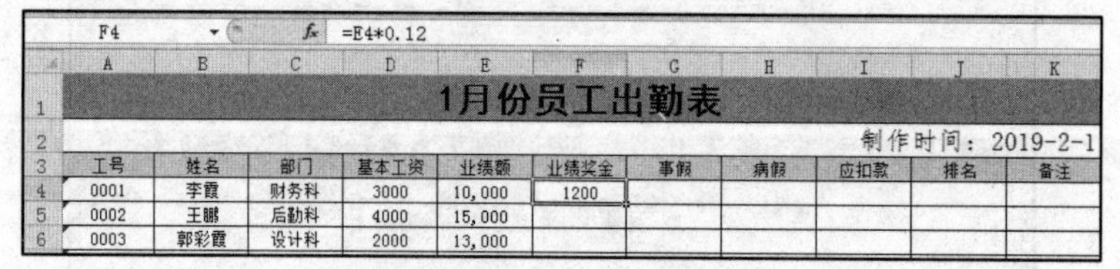

F4 =E4*0.12

1月份员工出勤表										
										制作时间：2019-2-1
工号	姓名	部门	基本工资	业绩额	业绩奖金	事假	病假	应扣款	排名	备注
0001	李霞	财务科	3000	10,000	1200					
0002	王鹏	后勤科	4000	15,000						
0003	郭彩霞	设计科	2000	13,000						

图 4-29　计算第一个员工的业绩奖金

②双击 F4 单元格的填充柄，可复制公式计算其他员工的业绩奖金。

③设置“业绩奖金”列数据的数字格式为“会计专用”，小数位数为 0 位。选中 F4:F23 单元格区域，在选定区域内单击鼠标右键，在打开的快捷菜单中选择“设置单元格格式”命令，打开“设置单元格格式”对话框，进行如图 4-30 所示的设置，单击“确定”按钮，如图 4-31 所示。

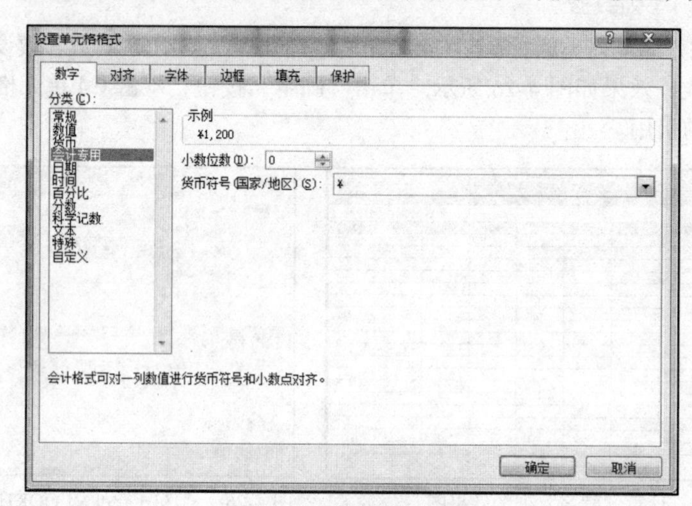

图 4-30　设置数字格式

1月份员工出勤表										
										制作时间：2019-2-1
工号	姓名	部门	基本工资	业绩额	业绩奖金	事假	病假	应扣款	排名	备注
0001	李霞	财务科	3000	10,000	¥ 1,200					
0002	王鹏	后勤科	4000	15,000	¥ 1,800					
0003	郭彩霞	设计科	2000	13,000	¥ 1,560					
0004	沈阳	财务科	2500	18,000	¥ 2,160					
0005	杨小东	设计科	2600	20,000	¥ 2,400					
0006	文龙	设计科	2400	16,000	¥ 1,920					
0007	王农	后勤科	2200	10,000	¥ 1,200					
0008	季小康	财务科	2100	10,000	¥ 1,200					
0009	邓鹏	财务科	2000	12,000	¥ 1,440					
0010	温美	后勤科	2300	19,000	¥ 2,280					
0011	刘琦其	财务科	2200	16,000	¥ 1,920					
0012	郭米露	后勤科	2100	15,000	¥ 1,800					
0013	刘伟	财务科	2300	18,000	¥ 2,160					
0014	赵涛涛	财务科	2500	17,000	¥ 2,040					
0015	喻聪	后勤科	2600	20,000	¥ 2,400					
0016	李谷	后勤科	2400	25,000	¥ 3,000					
0017	周婵	设计科	2100	16,000	¥ 1,920					
0018	丁嘉惠	财务科	2000	17,000	¥ 2,040					
0019	王星	设计科	2000	15,000	¥ 1,800					
0020	朱婷	后勤科	2100	11,000	¥ 1,320					

图 4-31　业绩奖金计算结果图

六、用公式计算“员工出勤表”中的“应扣款”数据

（1）在“员工出勤表”中按实际情况输入 1 月份员工的事假、病假数据。

（2）假设每天的工资为“基本工资”除以 30 天，事假一天扣一天的工资，病假一天扣半天的工资。在 I4 单元格输入公式“=”，确定后即可计算第一位员工的应扣款，如图 4-32 所示。双击 I4 单元格的填充柄，复制公式，计算出所有员工的应扣款。

（3）仿照“员工出勤表”的“业绩奖金”，设置“应扣款”列数据的数字格式为“货币”，小数位数为 0 位，如图 4-33 所示。单击“确定”按钮，如图 4-34 所示。

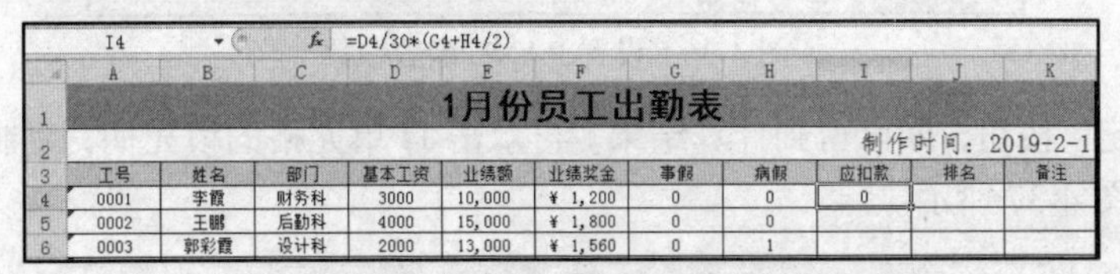

1月份员工出勤表

制作时间：2019-2-1

工号	姓名	部门	基本工资	业绩额	业绩奖金	事假	病假	应扣款	排名	备注
0001	李霞	财务科	3000	10,000	¥ 1,200	0	0	0		
0002	王鹏	后勤科	4000	15,000	¥ 1,800	0	0			
0003	郭彩霞	设计科	2000	13,000	¥ 1,560	0	1			

图 4-32　计算第一个员工的应扣款

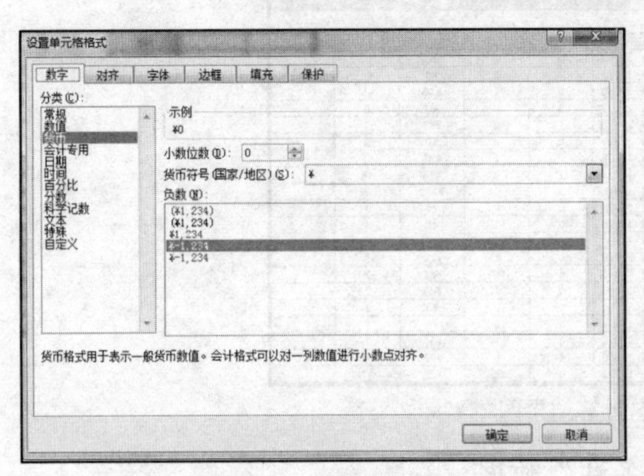

图 4-33　设置数字格式

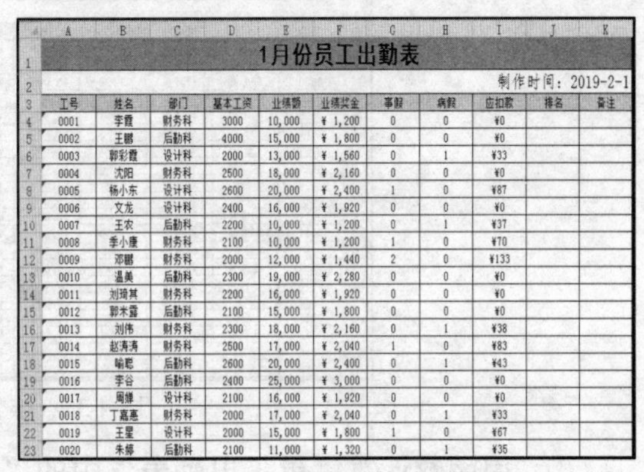

1月份员工出勤表

制作时间：2019-2-1

工号	姓名	部门	基本工资	业绩额	业绩奖金	事假	病假	应扣款	排名	备注
0001	李霞	财务科	3000	10,000	¥ 1,200	0	0	¥0		
0002	王鹏	后勤科	4000	15,000	¥ 1,800	0	0	¥0		
0003	郭彩霞	设计科	2000	13,000	¥ 1,560	0	1	¥33		
0004	沈阳	财务科	2500	18,000	¥ 2,160	0	0	¥0		
0005	杨小东	设计科	2600	20,000	¥ 2,400	1	0	¥87		
0006	文龙	设计科	2400	16,000	¥ 1,920	0	0	¥0		
0007	王农	后勤科	2200	10,000	¥ 1,200	0	1	¥37		
0008	季小康	财务科	2100	10,000	¥ 1,200	1	0	¥70		
0009	邓鹏	财务科	2000	12,000	¥ 1,440	2	0	¥133		
0010	温美	后勤科	2300	19,000	¥ 2,280	0	0	¥0		
0011	刘琦其	财务科	2200	16,000	¥ 1,920	0	0	¥0		
0012	郭米露	后勤科	2100	15,000	¥ 1,800	0	0	¥0		
0013	刘伟	财务科	2300	18,000	¥ 2,160	0	1	¥38		
0014	赵涛涛	财务科	2500	17,000	¥ 2,040	1	0	¥83		
0015	喻聪	后勤科	2600	20,000	¥ 2,400	0	1	¥43		
0016	李谷	后勤科	2400	25,000	¥ 3,000	0	0	¥0		
0017	周婵	设计科	2100	16,000	¥ 1,920	0	0	¥0		
0018	丁嘉惠	财务科	2000	17,000	¥ 2,040	0	1	¥33		
0019	王星	设计科	2000	15,000	¥ 1,800	1	0	¥67		
0020	朱婷	后勤科	2100	11,000	¥ 1,320	0	1	¥35		

图 4-34　应扣款计算结果图

七、用函数计算“员工出勤表”中的“排名”数据

（1）为“排名”列标题插入批注：选中 J3 单元格，单击“审阅”选项卡“批注”选项组中的“新建批注”按钮，在出现的批注框中输入“按业绩奖金降序排名”，可看到，添加批注的单元格，其右上角出现红色的三角形，如图 4-35 所示。

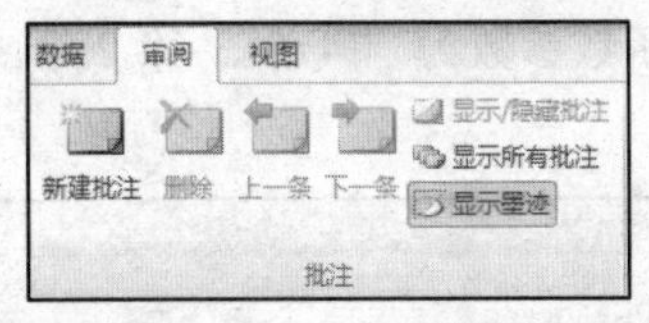

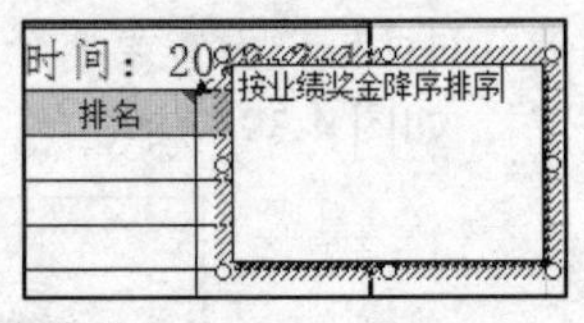

图 4-35　添加备注

（2）用 RANK 函数计算排名，根据“业绩奖金”由高到低进行排名。

①选中 J4 单元格，单击“公式”选项卡“函数库”选项组中的“插入函数”按钮，打开“插入函数”对话框，在“或选择类别”下拉列表中选择“全部”项，在“选择函数”列表中选择“RANK”函数。

②打开“函数参数”对话框，设置第 1 个函数参数为“F4”，第 2 个函数参数为“$F$4:$F$23”，第 3 个函数参数为“0”。因为第 2 个参数范围是不变的，所以要对其范围进行绝对引用，如图 4-36 所示。

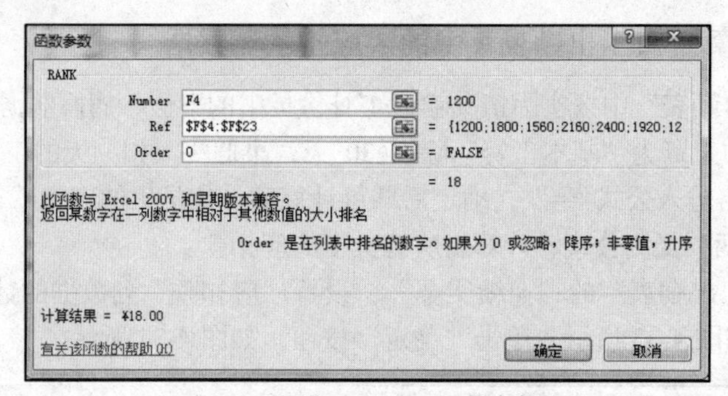

图 4-36　设置 RANK 函数参数

③单击“确定”按钮，即可得到计算结果。再双击 J4 单元格的填充柄，复制公式得到其他员工排名信息，如图 4-37 所示。

1月份员工出勤表

制作时间：2019-2-1

工号	姓名	部门	基本工资	业绩额	业绩奖金	事假	病假	应扣款	排名	备注
0001	李霞	财务科	3000	10,000	¥ 1,200	0	0	¥0	18	
0002	王鹏	后勤科	4000	15,000	¥ 1,800	0	0	¥0	12	
0003	郭彩霞	设计科	2000	13,000	¥ 1,560	0	1	¥33	15	
0004	沈阳	财务科	2500	18,000	¥ 2,160	0	0	¥0	5	
0005	杨小东	设计科	2600	20,000	¥ 2,400	1	0	¥87	2	
0006	文龙	设计科	2400	16,000	¥ 1,920	0	0	¥0	9	
0007	王农	后勤科	2200	10,000	¥ 1,200	0	1	¥37	18	
0008	季小康	财务科	2100	10,000	¥ 1,200	1	0	¥70	18	
0009	邓鹏	财务科	2000	12,000	¥ 1,440	2	0	¥133	16	
0010	温美	后勤科	2300	19,000	¥ 2,280	0	0	¥0	4	
0011	刘琦其	财务科	2200	16,000	¥ 1,920	0	0	¥0	9	
0012	郭米露	后勤科	2100	15,000	¥ 1,800	0	0	¥0	12	
0013	刘伟	财务科	2300	18,000	¥ 2,160	0	1	¥38	5	
0014	赵涛涛	财务科	2500	17,000	¥ 2,040	1	0	¥83	7	
0015	喻聪	后勤科	2600	20,000	¥ 2,400	0	1	¥43	2	
0016	李谷	后勤科	2400	25,000	¥ 3,000	0	0	¥0	1	
0017	周婵	设计科	2100	16,000	¥ 1,920	0	0	¥0	9	
0018	丁嘉惠	财务科	2000	17,000	¥ 2,040	0	1	¥33	7	
0019	王星	设计科	2000	15,000	¥ 1,800	1	0	¥67	12	
0020	朱婷	后勤科	2100	11,000	¥ 1,320	0	1	¥35	17	

图 4-37　排名计算结果图

八、用函数计算“员工出勤表”中的“备注”数据

（1）仿照“员工出勤表”中的“排名”，为“备注”列标题插入批注，在批注框中输入批注文本“如果全勤则在备注中显示全勤，否则为空”，如图 4-38 所示。

（2）用 IF 函数判断备注的内容：输入的条件是“如果全勤则在备注中显示全勤，否则为空”。

①选中 K4 单元格，然后在“公式”选项卡单击“函数库”选项组中的“插入函数”按钮，打开“插入函数”对话框，在其中选择“IF”函数。

②打开“函数参数”对话框，设置第 1 个函数参数为“I4=0”，第 2 个函数参数为“全勤”，第 3 个函数参数为“""”，如图 4-39 所示。

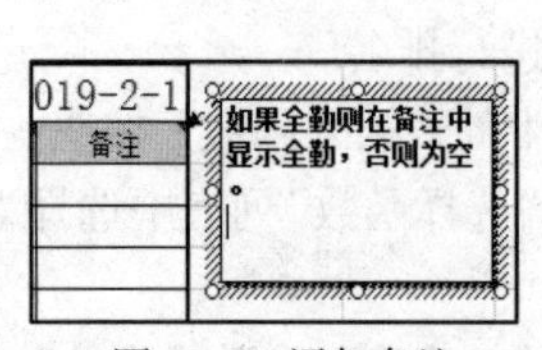

图 4-38　添加备注

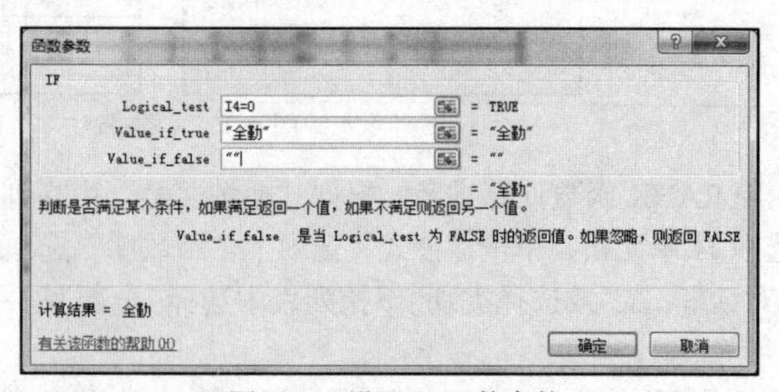

图 4-39　设置 IF 函数参数

③单击“确定”按钮，即可得到第一个员工的备注结果。再双击 K4 单元格的填充柄，复制公式得到其他员工的备注信息，如图 4-40 所示。

	A	B	C	D	E	F	G	H	I	J	K
1	1月份员工出勤表										
2									制作时间：2019-2-1		
3	工号	姓名	部门	基本工资	业绩额	业绩奖金	事假	病假	应扣款	排名	备注
4	0001	李霞	财务科	3000	10,000	¥ 1,200	0	0	¥0	18	全勤
5	0002	王鹏	后勤科	4000	15,000	¥ 1,800	0	0	¥0	12	全勤
6	0003	郭彩霞	设计科	2000	13,000	¥ 1,560	0	1	¥33	15	
7	0004	沈阳	财务科	2500	18,000	¥ 2,160	0	0	¥0	5	全勤
8	0005	杨小东	设计科	2600	20,000	¥ 2,400	1	0	¥87	2	
9	0006	文龙	设计科	2400	16,000	¥ 1,920	0	0	¥0	9	全勤
10	0007	王农	后勤科	2200	10,000	¥ 1,200	0	1	¥37	18	
11	0008	季小康	财务科	2100	10,000	¥ 1,200	1	0	¥70	18	
12	0009	邓鹏	财务科	2000	12,000	¥ 1,440	2	0	¥133	16	
13	0010	温美	后勤科	2300	19,000	¥ 2,280	0	0	¥0	4	全勤
14	0011	刘琦其	财务科	2200	16,000	¥ 1,920	0	0	¥0	9	全勤
15	0012	郭米露	后勤科	2100	15,000	¥ 1,800	0	0	¥0	12	全勤
16	0013	刘伟	财务科	2300	18,000	¥ 2,160	0	1	¥38	5	
17	0014	赵涛涛	财务科	2500	17,000	¥ 2,040	1	0	¥83	7	
18	0015	喻聪	后勤科	2600	20,000	¥ 2,400	0	1	¥43	2	
19	0016	李谷	后勤科	2400	25,000	¥ 3,000	0	0	¥0	1	全勤
20	0017	周婵	设计科	2100	16,000	¥ 1,920	0	0	¥0	9	全勤
21	0018	丁嘉惠	财务科	2000	17,000	¥ 2,040	0	1	¥33	7	
22	0019	王星	设计科	2000	15,000	¥ 1,800	1	0	¥67	12	
23	0020	朱婷	后勤科	2100	11,000	¥ 1,320	0	1	¥35	17	

图 4-40　备注计算结果图

九、用函数计算“员工出勤表”中统计表格数据

（1）设置统计表格：在 D25:K26 单元格区域中创建统计表格，标题格式为宋体、11 磅、水平和垂直都居中，设置框线为先选择“所有框线”，再选择“粗匣框线”，如图 4-41 所示。

员工人数	事假人数	病假人数	扣款最多	财务科扣款总计	后勤科扣款总计	设计科扣款总计	全勤人数

图 4-41　设置统计表格

（2）用 COUNT 函数统计“员工人数”。

①选中 D26 单元格，然后在“公式”选项卡单击“函数库”选项组中的“插入函数”按钮，打开“插入函数”对话框，在其中选择“COUNT”函数。

②打开 COUNT 的“函数参数”对话框，设置第 1 个函数参数为“D4:D23”，如图 4-42 所示。

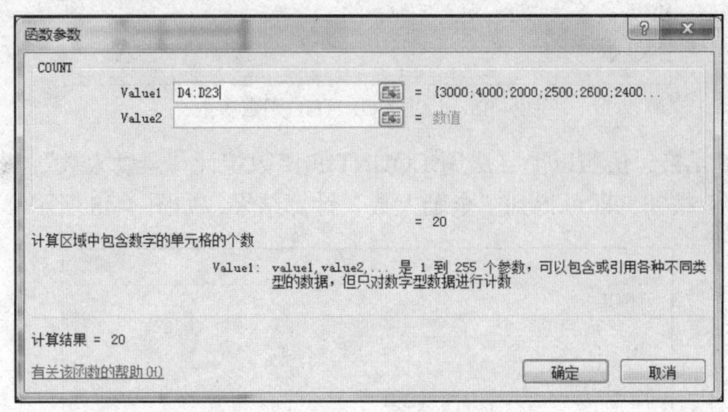

图 4-42　设置 COUNT 函数参数

③单击“确定”按钮，即可得到“员工人数”计算结果，如图 4-43 所示。

员工人数	事假人数	病假人数	扣款最多	财务科扣款总计	后勤科扣款总计	设计科扣款总计	全勤人数
20							

图 4-43　员工人数计算结果图

（3）用 COUNTIF 函数统计“事假人数”、“病假人数”、“全勤人数”。

①选中 E26 单元格，然后在“公式”选项卡单击“函数库”选项组中的“插入函数”按钮，打开“插入函数”对话框，在其中选择“COUNTIF”函数。

②打开 COUNTIF 的“函数参数”对话框，设置第 1 个函数参数为“G4:G23”，第 2 个函数参数为“>0”，如图 4-44 所示。

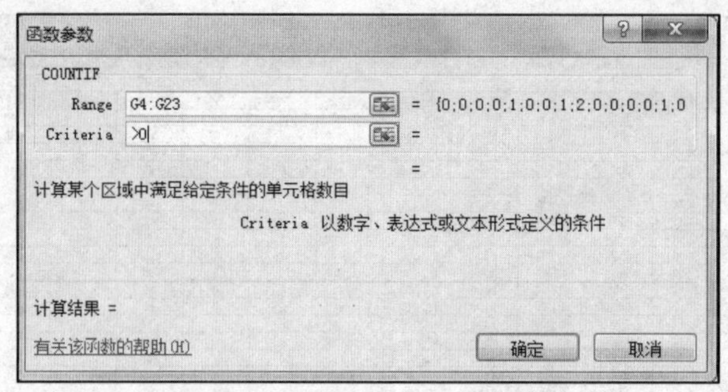

图 4-44 设置 COUNTIF 函数参数

③单击“确定”按钮，即可得到“事假人数”计算结果，如图 4-45 所示。

员工人数	事假人数	病假人数	扣款最多	财务科扣款总计	后勤科扣款总计	设计科扣款总计	全勤人数
20	5						

图 4-45 事假人数计算结果图

④选中 F26 单元格，仿照以上方法用 COUNTIF 函数统计“病假人数”，参数设置如图 4-46 所示。单击“确定”按钮，即可得到“病假人数”计算结果。

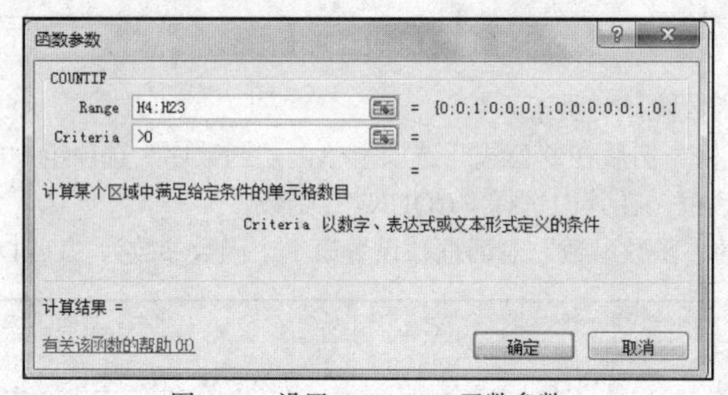

图 4-46 设置 COUNTIF 函数参数

⑤选中 K26 单元格，仿照以上方法用 COUNTIF 函数统计“全勤人数”，参数设置如图 4-47 所示。单击“确定”按钮，即可得到“全勤人数”计算结果，如图 4-48 所示。

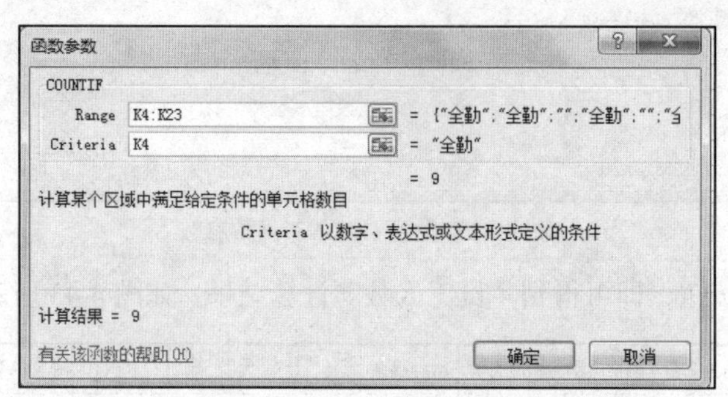

图 4-47 设置 COUNTIF 函数参数

员工人数	事假人数	病假人数	扣款最多	财务科扣款总计	后勤科扣款总计	设计科扣款总计	全勤人数
20	5	6					9

图 4-48 COUNTIF 函数计算结果

（4）用 MAX 函数统计“扣款最多”。

①选中 E26 单元格，然后在“公式”选项卡单击“函数库”选项组中的“插入函数”按钮，

打开“插入函数”对话框，在其中选择“MAX”函数。

②打开 MAX 的“函数参数”对话框，设置第 1 个函数参数为“I4:I23”，如图 4-49 所示。

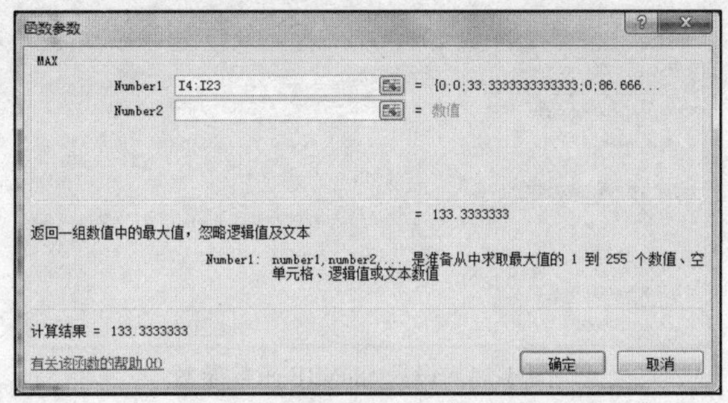

图 4-49　设置 MAX 函数参数

③单击“确定”按钮，即可得到“扣款最多”计算结果，如图 4-50 所示。

员工人数	事假人数	病假人数	扣款最多	财务科扣款总计	后勤科扣款总计	设计科扣款总计	全勤人数
20	5	6	¥133				9

图 4-50　扣款最多计算结果图

（5）用 SUMIF 函数统计“财务科扣款总计”、“后勤科扣款总计”、“设计科扣款总计”。

①选中 H26 单元格，然后在“公式”选项卡单击“函数库”选项组中的“插入函数”按钮，打开“插入函数”对话框，在其中选择“SUMIF”函数。

②打开 SUMIF 的“函数参数”对话框，设置第 1 个函数参数为“C4:C23”，第 2 个函数参数为“财务科”，第 3 个函数参数为“I4:I23”，如图 4-51 所示。

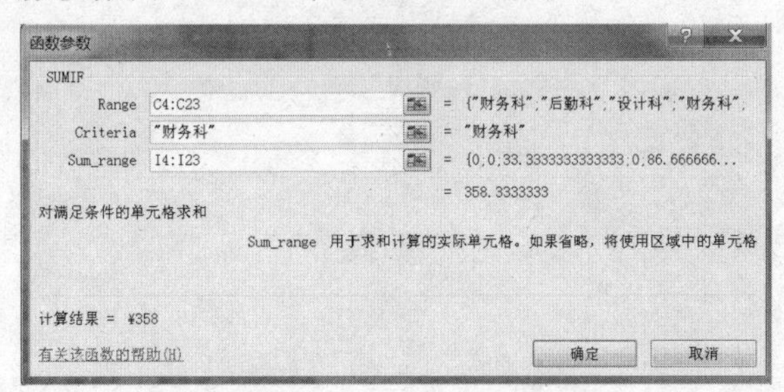

图 4-51　设置 SUMIF 函数参数

③单击“确定”按钮，即可得到“财务科扣款总计”计算结果，如图 4-52 所示。

员工人数	事假人数	病假人数	扣款最多	财务科扣款总计	后勤科扣款总计	设计科扣款总计	全勤人数
20	5	6	¥133	358.3333			9

图 4-52　财务科扣款总计计算结果图

④选中 I26 单元格，仿照以上方法用 SUMIF 函数计算“后勤科扣款总计”，参数设置如图 4-53 所示。单击“确定”按钮，即可得到“后勤科扣款总计”计算结果。

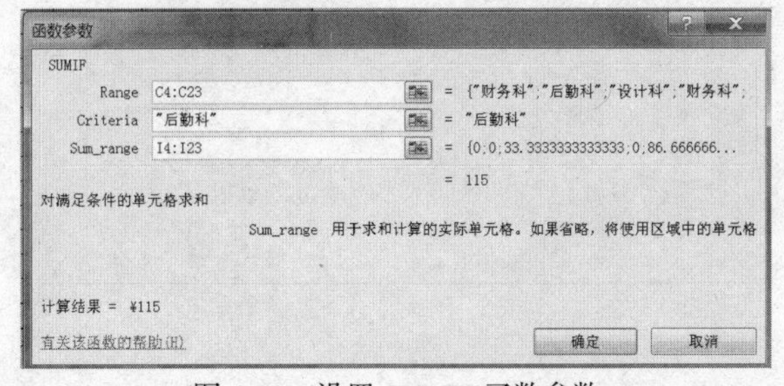

图 4-53　设置 SUMIF 函数参数

⑤选中 J26 单元格，仿照以上方法用 SUMIF 函数计算“设计科扣款总计”，参数设置如图 4-54 所示。单击“确定”按钮，即可得到“设计科扣款总计”计算结果，如图 4-55 所示。

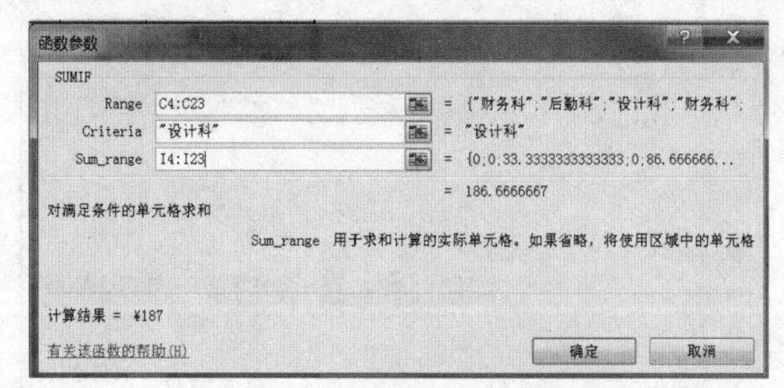

图 4-54　设置 SUMIF 函数参数

员工人数	事假人数	病假人数	扣款最多	财务科扣款总计	后勤科扣款总计	设计科扣款总计	全勤人数
20	5	6	¥133	358.3333	115	186.6667	9

图 4-55　SUMIF 函数计算结果

⑥仿照“员工出勤表”的“应扣款”，设置“财务科扣款总计”、“后勤科扣款总计”、“设计科扣款总计”数据的数字格式为“货币”，小数位数为 0 位，单击“确定”按钮，如图 4-56 所示。

至此，员工出勤表制作完成。

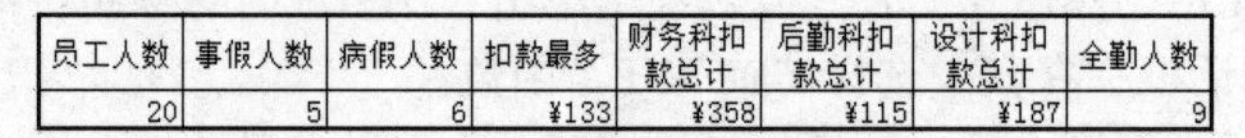

员工人数	事假人数	病假人数	扣款最多	财务科扣款总计	后勤科扣款总计	设计科扣款总计	全勤人数
20	5	6	¥133	¥358	¥115	¥187	9

图 4-56　设置单元格格式

任务 3　制作员工工资总表

情景描述

小王从人事部门获取员工的社会保险情况，准备结合前面制作的员工基本信息表和员工出勤表两张表创建员工工资总表，这样可以自动完成员工工资的相关统计工作，确保工资核算的准确性，提高管理效率。

作品展示

图 4-57 所示为公司 1 月份的员工工资总表。

	A	B	C	D	E	F	G	H	I	J	K
1	1月份员工工资总表										
2											制作时间：2019-2-1
3	工号	姓名	职称	基本工资	业绩奖金	工龄工资	职称补贴	应发工资	社会保险	考勤扣款	实发工资
4	0001	李霞	工程师	¥3,000.00	¥1,200.00	¥370.00	¥500.00	¥5,070.00	¥10.00	¥0.00	¥5,060.00
5	0002	王鹏	工程师	¥4,000.00	¥1,800.00	¥230.00	¥500.00	¥6,530.00	¥20.00	¥0.00	¥6,510.00
6	0003	郭彩霞		¥2,000.00	¥1,560.00	¥220.00	¥0.00	¥3,780.00	¥0.00	¥33.33	¥3,746.67
7	0004	沈阳	工程师	¥2,500.00	¥2,160.00	¥260.00	¥500.00	¥5,420.00	¥10.00	¥0.00	¥5,410.00
8	0005	杨小东	助理工程师	¥2,600.00	¥2,400.00	¥210.00	¥300.00	¥5,510.00	¥10.00	¥86.67	¥5,413.33
9	0006	文龙		¥2,400.00	¥1,920.00	¥180.00	¥0.00	¥4,500.00	¥0.00	¥0.00	¥4,500.00
10	0007	王农		¥2,200.00	¥1,200.00	¥170.00	¥0.00	¥3,570.00	¥0.00	¥36.67	¥3,533.33
11	0008	季小康	助理工程师	¥2,100.00	¥1,200.00	¥100.00	¥300.00	¥3,700.00	¥0.00	¥70.00	¥3,630.00
12	0009	邓鹏	高级工程师	¥2,000.00	¥1,440.00	¥200.00	¥800.00	¥4,440.00	¥0.00	¥133.33	¥4,306.67
13	0010	温美		¥2,300.00	¥2,280.00	¥170.00	¥0.00	¥4,750.00	¥0.00	¥0.00	¥4,750.00
14	0011	刘琦其		¥2,200.00	¥1,920.00	¥160.00	¥0.00	¥4,280.00	¥0.00	¥0.00	¥4,280.00
15	0012	郭米露	工程师	¥2,100.00	¥1,800.00	¥120.00	¥500.00	¥4,520.00	¥0.00	¥0.00	¥4,520.00
16	0013	刘伟		¥2,300.00	¥2,160.00	¥110.00	¥0.00	¥4,570.00	¥0.00	¥38.33	¥4,531.67
17	0014	赵涛涛	助理工程师	¥2,500.00	¥2,040.00	¥130.00	¥300.00	¥4,970.00	¥0.00	¥83.33	¥4,886.67
18	0015	喻聪	高级工程师	¥2,600.00	¥2,400.00	¥90.00	¥800.00	¥5,890.00	¥15.00	¥43.33	¥5,831.67
19	0016	李谷	高级工程师	¥2,400.00	¥3,000.00	¥80.00	¥800.00	¥6,280.00	¥20.00	¥0.00	¥6,260.00
20	0017	周婵		¥2,100.00	¥1,920.00	¥120.00	¥0.00	¥4,140.00	¥0.00	¥0.00	¥4,140.00
21	0018	丁嘉惠	助理工程师	¥2,000.00	¥2,040.00	¥110.00	¥300.00	¥4,450.00	¥0.00	¥33.33	¥4,416.67
22	0019	王星	工程师	¥2,000.00	¥1,800.00	¥80.00	¥500.00	¥4,380.00	¥0.00	¥66.67	¥4,313.33
23	0020	朱婷		¥2,100.00	¥1,320.00	¥70.00	¥0.00	¥3,490.00	¥0.00	¥35.00	¥3,455.00
24											
25			本月各项总计	¥47,400.00	¥37,560.00	¥3,180.00	¥6,100.00	¥94,240.00	¥85.00	¥660.00	¥93,495.00
26			本月各项平均	¥2,370.00	¥1,878.00	¥159.00	¥305.00	¥4,712.00	¥4.25	¥33.00	¥4,674.75

图 4-57　1 月份员工工资总表效果图

任务要点

- VLOOKUP 函数的使用。
- DATE 函数和 DATEDIF 函数的使用。
- IF 函数的嵌套使用。
- 公式与函数的综合应用。

任务实施

一、打开已有工作簿并命名工作表

打开“员工信息管理总表”，将工作簿中的“Sheet3”工作表命名为“员工工资总表”。

二、输入工作表基本数据并格式化

（1）在“员工工资总表”的单元格中输入基本数据，如图 4-58 所示。

（2）仿照任务 2，用“格式刷”统一格式。

①选中“员工出勤表”的 A1:K23 单元格区域，然后单击“开始”选项卡“剪贴板”选项组

的“格式刷”按钮。

②单击“员工工资总表”工作表标签并拖动鼠标选择 A1:K23 单元格区域。松开鼠标左键后，选中的格式将被复制到选中的目标区域。效果如图 4-59 所示。

	A	B	C	D	E	F	G	H	I	J	K
1	1月份员工工资总表										
2	制作时间：2019-2-1										
3	工号	姓名	职称	基本工资	业绩奖金	工龄工资	职称补贴	应发工资	社会保险	考勤扣款	实发工资
4											

图 4-58　员工工资总表基本数据

	A	B	C	D	E	F	G	H	I	J	K
1	1月份员工工资总表										
2											制作时间：2019-2-1
3	工号	姓名	职称	基本工资	业绩奖金	工龄工资	职称补贴	应发工资	社会保险	考勤扣款	实发工资
4											
5											
6											
7											
8											
9											
10											
11											
12											
13											
14											
15											
16											
17											
18											
19											
20											
21											
22											
23											

图 4-59　1 月份员工工资总表的格式化效果

三、引用“员工基本信息表”数据完成“员工工资总表”中的“工号”信息

采用直接复制的方法。打开“员工出勤表”，选中 A4:K24 单元格区域，右击，在打开的快捷菜单中选择“复制”项，再选择“员工工资总表”的 A4 单元格进行粘贴即可。

四、计算“员工工资总表”中的“姓名”、“基本工资”、“业绩奖金”、“考勤扣款”数据

（1）下面利用 VLOOKUP 函数引用“员工出勤表”中的数据，操作步骤如下：

①在“员工出勤表”选中 B4 单元格，然后单击“公式”选项卡“函数库”选项组中的“查找和引用”按钮，在展开的列表中选择“VLOOKUP”函数。

②打开“函数参数”对话框，依次设置 4 个函数参数为“A4”、“员工出勤表!$A$4:$K$23”、“2”、“0”，如图 4-60 所示。单击“确定”按钮，即可得到计算结果。

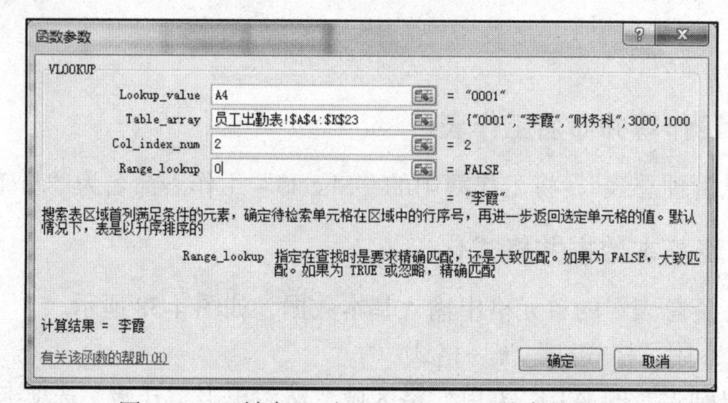

图 4-60　“姓名”列 VLOOKUP 函数参数设置

③双击 B4 单元格的填充柄，复制公式，就完成了“姓名”列的引用。

（2）引用“基本工资”列数据，操作方法与“姓名”列类似。

单击 D4 单元格，打开 VLOOKUP 函数参数设置对话框，依次设置 4 个函数参数，单击“确定”按钮。双击 D4 单元格的填充柄，就完成了“基本工资”列的引用。

（3）引用“业绩奖金”列数据，操作方法与“姓名”列类似。

（4）引用“考勤扣款”列数据，操作方法与“姓名”列类似，如图 4-61 所示。

	A	B	C	D	E	F	G	H	I	J	K
1	1月份员工工资总表										
2	制作时间：2019-2-1										
3	工号	姓名	职称	基本工资	业绩奖金	工龄工资	职称补贴	应发工资	社会保险	考勤扣款	实发工资
4	0001	李霞		3000	1200					¥0.00	
5	0002	王鹏		4000	1800					¥0.00	
6	0003	郭彩霞		2000	1560					¥33.33	
7	0004	沈阳		2500	2160					¥0.00	
8	0005	杨小东		2600	2400					¥86.67	
9	0006	文龙		2400	1920					¥0.00	
10	0007	王农		2200	1200					¥36.67	
11	0008	季小康		2100	1200					¥70.00	
12	0009	邓鹏		2000	1440					¥133.33	
13	0010	温美		2300	2280					¥0.00	
14	0011	刘琦其		2200	1920					¥0.00	
15	0012	郭米露		2100	1800					¥0.00	
16	0013	刘伟		2300	2160					¥38.33	
17	0014	赵涛涛		2500	2040					¥83.33	
18	0015	喻聪		2600	2400					¥43.33	
19	0016	李谷		2400	3000					¥0.00	
20	0017	周婵		2100	1920					¥0.00	
21	0018	丁嘉惠		2000	2040					¥33.33	
22	0019	王星		2000	1800					¥66.67	
23	0020	朱婷		2100	1320					¥35.00	

图 4-61　VLOOKUP 函数计算结果图

五、计算“员工工资总表”中的“职称补贴”数据

（1）按图 4-57 所示，在“员工工资总表”中输入员工的职称。

（2）假设职称补贴标准是高级工程师为 800 元；工程师为 500 元；助理工程师为 300 元，无职称为 0。因为职称有四种情况，所以使用 IF 函数计算各职称补贴时要利用函数的嵌套。单击 G4 单元格，在单元格中输入“=IF(C4="高级工程师",800,IF(C4="工程师",500,IF(C4="助理工程师",300,0)))”，即可计算出职称补贴，如图 4-62 所示。

G4　fx　=IF(C4="高级工程师",800,IF(C4="工程师",500,IF(C4="助理工程师",300,0)))

	A	B	C	D	E	F	G	H	I	J	K
1	1月份员工工资总表										
2	制作时间：2019-2-1										
3	工号	姓名	职称	基本工资	业绩奖金	工龄工资	职称补贴	应发工资	社会保险	考勤扣款	实发工资
4	0001	李霞	工程师	3000	1200		500			¥0.00	
5	0002	王鹏	工程师	4000	1800		500			¥0.00	
6	0003	郭彩霞		2000	1560		0			¥33.33	
7	0004	沈阳	工程师	2500	2160		500			¥0.00	
8	0005	杨小东	助理工程师	2600	2400		300			¥86.67	
9	0006	文龙		2400	1920		0			¥0.00	
10	0007	王农		2200	1200		0			¥36.67	
11	0008	季小康	助理工程师	2100	1200		300			¥70.00	
12	0009	邓鹏	高级工程师	2000	1440		800			¥133.33	
13	0010	温美		2300	2280		0			¥0.00	
14	0011	刘琦其		2200	1920		0			¥0.00	
15	0012	郭米露	工程师	2100	1800		500			¥0.00	
16	0013	刘伟		2300	2160		0			¥38.33	
17	0014	赵涛涛	助理工程师	2500	2040		300			¥83.33	
18	0015	喻聪	高级工程师	2600	2400		800			¥43.33	
19	0016	李谷	高级工程师	2400	3000		800			¥0.00	
20	0017	周婵		2100	1920		0			¥0.00	
21	0018	丁嘉惠	助理工程师	2000	2040		300			¥33.33	
22	0019	王星	工程师	2000	1800		500			¥66.67	
23	0020	朱婷		2100	1320		0			¥35.00	

图 4-62　职称补贴计算结果

六、计算“员工工资总表”中的“工龄工资”数据

（1）假设工龄工资=10×工龄。工龄=参加工作时间与工资发放月份月底日期之间相差的整数年。首先在“员工基本信息表”中通过工号查找得到对应的参加工作的时间，再利用 DATEDIF 函数计算工龄，工龄乘以 10 即可得到工龄工资。

注：DATEDIF 函数在“插入函数”对话框中找不到，但该函数在 Excel 2010 中存在，用来计算两个日期之间相差的天数、月数、年数。

（2）单击 F4 单元格，在单元格中输入“=10*DATEDIF(VLOOKUP(A4,员工基本信息表!$A$4:$K$23,7,0),DATE(2019,2,1),"y")”，即可计算出第一个员工的工龄工资。双击 F4 单元格的填充柄，复制公式得到其他员工的工龄工资，如图 4-63 所示。

F4 =DATEDIF(VLOOKUP(A4,员工基本信息表!$A$4:$K$23,7,0),DATE(2019,2,1),"y")*10

1月份员工工资总表										
									制作时间：	2019-2-1
工号	姓名	职称	基本工资	业绩奖金	工龄工资	职称补贴	应发工资	社会保险	考勤扣款	实发工资
0001	李霞	工程师	3000	1200	370	500			¥0.00	
0002	王鹏	工程师	4000	1800	230	500			¥0.00	
0003	郭彩霞		2000	1560	220	0			¥33.33	
0004	沈阳	工程师	2500	2160	260	500			¥0.00	
0005	杨小东	助理工程师	2600	2400	210	300			¥86.67	
0006	文龙		2400	1920	180	0			¥0.00	
0007	王农		2200	1200	170	0			¥36.67	
0008	季小康	助理工程师	2100	1200	100	300			¥70.00	
0009	邓鹏	高级工程师	2000	1440	200	800			¥133.33	
0010	温美		2300	2280	170	0			¥0.00	
0011	刘琦其		2200	1920	160	0			¥0.00	
0012	郭米露	工程师	2100	1800	120	500			¥0.00	
0013	刘伟		2300	2160	110	0			¥38.33	
0014	赵清涛	助理工程师	2500	2040	130	300			¥83.33	
0015	喻聪	高级工程师	2600	2400	90	800			¥43.33	
0016	李谷	高级工程师	2400	3000	80	800			¥0.00	
0017	周婵		2100	1920	120	0			¥0.00	
0018	丁嘉惠	助理工程师	2000	2040	110	300			¥33.33	
0019	王星	工程师	2000	1800	80	500			¥66.67	
0020	朱婷		2100	1320	70	0			¥35.00	

图 4-63　工龄工资计算结果

七、计算“员工工资总表”中的“应发工资”数据

应发工资的计算公式为：应发工资=基本工资+业绩奖金+工龄工资+职称补贴。单击 H4 单元格，在单元格中输入“=D4+E4+F4+G4”，按回车键即可得到第一个员工的应发工资。双击 H4 单元格的填充柄，复制公式得到其他员工的应发工资，如图 4-64 所示。

H4 =D4+E4+F4+G4

1月份员工工资总表										
									制作时间：	2019-2-1
工号	姓名	职称	基本工资	业绩奖金	工龄工资	职称补贴	应发工资	社会保险	考勤扣款	实发工资
0001	李霞	工程师	3000	1200	370	500	5070		¥0.00	
0002	王鹏	工程师	4000	1800	230	500	6530		¥0.00	
0003	郭彩霞		2000	1560	220	0	3780		¥33.33	
0004	沈阳	工程师	2500	2160	260	500	5420		¥0.00	
0005	杨小东	助理工程师	2600	2400	210	300	5510		¥86.67	
0006	文龙		2400	1920	180	0	4500		¥0.00	
0007	王农		2200	1200	170	0	3570		¥36.67	
0008	季小康	助理工程师	2100	1200	100	300	3700		¥70.00	
0009	邓鹏	高级工程师	2000	1440	200	800	4440		¥133.33	
0010	温美		2300	2280	170	0	4750		¥0.00	
0011	刘琦其		2200	1920	160	0	4280		¥0.00	
0012	郭米露	工程师	2100	1800	120	500	4520		¥0.00	
0013	刘伟		2300	2160	110	0	4570		¥38.33	
0014	赵清涛	助理工程师	2500	2040	130	300	4970		¥83.33	
0015	喻聪	高级工程师	2600	2400	90	800	5890		¥43.33	
0016	李谷	高级工程师	2400	3000	80	800	6280		¥0.00	
0017	周婵		2100	1920	120	0	4140		¥0.00	
0018	丁嘉惠	助理工程师	2000	2040	110	300	4450		¥33.33	
0019	王星	工程师	2000	1800	80	500	4380		¥66.67	
0020	朱婷		2100	1320	70	0	3490		¥35.00	

图 4-64　应发工资计算结果

八、计算“员工工资总表”中的“实发工资”数据

（1）按图 4-57 所示，在“员工工资总表”中输入员工的社会保险。

（2）应发工资的计算公式为：应发工资=实发工资-社会保险-考勤扣款。单击 K4 单元格，在单元格中输入“=H4-I4-J4”，按回车键即可得到第一个员工的实发工资。双击 K4 单元格的填充柄，复制公式得到其他员工的实发工资。

（3）选中 D4:K23 单元格区域，设置数字格式为“货币”，小数位数为 0 位，单击“确定”按钮，如图 4-65 所示。

	A	B	C	D	E	F	G	H	I	J	K
1	1月份员工工资总表										
2											制作时间：2019-2-1
3	工号	姓名	职称	基本工资	业绩奖金	工龄工资	职称补贴	应发工资	社会保险	考勤扣款	实发工资
4	0001	李霞	工程师	¥3,000.00	¥1,200.00	¥370.00	¥500.00	¥5,070.00	¥10.00	¥0.00	¥5,060.00
5	0002	王鹏	工程师	¥4,000.00	¥1,800.00	¥230.00	¥500.00	¥6,530.00	¥20.00	¥0.00	¥6,510.00
6	0003	郭彩霞		¥2,000.00	¥1,560.00	¥220.00	¥0.00	¥3,780.00	¥0.00	¥33.33	¥3,746.67
7	0004	沈阳	工程师	¥2,500.00	¥2,160.00	¥260.00	¥500.00	¥5,420.00	¥10.00	¥0.00	¥5,410.00
8	0005	杨小东	助理工程师	¥2,600.00	¥2,400.00	¥210.00	¥300.00	¥5,510.00	¥10.00	¥86.67	¥5,413.33
9	0006	文龙		¥2,400.00	¥1,920.00	¥180.00	¥0.00	¥4,500.00	¥0.00	¥0.00	¥4,500.00
10	0007	王农		¥2,200.00	¥1,200.00	¥170.00	¥0.00	¥3,570.00	¥0.00	¥36.67	¥3,533.33
11	0008	季小康	助理工程师	¥2,100.00	¥1,200.00	¥100.00	¥300.00	¥3,700.00	¥0.00	¥70.00	¥3,630.00
12	0009	邓鹏	高级工程师	¥2,000.00	¥1,440.00	¥200.00	¥800.00	¥4,440.00	¥0.00	¥133.33	¥4,306.67
13	0010	温美		¥2,300.00	¥2,280.00	¥170.00	¥0.00	¥4,750.00	¥0.00	¥0.00	¥4,750.00
14	0011	刘琦其		¥2,200.00	¥1,920.00	¥160.00	¥0.00	¥4,280.00	¥0.00	¥0.00	¥4,280.00
15	0012	郭米露	工程师	¥2,100.00	¥1,800.00	¥120.00	¥500.00	¥4,520.00	¥0.00	¥0.00	¥4,520.00
16	0013	刘伟		¥2,300.00	¥2,160.00	¥110.00	¥0.00	¥4,570.00	¥0.00	¥38.33	¥4,531.67
17	0014	赵涛涛	助理工程师	¥2,500.00	¥2,040.00	¥130.00	¥300.00	¥4,970.00	¥0.00	¥83.33	¥4,886.67
18	0015	喻聪	高级工程师	¥2,600.00	¥2,400.00	¥90.00	¥800.00	¥5,890.00	¥15.00	¥43.33	¥5,831.67
19	0016	李谷	高级工程师	¥2,400.00	¥3,000.00	¥80.00	¥800.00	¥6,280.00	¥20.00	¥0.00	¥6,260.00
20	0017	周婵		¥2,100.00	¥1,920.00	¥120.00	¥0.00	¥4,140.00	¥0.00	¥0.00	¥4,140.00
21	0018	丁嘉惠	助理工程师	¥2,000.00	¥2,040.00	¥110.00	¥300.00	¥4,450.00	¥0.00	¥33.33	¥4,416.67
22	0019	王星	工程师	¥2,000.00	¥1,800.00	¥80.00	¥500.00	¥4,380.00	¥0.00	¥66.67	¥4,313.33
23	0020	朱婷		¥2,100.00	¥1,320.00	¥70.00	¥0.00	¥3,490.00	¥0.00	¥35.00	¥3,455.00

图 4-65 实发工资计算结果

九、用函数计算“员工出勤表”中统计表格数据

（1）设置统计表格：在 C25:K26 单元格区域中创建统计表格，标题格式为宋体、11 磅、水平和垂直都居中，设置框线为先选择“所有框线”，再选择“粗匣框线”，如图 4-66 所示。

本月各项总计								
本月各项平均								

图 4-66 实发工资计算结果图

（2）选中 D25 单元格，然后在“公式”选项卡单击“函数库”选项组中的“插入函数”按钮，打开“插入函数”对话框，在其中选择“SUM”函数。打开 SUM 的“函数参数”对话框，设置第 1 个函数参数为“D4:D23”，单击“确定”按钮，即可得到“基本工资”的总计。把鼠标放在 D25 单元格的填充柄上，按住鼠标左键拖动到 K25 单元格松开，得到其他数据的总计结果，如图 4-67 所示。

本月各项总计	¥47,400.00	¥37,560.00	¥3,180.00	¥6,100.00	¥94,240.00	¥85.00	¥660.00	¥93,495.00
本月各项平均								

图 4-67 本月各项总计计算结果

（3）仿照“本月各项合计”的计算方法，使用平均数函数 AVERAGE 计算“本月各项平均”数据，如图 4-68 所示。

至此，员工工资总表制作完成。

本月各项总计	¥47,400.00	¥37,560.00	¥3,180.00	¥6,100.00	¥94,240.00	¥85.00	¥660.00	¥93,495.00
本月各项平均	¥2,370.00	¥1,878.00	¥159.00	¥305.00	¥4,712.00	¥4.25	¥33.00	¥4,674.75

图 4-68 本月各项平均计算结果

任务 4　制作员工工资柱形图表

情景描述

经理要以独立柱形图的方式查看 1 月份的员工实发工资，指定秘书小王根据 1 月份员工工资总表完成这项工作。

作品展示

图 4-69 所示为公司 1 月份员工实发工资图。

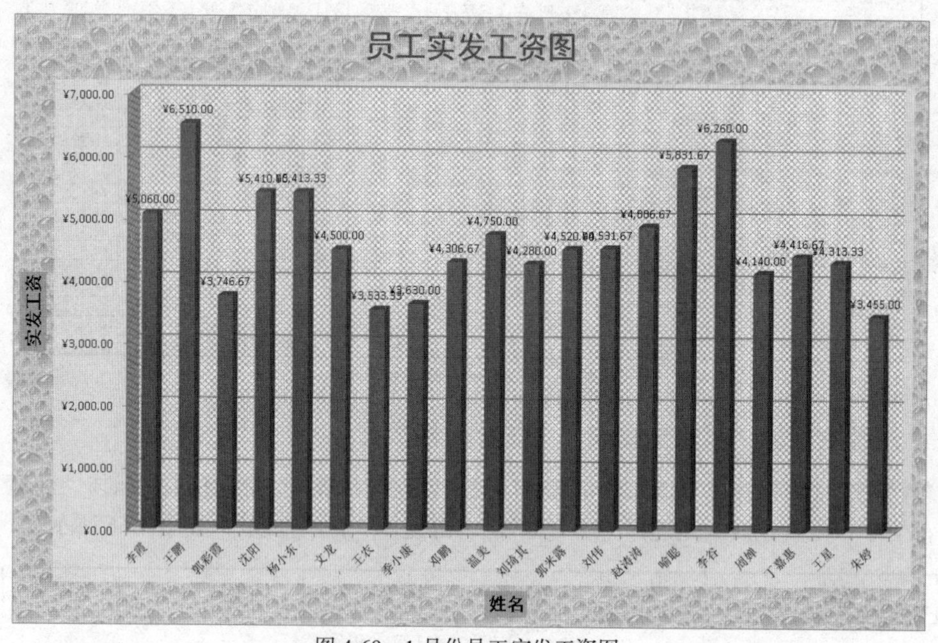

图 4-69　1 月份员工实发工资图

任务要点

- 图表的创建。
- 图表的编辑。
- 图表的美化。
- 添加和删除图表数据
- 更改图表类型

任务实施

一、创建图表

（1）打开“员工信息管理总表”，切换到“员工工资总表”工作表。

（2）按住 Ctrl 键的同时选中要创建图表的数据区域 B3：B23，K3：K23，如图 4-70 所示。

1月份员工工资总表

制作时间：2019-2-1

工号	姓名	职称	基本工资	业绩奖金	工龄工资	职称补贴	应发工资	社会保险	考勤扣款	实发工资
0001	李霞	工程师	¥3,000.00	¥1,200.00	¥370.00	¥500.00	¥5,070.00	¥10.00	¥0.00	¥5,060.00
0002	王鹏	工程师	¥4,000.00	¥1,800.00	¥230.00	¥500.00	¥6,530.00	¥20.00	¥0.00	¥6,510.00
0003	郭彩霞		¥2,000.00	¥1,560.00	¥220.00	¥0.00	¥3,780.00	¥0.00	¥33.33	¥3,746.67
0004	沈阳	工程师	¥2,500.00	¥2,160.00	¥260.00	¥500.00	¥5,420.00	¥10.00	¥0.00	¥5,410.00
0005	杨小东	助理工程师	¥2,600.00	¥2,400.00	¥210.00	¥300.00	¥5,510.00	¥10.00	¥86.67	¥5,413.33
0006	文龙		¥2,400.00	¥1,920.00	¥180.00	¥0.00	¥4,500.00	¥0.00	¥0.00	¥4,500.00
0007	王农		¥2,200.00	¥1,200.00	¥170.00	¥0.00	¥3,570.00	¥0.00	¥36.67	¥3,533.33
0008	季小康	助理工程师	¥2,100.00	¥1,200.00	¥100.00	¥300.00	¥3,700.00	¥0.00	¥70.00	¥3,630.00
0009	邓鹏	高级工程师	¥2,000.00	¥1,440.00	¥200.00	¥800.00	¥4,440.00	¥0.00	¥133.33	¥4,306.67
0010	温美		¥2,300.00	¥2,280.00	¥170.00	¥0.00	¥4,750.00	¥0.00	¥0.00	¥4,750.00
0011	刘琦其		¥2,200.00	¥1,920.00	¥160.00	¥0.00	¥4,280.00	¥0.00	¥0.00	¥4,280.00
0012	郭米露	工程师	¥2,100.00	¥1,800.00	¥120.00	¥500.00	¥4,520.00	¥0.00	¥0.00	¥4,520.00
0013	刘伟		¥2,300.00	¥2,160.00	¥110.00	¥0.00	¥4,570.00	¥0.00	¥38.33	¥4,531.67
0014	赵涛涛	助理工程师	¥2,500.00	¥2,040.00	¥130.00	¥300.00	¥4,970.00	¥0.00	¥83.33	¥4,886.67
0015	喻聪	高级工程师	¥2,600.00	¥2,400.00	¥90.00	¥800.00	¥5,890.00	¥15.00	¥43.33	¥5,831.67
0016	李谷	高级工程师	¥2,400.00	¥3,000.00	¥80.00	¥800.00	¥6,280.00	¥20.00	¥0.00	¥6,260.00
0017	周婵		¥2,100.00	¥1,920.00	¥120.00	¥0.00	¥4,140.00	¥0.00	¥0.00	¥4,140.00
0018	丁嘉惠	助理工程师	¥2,000.00	¥2,040.00	¥110.00	¥300.00	¥4,450.00	¥0.00	¥33.33	¥4,416.67
0019	王星	工程师	¥2,000.00	¥1,800.00	¥80.00	¥500.00	¥4,380.00	¥0.00	¥66.67	¥4,313.33
0020	朱婷		¥2,100.00	¥1,320.00	¥70.00	¥0.00	¥3,490.00	¥0.00	¥35.00	¥3,455.00

图 4-70　选择要创建图表的数据区域

（3）单击“插入”选项卡上的“图表”选项组中“柱形图”按钮，在展示的列表中选择“三维簇状柱形图”，如图 4-71 所示。此时，系统将在工作表中插入一张嵌入式三维簇状柱形图，如图 4-72 所示。

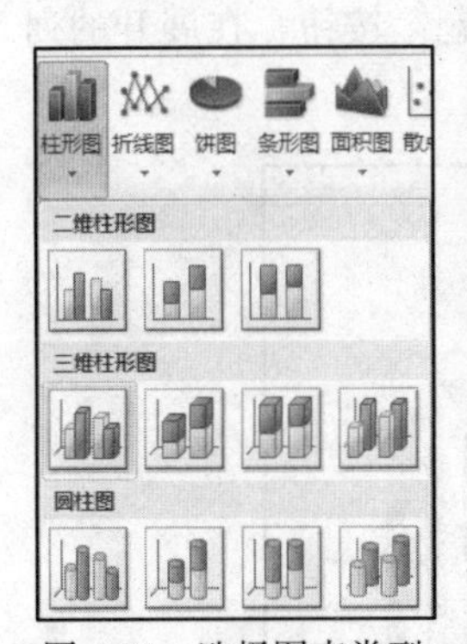

图 4-71　选择图表类型

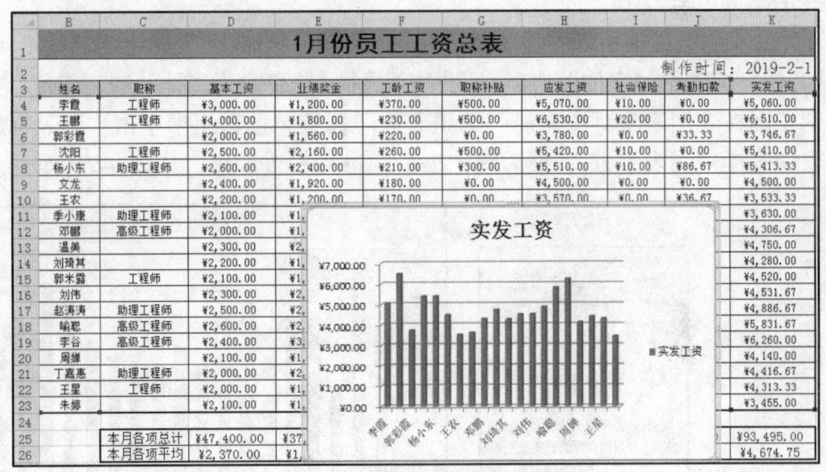

图 4-72　创建三维簇状柱形图

（4）单击“图表工具　设计”选项卡上的“位置”选项组中的“移动图表”按钮，打开“移动图表”对话框，选中“新工作表”单选按钮，然后在其右侧的编辑框中输入工作表名称，如图 4-73 所示。

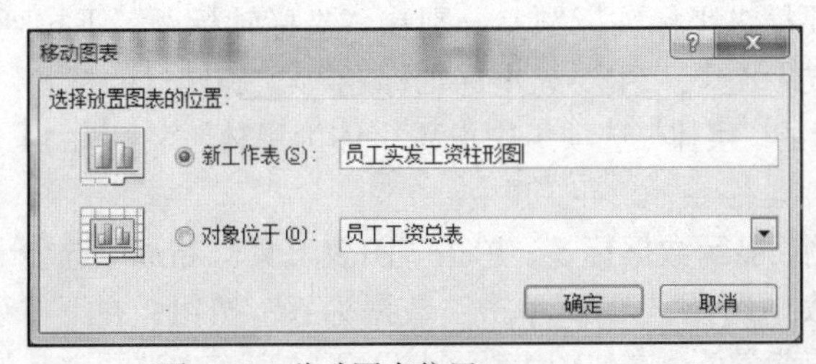

图 4-73　移动图表位置

（5）单击“确定”按钮，系统自动在原工作表的左侧创建一新工作表以放置创建的图表，如图 4-74 所示。

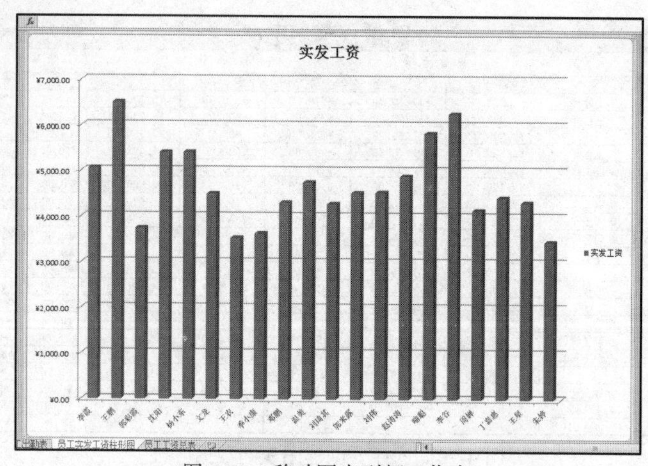

图 4-74　移动图表到新工作表

二、编辑图表

（1）设置图表样式。在“图标工具 设计”选项卡“图表样式”选项组的列表中选择“样式 18”。

（2）修改图表标题。单击图表标题编辑框，修改图表标题为“员工实发工资柱形图表”，在“开始”选项卡“字体”选项组设置标题的字符格式为黑体、24、蓝色。如果需要为图表添加标题，则在“图表工具　布局”选项卡的“标签”选项组中单击“图表标题”按钮，在展开的列表中选择“图表上方”，然后对图表标题进行修改即可，如图 4-75 所示。

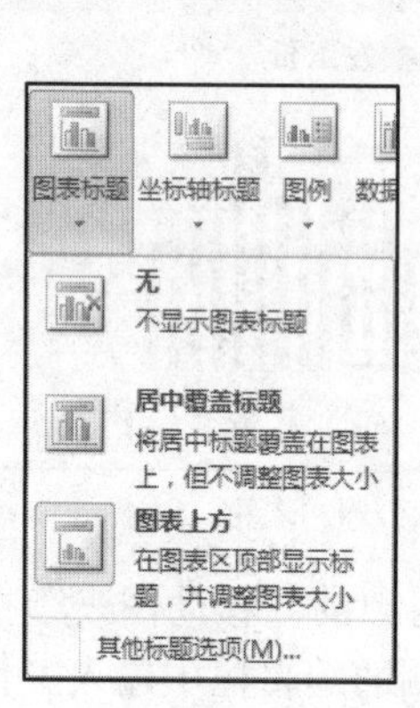

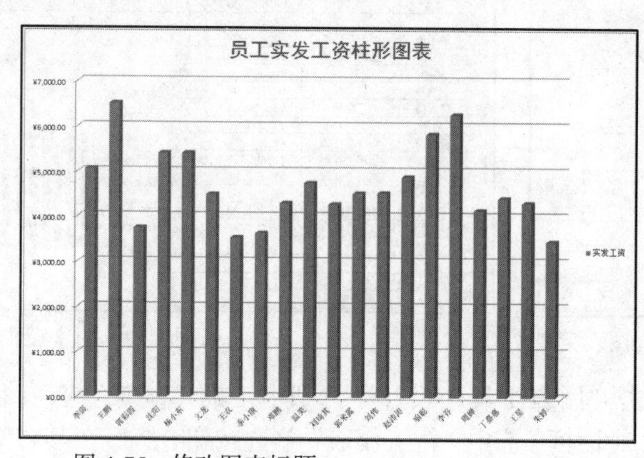

图 4-75　修改图表标题

（3）添加主要横纵坐标轴标题。分别在“坐标轴标题”下拉列表中选择“主要横坐标轴标题”-“坐标轴下方标题”、“主要纵坐标轴标题”-“旋转过的标题”项，输入坐标轴标题文本，在“开始”选项卡的“字体”选项组中设置字体为黑体，字号为 14，填充颜色为浅绿，如图 4-76 所示。

（4）隐藏图例，显示数据标签。单击“图表工具　布局”选项卡“标签”选项组的“图例”按钮，在下拉列表中选择“无”；单击“数据标签”按钮，在下拉列表中选择“显示”。

（5）设置图表背景墙。在“图表背景墙”下拉列表中选择“其他背景墙选项”项，打开“设置背景墙格式”对话框，在“填充”设置区选中“图案填充”单选按钮，选择“轮廓式菱形”，单击“关闭”按钮，如图 4-77 所示。

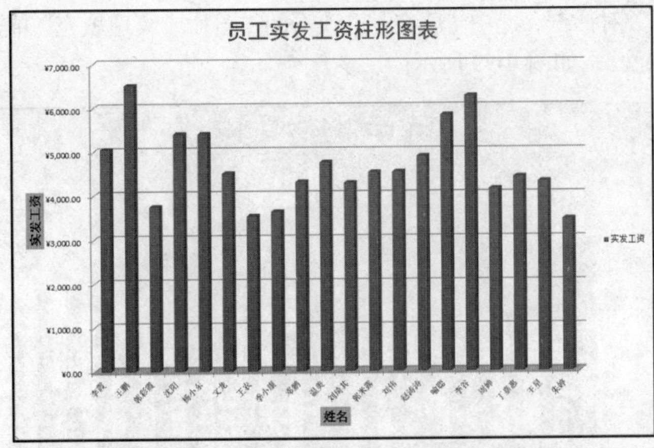

图 4-76　为图表添加主要横纵坐标轴标题

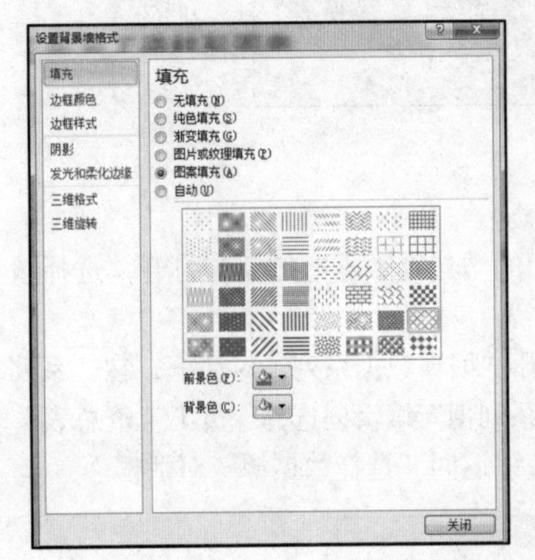

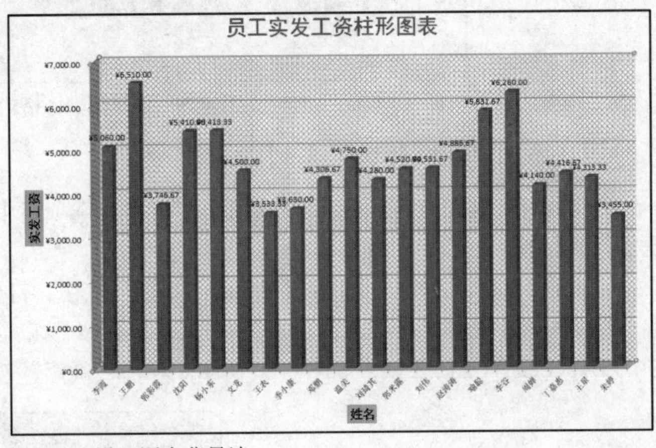

图 4-77　设置图表背景墙

三、美化图表

（1）设置“绘图区”格式。在“图表工具　格式”选项卡上“当前所选内容”选项组的“图表元素”下拉列表选择“绘图区”，然后单击“设置所选内容格式”按钮，打开“设置绘图区格式”对话框，选中“填充”选项下的“纯色填充”单选按钮，在“颜色”列表中选择“水绿色，强调文字颜色 5，淡色 80%”，单击“关闭”按钮，如图 4-78 所示。

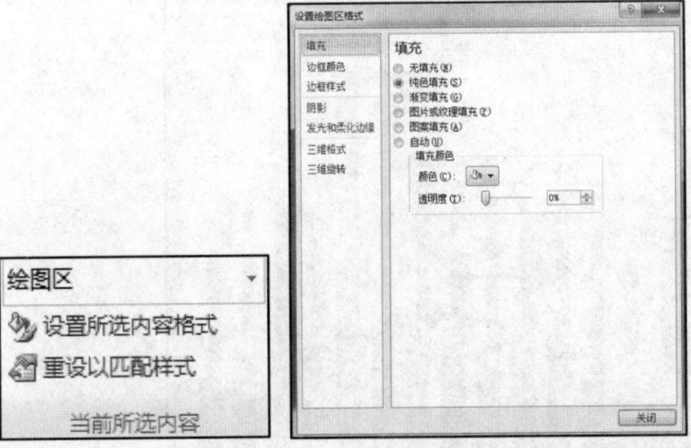

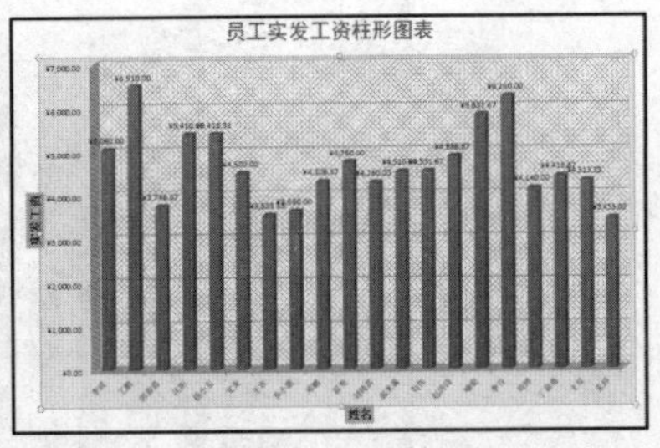

图 4-78　设置绘图区格式

（2）设置“图表区”格式。用同样的方法在“图表元素”下拉列表选择“图表区”，然后打开“设置图表区格式”对话框，选中“填充”选项下的“图片或纹理填充”单选按钮，在“纹理”下拉列表中选择“水滴”，如图 4-79 所示。

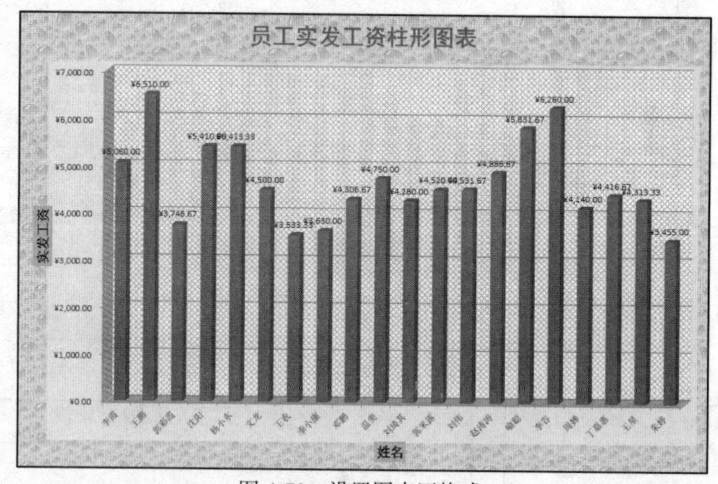

图 4-79　设置图表区格式

四、添加“业绩奖金”系列

（1）单击“图表工具　设计”选项卡“数据”选项组中的“选择数据”按钮，打开“选择数据源”对话框。

（2）在“选择数据源”对话框中单击“添加”按钮，打开“编辑数据系列”对话框，在“系列名称”编辑框中选择“员工工资总表”中的 E3 单元格；在“系列值”编辑框选择“员工工资总表”中的 E4：E23 单元格区域，如图 4-80 所示。单击“确定”按钮返回“选择数据源”对话框。

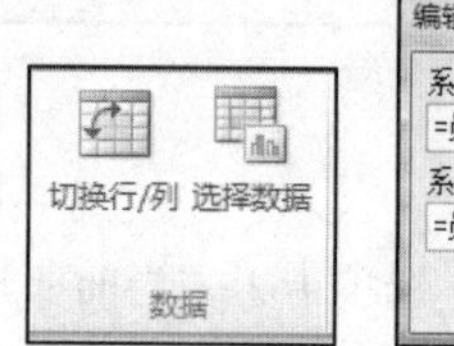

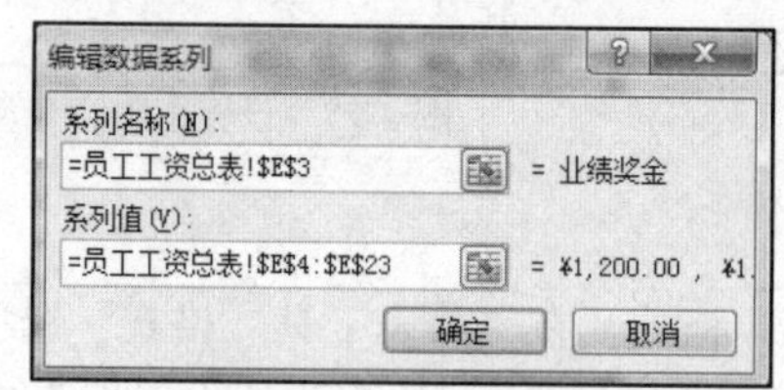

图 4-80　“编辑数据系列”对话框

（3）单击“确定”按钮，效果如图 4-81 所示。

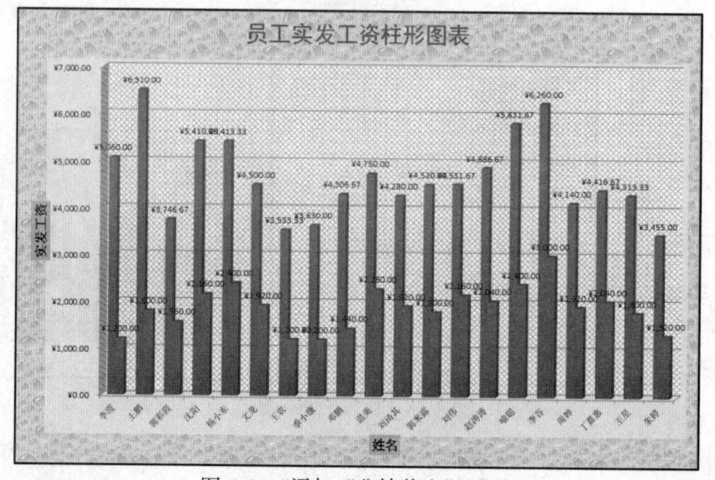

图 4-81　添加“业绩奖金”系列

（4）删除“业绩奖金”系列。在图表中选中“业绩奖金”系列，右击，在打开的快捷菜单中选择“删除”命令。

五、更改图表类型

（1）单击“图表工具　设计”选项卡“类型”选项组中的“更改图表类型”按钮，打开“更改图表类型”对话框。

（2）修改图表类型为“簇状柱形图”，如图 4-82 所示。

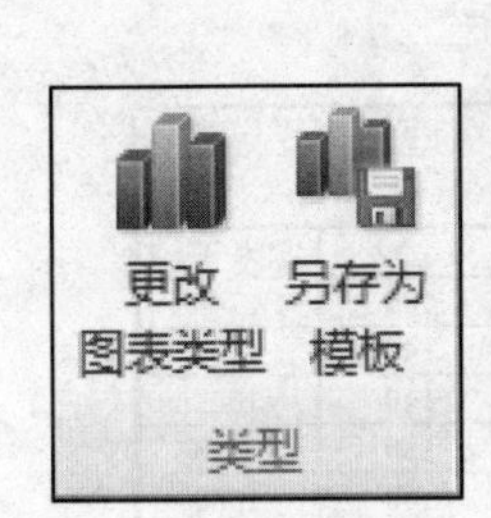

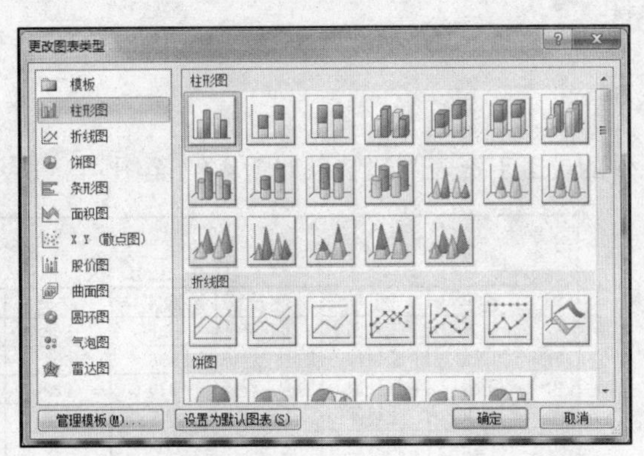

图 4-82　更改图表类型

任务5　分析员工工资表数据

情景描述

经理提出几个查看员工工资表数据的条件，要小王将这些数据筛选出来，其中有简单的条件，也有复杂的条件。

作品展示

满足各条件的员工工资表筛选结果如图4-83至图4-85所示。

	A	B	C	D	E	F	G
1	员工工资表						
2	姓名	部门	职称	基本工	奖金	津贴	实发工
5	张勇	工程部	工程师	1000	568	180	1748
7	司慧霞	工程部	助理工程师	950	604	140	1694
8	王刚	设计室	助理工程师	920	622	140	1682
9	谭华	工程部	工程师	945	640	180	1765
10	赵军伟	设计室	工程师	1050	658	180	1888

图4-83　筛选出实发工资最高的5位员工的记录

	A	B	C	D	E	F	G
1	员工工资表						
2	姓名	部门	职称	基本工资	奖金	津贴	实发工
5	张勇	工程部	工程师	1000	568	180	1748
7	司慧霞	工程部	助理工程师	950	604	140	1694
9	谭华	工程部	工程师	945	640	180	1765

图4-84　筛选出工程部员工基本工资在900元以上的记录

21	姓名	部门	职称	基本工资	奖金	津贴	实发工资
22	王辉杰	设计室	技术员	850	600	100	1550
23	张勇	工程部	工程师	1000	568	180	1748
24	司慧霞	工程部	助理工程师	950	604	140	1694
25	王刚	设计室	助理工程师	920	622	140	1682
26	谭华	工程部	工程师	945	640	180	1765
27	赵军伟	设计室	工程师	1050	658	180	1888
28	韩禹	工程部	技术员	825	612	100	1537
29	周敏捷	工程部	助理工程师	895	630	140	1665
30	冯丹丹	后勤部	助理工程师	865	648	140	1653

图4-85　筛选出“职称”为工程师或“奖金”600元及以上的记录

任务要点

- 数据的自动筛选。
- 数据的高级筛选。

任务实施

打开“员工工资表”工作簿文件，并对其进行如下操作。

一、查看“员工工资表”中“实发工资”最高的5位员工数据

（1）分别将“Sheet2”和“Sheet3”工作表重命名为“筛选 1”和“筛选 2”，然后再新建 1

个工作表，并命名为“筛选 3”。

（2）单击“员工工资表”工作表，选中 A1：G15 单元格区域，右击，在打开的快捷菜单中选择“复制”。单击“筛选 1”工作表，选中 A1 单元格，右击，在打开的快捷菜单中选择“粘贴”。

（3）单击任意一个非空单元格，选择“数据”选项卡“排序和筛选”选项组中的“筛选”按钮。

（4）此时，工作表标题行每个单元格的右侧都出现了一个筛选按钮，如图 4-86 所示。单击“实发工资”标题右侧的筛选按钮，在展开的列表中选择“数字筛选→10 个最大的值”项，打开“自动筛选前 10 个”对话框，将最大值数字改为 5，如图 4-87 所示。

	A	B	C	D	E	F	G
1	员工工资表						
2	姓名	部门	职称	基本工	奖金	津贴	实发工
3	王辉杰	设计室	技术员	850	600	100	1550
4	吴圆圆	后勤部	技术员	875	550	100	1525
5	张勇	工程部	工程师	1000	568	180	1748

图 4-86　进入“自动筛选”状态

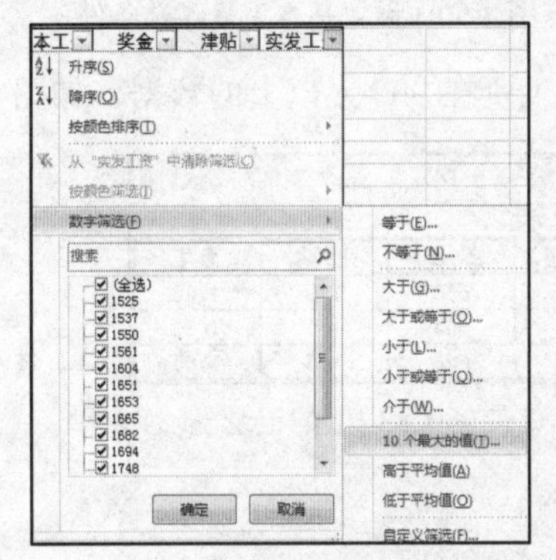

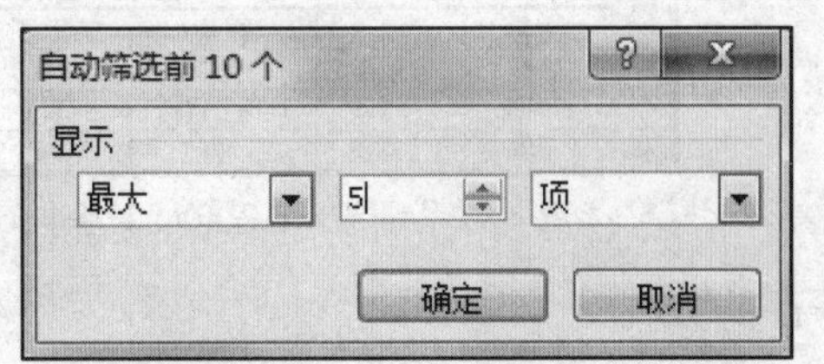

图 4-87　设置筛选条件

（5）单击“确定”按钮，筛选出实发工资最高的 5 位员工的记录，如图 4-88 所示。

	A	B	C	D	E	F	G
1	员工工资表						
2	姓名	部门	职称	基本工	奖金	津贴	实发工
5	张勇	工程部	工程师	1000	568	180	1748
7	司慧霞	工程部	助理工程师	950	604	140	1694
8	王刚	设计室	助理工程师	920	622	140	1682
9	谭华	工程部	工程师	945	640	180	1765
10	赵军伟	设计室	工程师	1050	658	180	1888

图 4-88　筛选出实发工资最高的 5 位员工的记录

（6）保存工作簿。

二、查看“员工工资表”中“工程部”员工“基本工资”在 900 元以上的数据

（1）单击“员工工资表”工作表，选中 A1：G15 单元格区域，右击，在打开的快捷菜单中选择“复制”。单击“筛选 2”工作表，选中 A1 单元格，右击，在打开的快捷菜单中选择“粘贴”。

（2）单击任意一个非空单元格，选择“数据”选项卡“排序和筛选”选项组中的“筛选”按钮。

（3）单击“部门”右侧的筛选按钮，在展开的列表中单击“全选”项，取消对所有复选框的选中，然后只选中“工程部”复选框，如图 4-89 所示。

（4）单击“基本工资”右侧的筛选按钮，在展开的列表中选择“数字筛选→大于”项，打开

“自定义自动筛选方式”对话框，输入“900”，如图 4-90 所示。

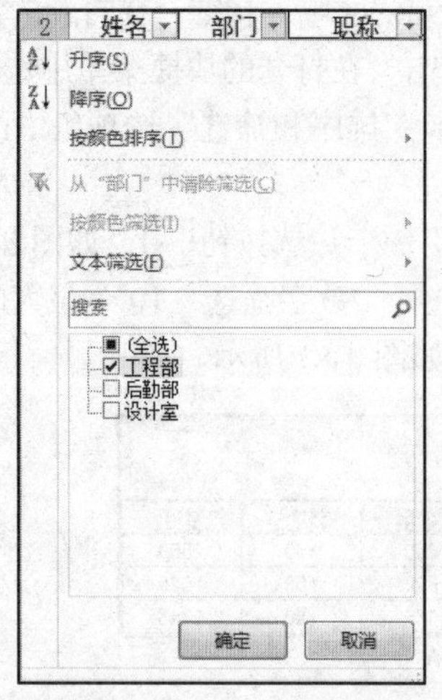

图 4-89　设置部门筛选条件

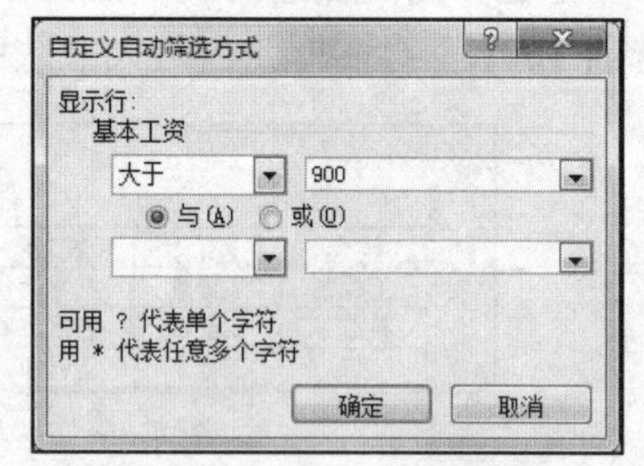

图 4-90　设置基本工资筛选条件

（5）单击“确定”按钮，筛选出工程部员工基本工资在 900 元以上的数据，如图 4-91 所示。

	A	B	C	D	E	F	G
1	员工工资表						
2	姓名	部门	职称	基本工资	奖金	津贴	实发工
5	张勇	工程部	工程师	1000	568	180	1748
7	司慧霞	工程部	助理工程师	950	604	140	1694
9	谭华	工程部	工程师	945	640	180	1765

图 4-91　筛选出工程部员工基本工资在 900 元以上的记录

（6）保存工作簿。

三、查看“员工工资表”中“职称”为工程师或“奖金”600 元及以上的数据

（1）单击“员工工资表”工作表，选中 A1：G15 单元格区域，右击，在打开的快捷菜单中选择“复制”。单击“筛选 3”工作表，选中 A1 单元格，右击，在打开的快捷菜单中选择“粘贴”。

（2）在工作表中输入筛选条件，制作条件区域。在各单元格中输入或复制如图 4-92 所示的文字。

	A	B	C	D	E	F	G
10	赵军伟	设计室	工程师	1050	658	180	1888
11	周健华	工程部	技术员	885	576	100	1561
12	任敏	后勤部	技术员	910	594	100	1604
13	韩禹	工程部	技术员	825	612	100	1537
14	周敏捷	工程部	助理工程师	895	630	140	1665
15	冯丹丹	后勤部	助理工程师	865	648	140	1653
16							
17			职称	奖金			
18			工程师				
19				>=600			

图 4-92　“高级筛选”条件区域

（3）单击工作表中任意一个非空单元格，选择“数据”选项卡“排序和筛选”选项组中的“高级”按钮。

（4）打开“高级筛选”对话框，确认“列表区域”的单元格引用为“$A$2:$G$15”，然后选中“将筛选结果复制到其他位置”单选按钮。

（5）在“条件区域”编辑框单击，然后在工作表中选择 C17:D19 单元格区域，如图 4-93 所示。

（6）在“复制到”编辑框单击，然后在工作表中单击 A21 单元格，如图 4-94 所示。

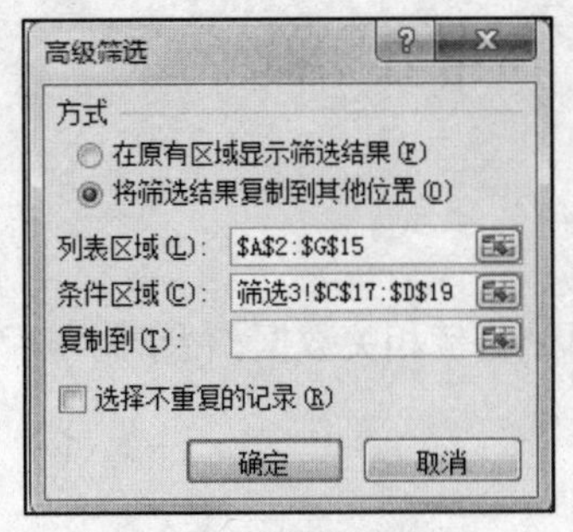

图 4-93　选择筛选条件

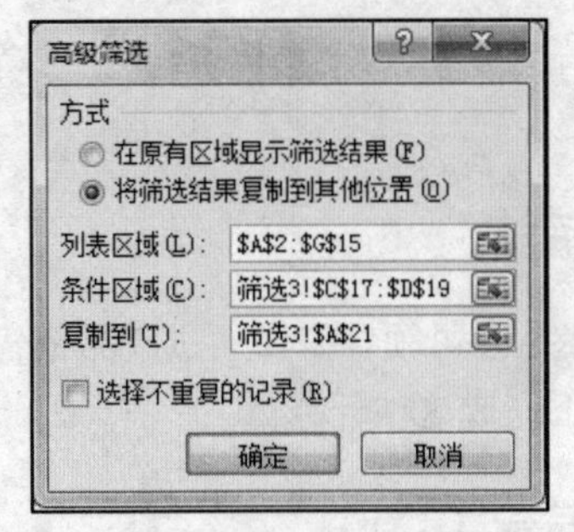

图 4-94　设置放置筛选结果位置

（7）单击“确定”按钮，筛选出“职称”为工程师或“奖金”600 元及以上的数据，如图 4-95 所示。

21	姓名	部门	职称	基本工资	奖金	津贴	实发工资
22	王辉杰	设计室	技术员	850	600	100	1550
23	张勇	工程部	工程师	1000	568	180	1748
24	司慧霞	工程部	助理工程师	950	604	140	1694
25	王刚	设计室	助理工程师	920	622	140	1682
26	谭华	工程部	工程师	945	640	180	1765
27	赵军伟	设计室	工程师	1050	658	180	1888
28	韩禹	工程部	技术员	825	612	100	1537
29	周敏捷	工程部	助理工程师	895	630	140	1665
30	冯丹丹	后勤部	助理工程师	865	648	140	1653

图 4-95　筛选出“职称”为工程师或“奖金”600 元及以上的记录

（8）保存工作簿。

任务6　统计各产品销售额

情景描述

临近年终，公司领导需要通过产品销售情况表汇总销售额相关数据，便于制定后期销售策略，指定助理小王完成这项任务。

作品展示

满足各条件的产品销售情况表汇总结果如图 4-96 和图 4-97 所示。

	A	B	C	D	E	F	G
1	季度	分公司	产品类别	产品名称	销售数量	销售额（万元）	销售额排名
2	1	南部3	D-2	电冰箱	89	20.83	11
3	1	东部3	D-2	电冰箱	86	20.12	12
4	3	南部3	D-2	电冰箱	75	17.55	18
5	2	西部3	D-2	电冰箱	69	22.15	10
6	2	东部3	D-2	电冰箱	65	15.21	19
7	1	西部3	D-2	电冰箱	58	18.62	13
8	3	西部3	D-2	电冰箱	57	18.30	15
9				电冰箱 汇总		132.77	
10	1	北部1	D-1	电视	86	38.36	3
11	3	西部1	D-1	电视	78	34.79	4
12	2	北部1	D-1	电视	73	32.56	5
13	1	东部1	D-1	电视	67	18.43	14
14	3	东部1	D-1	电视	66	18.15	16
15	1	南部1	D-1	电视	64	17.60	17
16	3	北部1	D-1	电视	64	28.54	7
17				电视 汇总		188.42	
18	1	西部2	K-1	空调	89	12.28	20
19	1	北部2	K-1	空调	89	12.28	20
20	3	南部2	K-1	空调	86	30.44	6
21	3	西部2	K-1	空调	84	11.59	22
22	2	东部2	K-1	空调	79	27.97	8
23	2	南部2	K-1	空调	63	22.30	9
24				空调 汇总		116.87	
25				总计		438.06	

图 4-96　各产品销售额汇总表

	A	B	C	D	E	F	G
1	季度	分公司	产品类别	产品名称	销售数量	销售额（万元）	销售额排名
2	1	北部1	D-1	电视	86	38.36	7
3	2	北部1	D-1	电视	73	32.56	15
4	3	北部1	D-1	电视	64	28.54	17
5				**电视 汇总**		99.46	
6		**北部1 汇总**				99.46	
7	1	北部2	K-1	空调	89	12.28	36
8				**空调 汇总**		12.28	
9		**北部2 汇总**				12.28	
10	1	东部1	D-1	电视	67	18.43	28
11	3	东部1	D-1	电视	66	18.15	30
12				**电视 汇总**		36.58	
13		**东部1 汇总**				36.58	
14	2	东部2	K-1	空调	79	27.97	18
15				**空调 汇总**		27.97	
16		**东部2 汇总**				27.97	
17	1	东部3	D-2	电冰箱	86	20.12	26
18	2	东部3	D-2	电冰箱	65	15.21	35
19				**电冰箱 汇总**		35.33	
20		**东部3 汇总**				35.33	
21	1	南部1	D-1	电视	64	17.60	31
22				**电视 汇总**		17.60	
23		**南部1 汇总**				17.60	
24	3	南部2	K-1	空调	86	30.44	16
25	2	南部2	K-1	空调	63	22.30	23
26				**空调 汇总**		52.75	
27		**南部2 汇总**				52.75	
28	1	南部3	D-2	电冰箱	89	20.83	25
29	3	南部3	D-2	电冰箱	75	17.55	34
30				**电冰箱 汇总**		38.38	
31		**南部3 汇总**				38.38	
32	3	西部1	D-1	电视	78	34.79	12
33				**电视 汇总**		34.79	
34		**西部1 汇总**				34.79	
35	1	西部2	K-1	空调	89	12.28	36
36	3	西部2	K-1	空调	84	11.59	40
37				**空调 汇总**		23.87	
38		**西部2 汇总**				23.87	
39	2	西部3	D-2	电冰箱	69	22.15	24
40	1	西部3	D-2	电冰箱	58	18.62	27
41	3	西部3	D-2	电冰箱	57	18.30	29
42				**电冰箱 汇总**		59.06	
43		**西部3 汇总**				59.06	
44		**总计**				438.06	
45							

图 4-97 各公司各产品销售额汇总表

任务要点

- 数据的排序。
- 数据的简单分类汇总。
- 数据的嵌套分类汇总。

任务实施

打开“产品销售情况表”工作簿文件，并对其进行如下操作。

一、统计各产品的总销售额

（1）分别将“Sheet2”和“Sheet3”工作表重命名为“分类汇总 1”和“分类汇总 2”。

（2）单击“产品销售情况表”工作表，选中 A1：G21 单元格区域，右击，在打开的快捷菜单中选择“复制”。单击“分类汇总1”工作表，选中A1单元格，右击，在打开的快捷菜单中选择“粘贴”。

（3）单击数据区“产品名称”列中的任一单元格，然后单击“数据”选项卡“排序和筛选”选项组中的“升序排序”，使“产品名称”列按顺序排列。

（4）单击“数据”选项卡“分级显示”选项组中的“分类汇总”按钮，打开“分类汇总”对话框。设置分类字段为“产品名称”，汇总方式为“求和”，选定汇总项为“销售额（万元）”，如图4-98所示。

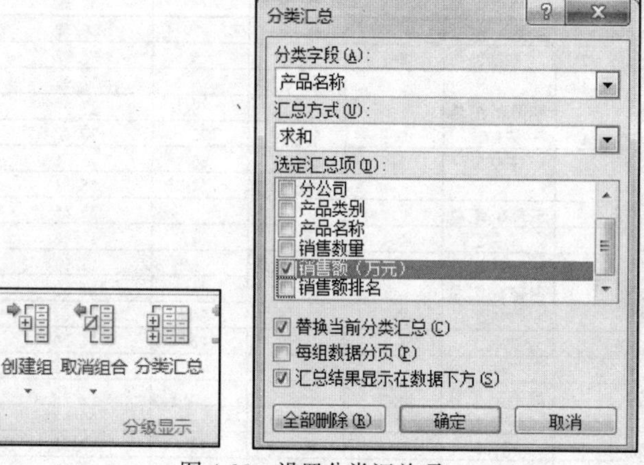

图4-98 设置分类汇总项

（5）单击“确定”按钮，统计出各产品的总销售额，如图4-96所示。

（6）保存工作簿。

二、统计各分公司各产品的总销售额

（1）单击“产品销售情况表”工作表，选中A1：G21单元格区域，右击，在打开的快捷菜单中选择“复制”。单击“分类汇总2”工作表，选中A1单元格，右击，在打开的快捷菜单中选择“粘贴”。

（2）单击任意一个非空单元格，选择“数据”选项卡“排序和筛选”选项组中的“排序”按钮。

（3）打开“排序”对话框，将主要关键字设为“分公司”，“排序依据”设为“数值”，次序设为“升序”。然后单击“添加条件”按钮 添加条件(A)，将次要关键字设为“产品名称”，“排序依据”设为“数值”，次序设为“升序”，如图4-99所示。

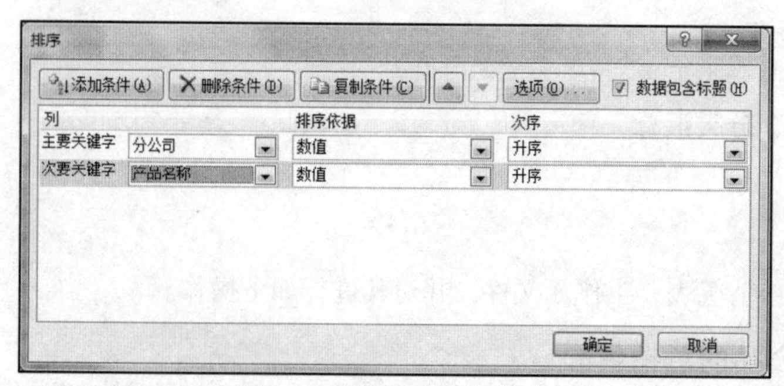

图4-99 设置多关键字排序

（4）单击“数据”选项卡“分级显示”选项组中的“分类汇总”按钮，打开“分类汇总”对话框。设置分类字段为“分公司”，汇总方式为“求和”，选定汇总项为“销售额（万元）”，如图 4-100 所示。

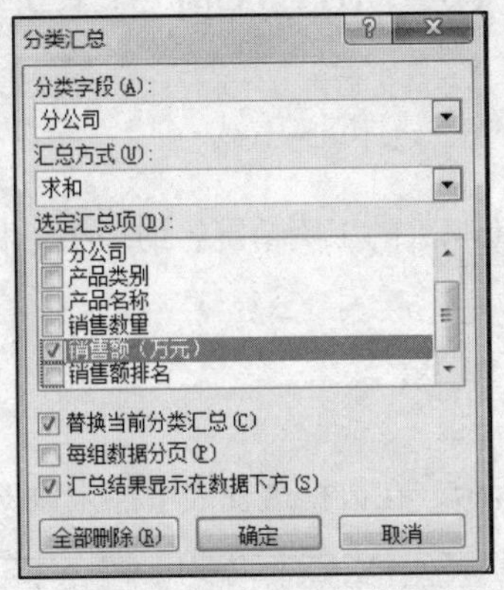

图 4-100　设置第一次分类汇总项

（5）单击“确定”按钮，汇总结果如图 4-101 所示。

（6）再次单击“分类汇总”按钮，打开“分类汇总对话框”，设置分类字段为“产品名称”，汇总方式为“求和”，选定汇总项为“销售额”，并取消对“替换当前分类汇总”复选框的选择，如图 4-102 所示。

	A	B	C	D	E	F	G
1	季度	分公司	产品类别	产品名称	销售数量	销售额（万元）	销售额排名
2	1	北部1	D-1	电视	86	38.36	4
3	2	北部1	D-1	电视	73	32.56	9
4	3	北部1	D-1	电视	64	28.54	11
5		北部1 汇总				99.46	
6	1	北部2	K-1	空调	89	12.28	27
7		北部2 汇总				12.28	
8	1	东部1	D-1	电视	67	18.43	20
9	3	东部1	D-1	电视	66	18.15	22
10		东部1 汇总				36.58	
11	2	东部2	K-1	空调	79	27.97	12
12		东部2 汇总				27.97	
13	1	东部3	D-2	电冰箱	86	20.12	18
14	2	东部3	D-2	电冰箱	65	15.21	26
15		东部3 汇总				35.33	
16	1	南部1	D-1	电视	64	17.60	23
17		南部1 汇总				17.60	
18	3	南部2	K-1	空调	86	30.44	10
19	2	南部2	K-1	空调	63	22.30	15
20		南部2 汇总				52.75	
21	1	南部3	D-2	电冰箱	89	20.83	17
22	3	南部3	D-2	电冰箱	75	17.55	25
23		南部3 汇总				38.38	
24	3	西部1	D-1	电视	78	34.79	7
25		西部1 汇总				34.79	
26	1	西部2	K-1	空调	89	12.28	27
27	3	西部2	K-1	空调	84	11.59	30
28		西部2 汇总				23.87	
29	2	西部3	D-2	电冰箱	69	22.15	16
30	1	西部3	D-2	电冰箱	58	18.62	19
31	3	西部3	D-2	电冰箱	57	18.30	21
32		西部3 汇总				59.06	
33		总计				438.06	

图 4-101　第一次分类汇总的结果

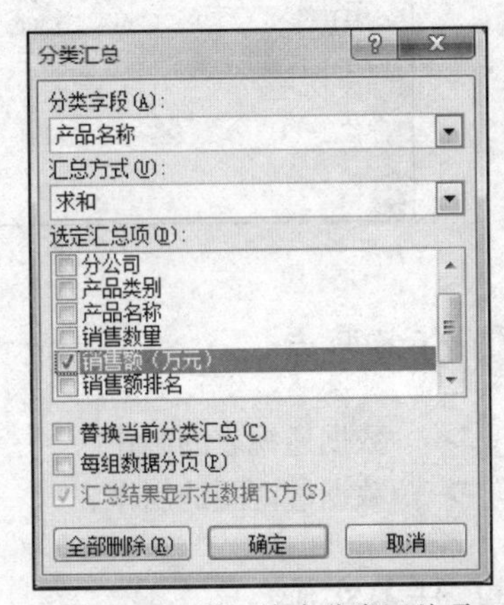

图 4-102　设置嵌套分类汇总项

（7）单击“确定”按钮，即可得到嵌套分类汇总结果，如图 4-97 所示。

（8）保存工作簿。

任务7　统计和分析各部门各学历的平均工资

情景描述

经理想通过学历查看公司每位职工的工资情况，助理小王利用数据透视表和数据透视图对职员信息表进行统计和分析。

作品展示

数据透视表效果如图4-103所示，在数据透视表中插入数据透视图的效果如图4-104所示。

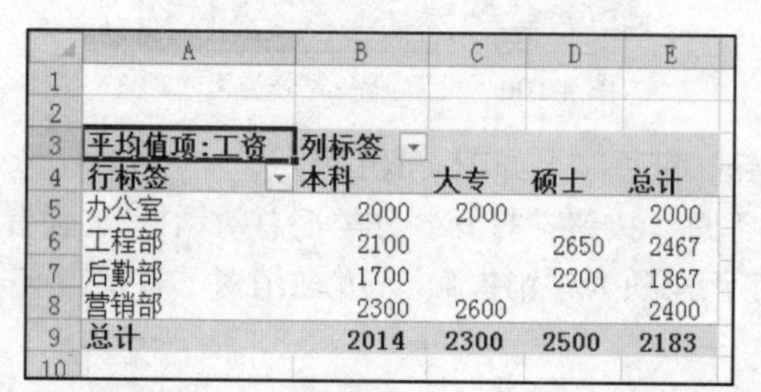

平均值项:工资	列标签			
行标签	本科	大专	硕士	总计
办公室	2000	2000		2000
工程部	2100		2650	2467
后勤部	1700		2200	1867
营销部	2300	2600		2400
总计	2014	2300	2500	2183

图4-103　各部门各学历平均工资数据透视表

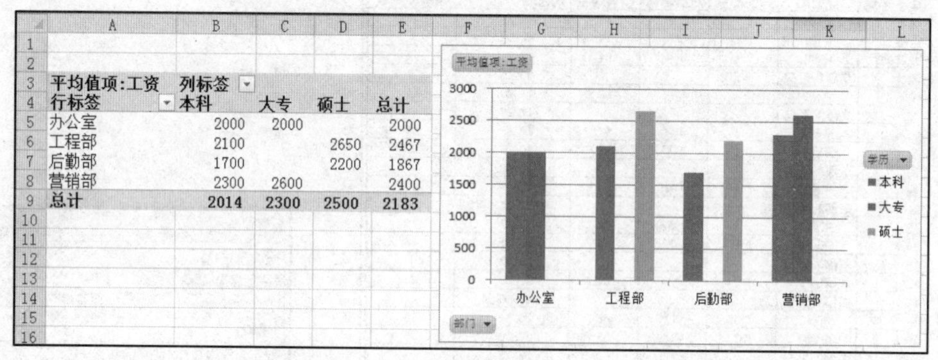

平均值项:工资	列标签			
行标签	本科	大专	硕士	总计
办公室	2000	2000		2000
工程部	2100		2650	2467
后勤部	1700		2200	1867
营销部	2300	2600		2400
总计	2014	2300	2500	2183

图4-104　各部门各学历平均工资数据透视图

任务要点

- 数据透视表的制作。
- 数据透视图的制作。

任务实施

打开“职员信息表”工作簿文件，并对其进行如下操作。

一、统计各部门各学历的平均工资

在“职员信息表”中创建数据表，行标签为“部门”，列标签为“学历”，数值为“工资”平均值，统计各部门各学历的平均工资。

（1）选中工作表的A2：H14单元格区域，单击“插入”选项卡“表格”选项组中的“数据透视表”按钮，打开“创建数据透视表”对话框，如图 4-105 所示。

（2）单击“确定”按钮，即可在新工作表中显示数据透视表框架，将该工作表重命名为“各部分各学历平均工资统计与分析”。

（3）在窗口右侧“数据透视表字段列表”区域中可以设置数据透视表的字段。将“选择要添加到报表的字段”列表框中的字段“部门”，拖曳到下方的“行标签”区域中，将字段“学历”拖曳到下方的“列标签”区域中，将字段“工资”拖曳到下方的“Σ数值”区域中，如图 4-106 所示。

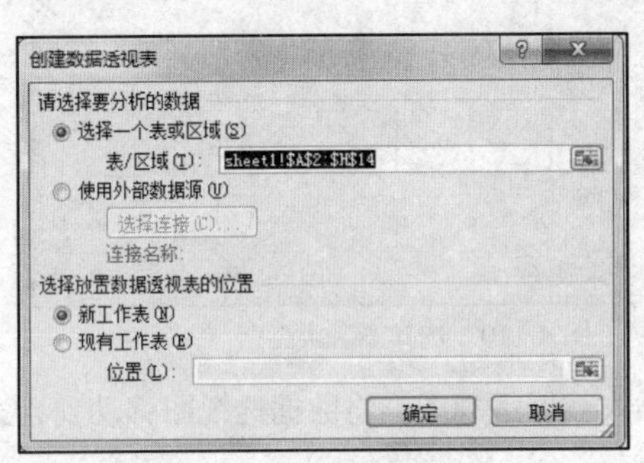

图 4-105　显示选择的数据源区域

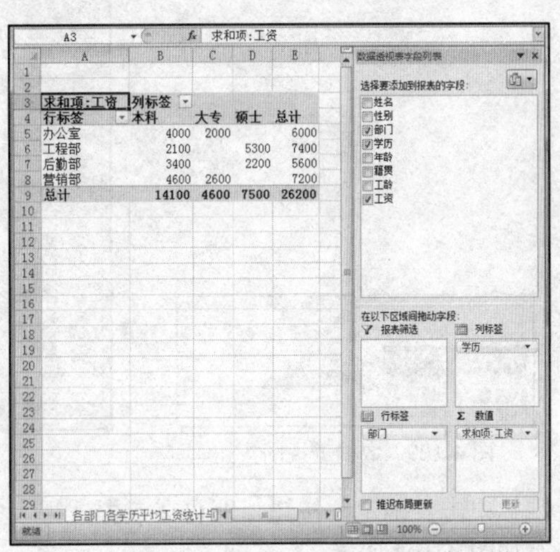

图 4-106　字段布局与结果

（4）在“Σ数值”区域中，单击“求和项：工资”右侧下拉箭头，选择“值字段设置”，弹出“值字段设置”对话框，选择计算类型为“平均值”，如图 4-107 所示。单击“数字格式”按钮，打开“设置单元格格式”对话框，选择“数值”选项，设置小数位数为 0 位，如图 4-108 所示。

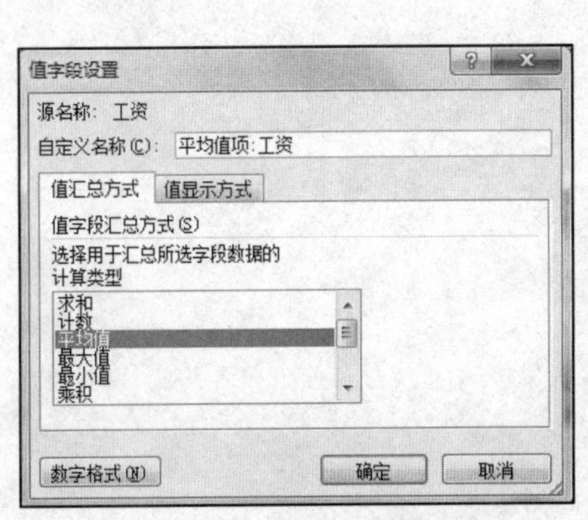

图 4-107　设置平均值项

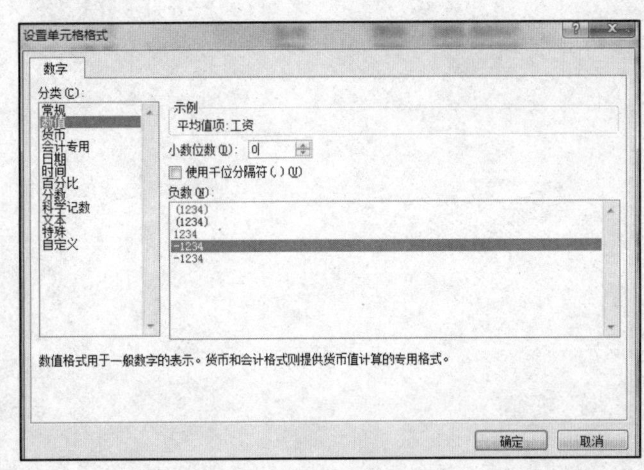

图 4-108　设置数字格式

（5）单击“确定”按钮，创建完成后的数据透视表如图 4-103 所示。

（6）保存工作簿。

二、分析各部门各学历的平均工资

创建一个数据透视图，分析各部门各学历的平均工资。

（1）单击“各部门各学历平均工资统计与分析”工作表，单击数据透视表中的任意一个单元格，然后单击“数据透视表工具”选项卡“工具”功能选项组中的“数据透视图”按钮，如图 4-109 所示。打开“插入图表”对话框，选择“柱形图”中的“簇状柱形图”，如图 4-110 所示。

图 4-109 数据透视图按钮

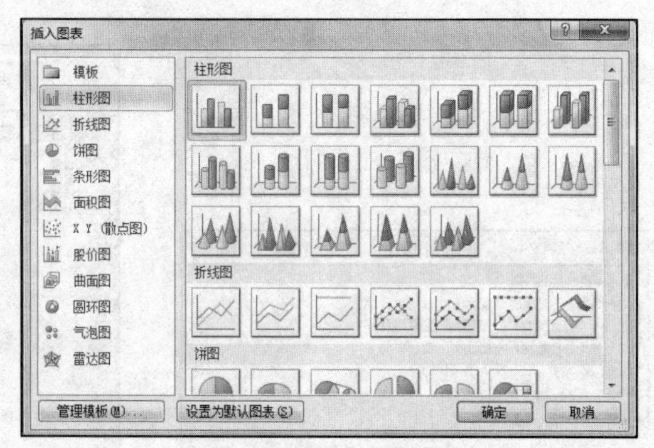

图 4-110 选择图表类型

（2）单击“确定”按钮，即可在数据透视表中插入数据透视图，将数据透视图移动到合适的位置，如图 4-104 所示。

（3）保存工作簿。

项目五　PowerPoint 2010 演示文稿制作

项目目标

- 了解 PowerPoint 2010 的工作界面，掌握 PowerPoint 2010 的基本操作方法。
- 掌握 PowerPoint 2010 中幻灯片母版的使用方法。
- 掌握在幻灯片中对象添加与格式设置。
- 掌握 PowerPoint 2010 中幻灯片的背景、主题、配色方案等格式的设置方法。
- 掌握为幻灯片设置动画效果及放映幻灯片的技术。
- 掌握超链接的插入和动作按钮的设置。
- 掌握 PowerPoint 2010 中演示文稿的打包方法。

任务 1　制作演示文稿“井冈山欢迎你”

情景描述

暑假来临，为加强对师生的爱国主义和革命传统教育，学院领导安排学院办公室的小王制作一个演示文稿——“井冈山欢迎你”，将井冈山的地方简介、革命历史、红色景点等充分地展现在师生的面前。小王根据学院领导的要求，决定使用自己比较熟悉的演示文稿制作软件 PowerPoint 2010 来完成“井冈山欢迎你”演示文稿的制作。

作品展示

经过认真的准备和制作，小王很快顺利完成了“井冈山欢迎你”演示文稿的制作，演示文稿的最终效果如图 5-1 所示。

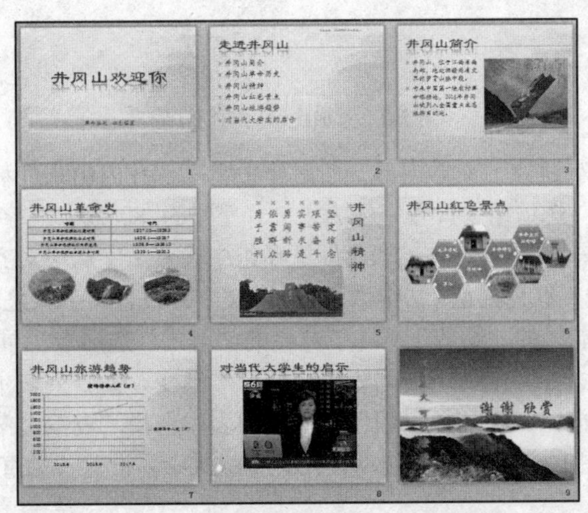

图 5-1　“井冈山欢迎你”演示文稿

任务要点

- 启动 PowerPoint 2010 应用程序。
- 建立演示文稿的方法。
- 幻灯片的新建和删除。
- 幻灯片版式的选取。
- 幻灯片母版的编辑。
- 在幻灯片中输入文本并设置格式。
- 在幻灯片中插入艺术字、表格、图表、图形、图片、媒体剪辑等对象。
- 保存和关闭演示文稿、退出应用程序。

任务实施

一、制作第 1 张幻灯片

（1）启动 PowerPoint 2010，系统会自动创建 1 个名为“演示文稿 1”的空白演示文稿，演示文稿中包含 1 张空白幻灯片。

（2）单击幻灯片中的“标题”所在文本占位符内部，输入文字“井冈山欢迎你”，单击“副标题”所在文本占位符内部，输入“革命圣地　红色摇篮”。

（3）为幻灯片设置主题。切换到功能区“设计”选项卡，单击“主题”选项组中的“其他”按钮，在弹出的“所有主题”列表中，选择“跋涉”主题，如图 5-2 所示。

图 5-2　添加主题后的幻灯片

（4）单击“井冈山欢迎你”文本内部，然后选中文字“井冈山欢迎你”，切换到功能区“开始”选项卡，在“字体”选项组中设置字体为隶书，字号为 80 磅，文字颜色为主题色中的“褐色，强调文字颜色 2，深色 25%”，在“段落”选项组中设置文字居中对齐。

（5）单击“革命圣地　红色摇篮”文本内部，选中文字并设置文字颜色为标准色中的“红色”，然后选中文本框，在功能区的“绘图工具”工具栏的“格式”选项卡，单击“形状样式”选项组中的“形状填充”按钮，在弹出的下拉列表中，执行“渐变”命令列表中的“其他渐变”命令，选中“渐变填充”单选按钮，在“预设颜色”下拉列表中选择“麦浪滚滚”。选择“设置形状格式”对话框左侧选项组中的“文本框”选项，在文字版式中，设置“垂直对齐方式”为“中部居中”，如图 5-3 所示。

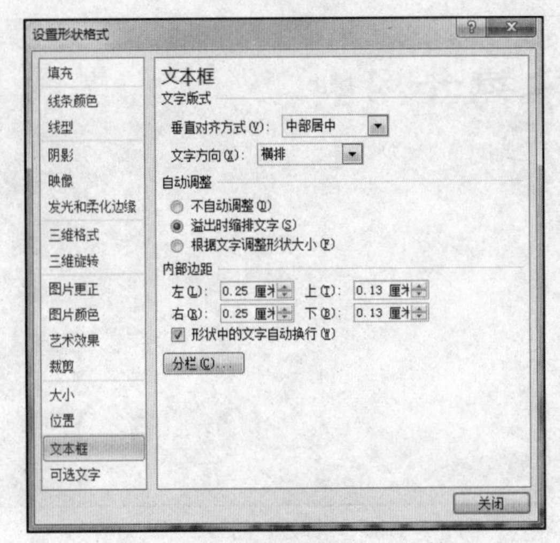

图 5-3 “设置形状格式”对话框

（6）单击“关闭”按钮，关闭“设置形状格式”对话框，适当调整“革命圣地　红色摇篮”所在文本框的高度。

（7）根据需要调整好两个标题的位置，完成演示文稿中第 1 张幻灯片的制作，如图 5-4 所示。

图 5-4 第 1 张幻灯片效果图

（8）保存演示文稿。单击快速工具栏中的“保存”按钮，打开“另存为”对话框，选择保存位置，输入演示文稿的名称“井冈山欢迎你”，单击“保存”按钮。

二、制作第 2 张幻灯片

（1）切换到功能区的“开始”选项卡，在“幻灯片”选项组单击“新建幻灯片”下拉按钮，在弹出的下拉列表中选择“标题和内容”，为演示文稿添加“标题和内容”版式的第 2 张幻灯片。

（2）单击第 2 张幻灯片中的“标题”文本占位符，输入文字“走进井冈山”，效果如图 5-5 所示。（注：可根据需要，重新设置字体、字形、字号和对齐方式等格式）。

（3）单击“内容占位符”的空白处，输入介绍井冈山的目录，效果如图 5-6 所示。（注：可根据需要，重新设置字体、字形、字号和对齐方式等格式。）

图 5-5　输入“标题”的第 2 张幻灯片

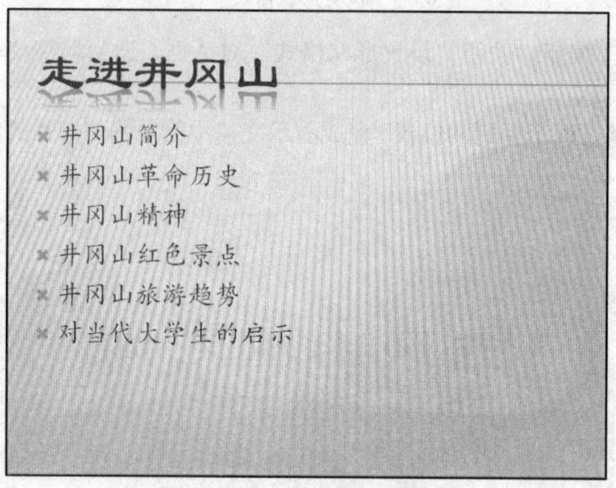

图 5-6　输入目录后的效果图

（4）选中功能区“插入”选项卡，单击“文本”选项组中的“页眉和页脚”按钮，打开“页眉和页脚”对话框。选中“自动更新”单选按钮，单击其下拉列表框右侧的下拉箭头，从其弹出的下拉列表框中选中一种时间格式。在“语言（国家/地区）”标签下，选中“中文（中国）”。选中“幻灯片编号”和“页脚”复选框，并在“页脚”下的文本框中，输入“红色之旅”。如图 5-7 所示。

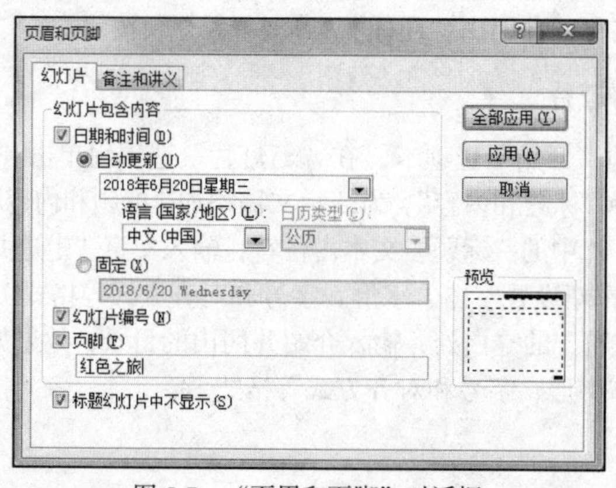

图 5-7　“页眉和页脚”对话框

（5）单击“应用（A）”按钮，关闭“页眉和页脚”对话框。将当前的“页眉和页脚”设置应用到当前幻灯片，完成第 2 张幻灯片的制作，效果如图 5-8 所示。

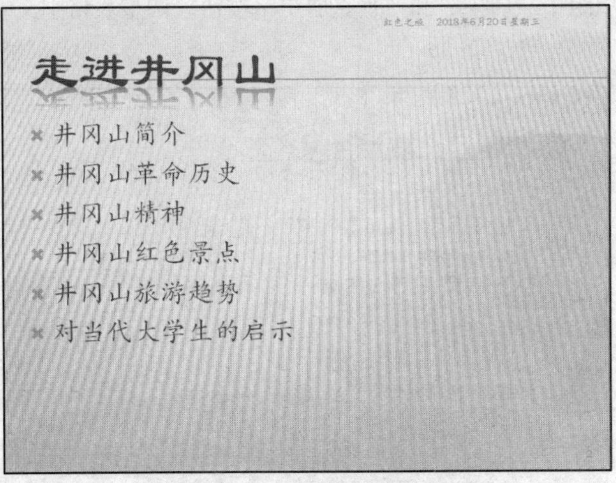

图 5-8 第 2 张幻灯片效果图

三、制作第 3 张幻灯片

（1）切换到功能区的“开始”选项卡，在“幻灯片”选项组单击“新建幻灯片”下拉按钮，在弹出的下拉列表中选择“两栏内容”，为演示文稿添加“两栏内容”版式的第 3 张幻灯片。

（2）单击“标题”文本占位符，输入文字“井冈山简介”，设置文字的字号为 60 磅。

（3）在左侧内容占位符中输入井冈山简介的说明文字，设置文字的字体为“华文楷体”，字号为 28 磅。在右侧内容占位符中输入图片“井冈山简介”，设置图片样式为“矩形投影”，适当调整大小和位置，效果如图 5-9 所示。

图 5-9 第 3 张幻灯片效果图

四、制作第 4 张幻灯片

（1）切换到功能区的“开始”选项卡，在“幻灯片”选项组单击“新建幻灯片”下拉按钮，在弹出的下拉列表中选择“标题和内容”，为演示文稿添加“标题和内容”版式的第 4 张幻灯片。

（2）单击“标题”文本占位符，输入文字“井冈山革命史”，设置文字的字号为 60 磅。

（3）单击内容占位符中的“插入表格”按钮，在弹出的“插入表格”对话框中输入“列数”和“行数”，单击“确定”按钮，插入一个 5 行 2 列的表格，设置表格样式为“中度样式 4-强调 6”。

（4）在表格中输入井冈山革命史的说明文字。选中表格，在功能区“表格工具布局”选项卡，单击“对齐方式”选项组中“居中”和“垂直居中”按钮，调整表格中文字的对齐方式，效果如图 5-10 所示。

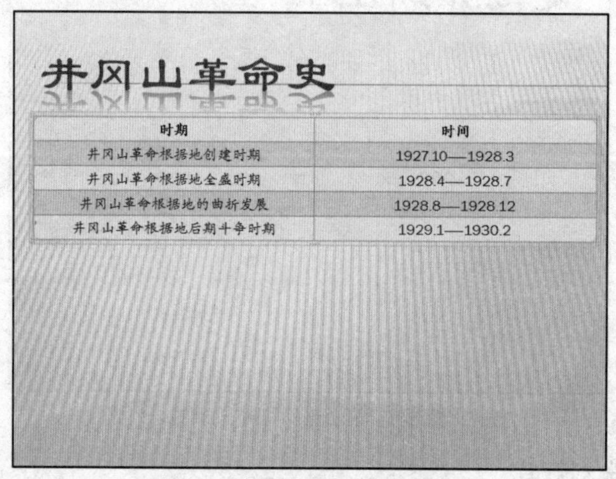

图 5-10　添加表格后的效果图

（5）在功能区“插入”选项卡中，单击“图像”选项组中的“图片”按钮，打开“插入图片”对话框，选中要插入的“井冈山革命史 1 ~ 3”三张图片（按下 Ctrl 键，连续单击要插入的图片），单击“打开”按钮，将三张图片一次性插入幻灯片中，设置图片样式为“赤化边缘椭圆”，调整大小与位置。完成设置后的效果如图 5-11 所示。

图 5-11　第 4 张幻灯片效果图

五、制作第 5 张幻灯片

（1）切换到功能区的“开始”选项卡，在“幻灯片”选项组单击“新建幻灯片”下拉按钮，在弹出的下拉列表中选择“垂直排列标题与文本”，为演示文稿添加“垂直排列标题与文本”版式的第 5 张幻灯片。

（2）单击“标题”文本占位符，输入文字“井冈山精神”，设置文字的字号为 60 磅。

（3）单击“内容占位符”的空白处，输入介绍井冈山精神的文字，设置文字的字体为“华文楷体”，字号为 42 磅。

（4）在功能区“插入”选项卡中，单击“图像”选项组中的“图片”按钮，打开“插入图片”对话框，选中要插入的图片“井冈山精神”，单击“打开”按钮，设置图片样式为“矩形投影”，调整大小与位置。完成设置后的效果如图 5-12 所示。

图 5-12　第 5 张幻灯片效果图

六、制作第 6 张幻灯片

（1）切换到功能区的“开始”选项卡，在“幻灯片”选项组单击“新建幻灯片”下拉按钮，在弹出的下拉列表中选择“标题和内容”，为演示文稿添加“标题和内容”版式的第 6 张幻灯片。

（2）单击“标题”文本占位符，输入文字“井冈山红色景点”，设置文字的字号为 60 磅。

（3）单击内容占位符中的“插入 SmartArt 图形”按钮，打开“选择 SmartArt 图形”对话框，选择“图片”中的“六边形群集”类型。单击“确定”按钮，在当前幻灯片中插入一个“六边形群集”类型的组织结构图。

（4）选中该组织结构图，在左侧弹出“在此处输入文字”窗口，在窗口的文本列表中依次输入“茅坪”“毛泽东故居”等 5 个红色景点的名称。单击每个文本左侧的“插入图片”按钮，将景点名称对应的图片插入到相应的位置。效果如图 5-13 所示。

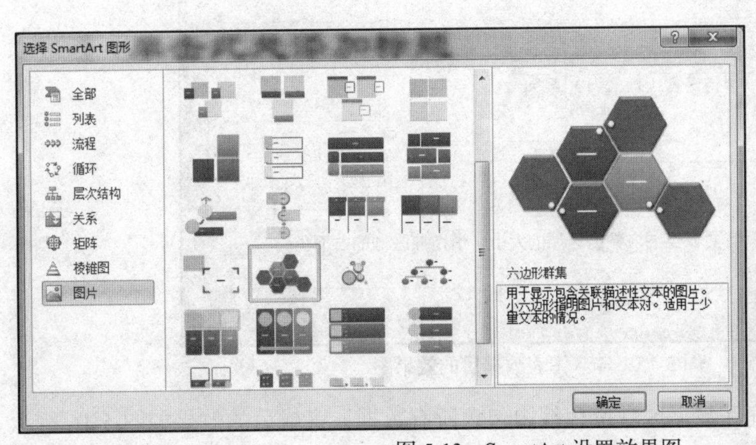

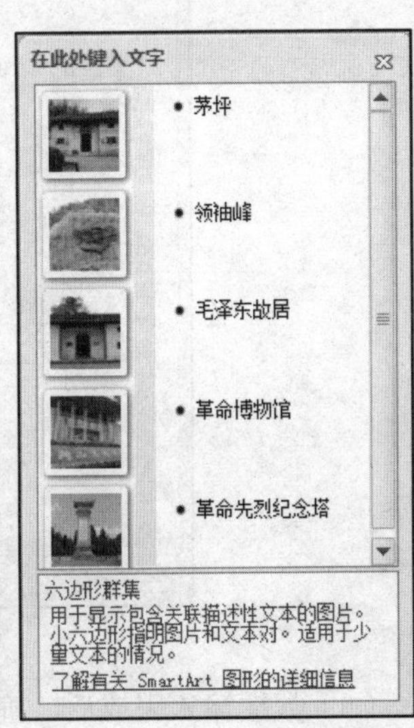

图 5-13　SmartArt 设置效果图

（5）选中该组织结构图，在“SmartArt”工具栏的“设计”选项卡中，更改颜色为“彩色范围-强调文字颜色 5-6”，在“SmartArt 样式”列表中选择“三维优雅”，最终效果如图 5-14 所示。

图 5-14　第 6 张幻灯片效果图

七、制作第 7 张幻灯片

（1）右击第 6 张幻灯片，在弹出的快捷菜单中执行“新建幻灯片”命令，添加 1 张与第 6 张幻灯片相同版式的新幻灯片。

（2）单击“标题”文本占位符，输入文字“井冈山旅欧趋势”，设置文字的字号为 60 磅。

（3）单击内容占位符中的“插入图表”按钮，打开“插入图表”对话框中，选择“折线图”中的“带数据标记的折线图”类型。单击“确定”按钮，在当前幻灯片中插入一个“带数据标记的折线图”类型的图表。

（4）在打开的 Excel 表格中输入数据，其中“类别名”将成为折线图横坐标，“系列名”将成为折线图纵坐标，效果如图 5-15 所示。

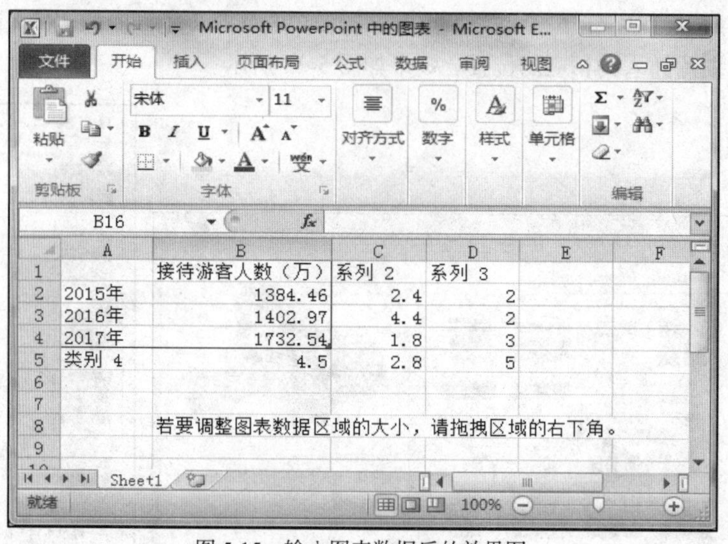

	A	B	C	D	E	F
1		接待游客人数（万）	系列 2	系列 3		
2	2015年	1384.46	2.4	2		
3	2016年	1402.97	4.4	2		
4	2017年	1732.54	1.8	3		
5	类别 4	4.5	2.8	5		
6						
7						
8		若要调整图表数据区域的大小，请拖拽区域的右下角。				
9						

Sheet1

图 5-15　输入图表数据后的效果图

（5）数据输入完成后，确保数据区域蓝色线内包含所有数据，完成后的效果如图 5-16 所示。

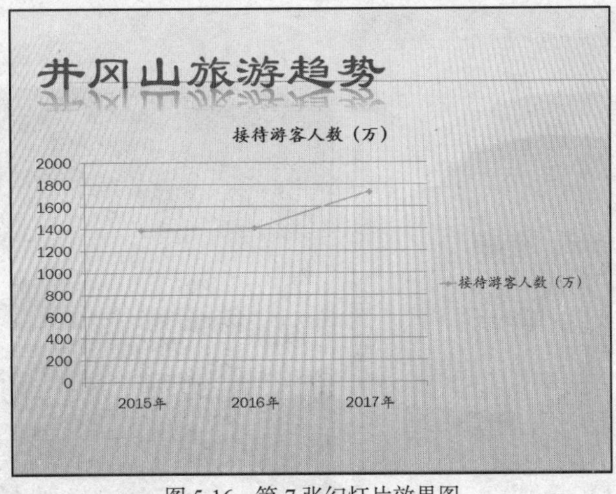

图 5-16　第 7 张幻灯片效果图

八、制作第 8 张幻灯片

（1）切换到功能区的“开始”选项卡，在“幻灯片”选项组单击“新建幻灯片”下拉按钮，在弹出的下拉列表中选择“标题和内容”，为演示文稿添加“标题和内容”版式的第 8 张幻灯片。

（2）单击“标题”文本占位符，输入文字“对当代大学生的启示”，设置文字的字号为 60 磅。

（3）在功能区“插入”选项卡的“媒体”选项组中，单击“视频”按钮，在弹出的下拉列表中选择“文件中的视频”命令，将视频文件插入到当前幻灯片中，效果如图 5-17 所示。

图 5-17　第 8 张幻灯片效果图

九、制作第 9 张幻灯片

（1）切换到功能区的“开始”选项卡，在“幻灯片”选项组单击“新建幻灯片”下拉按钮，在弹出的下拉列表中选择“空白”，为演示文稿添加“空白”版式的第 9 张幻灯片。

（2）执行“设计”选项卡“背景”选项组中的“背景样式”下拉列表中的“设置背景格式”命令，打开“设置背景格式”对话框，选择“填充”选项，选中“图片或纹理填充”单选按钮，单击“插入自”选项区中的“文件”按钮，选中需要作为幻灯片背景的图片。单击“打开”按钮，返回“设置背景格式”对话框。效果如图 5-18 所示。

（3）单击“设置背景格式”对话框的“关闭”按钮，关闭“设置背景格式”对话框，将为该幻灯片填充背景，效果如图 5-19 所示。

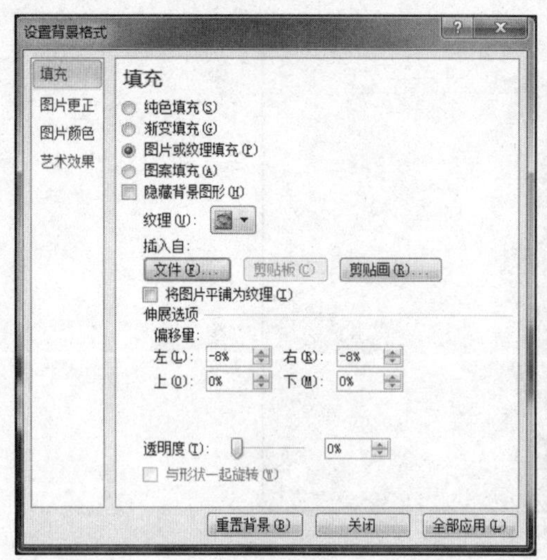

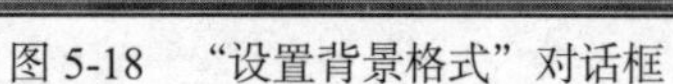
图 5-18　“设置背景格式”对话框

图 5-19　填充背景后的效果

（4）切换到“插入”选项卡，在“文本”选项组中，单击“艺术字”下拉按钮，在其下拉列表中选择“填充—橙色，强调文字颜色 6，渐变轮廓强调文字颜色 6”（第 3 行第 2 列）选项，插入艺术字“星星之火　可以燎原”，设置字体为华文楷体，字号为 48 磅，文字方向为竖排。

（5）单击“星星之火　可以燎原”文本框内部，再切换到“绘图工具”的“格式”选项卡，在“艺术字样式”选项组中，单击“文本效果”下拉按钮，在弹出的下拉列表中执行“三维旋转”→“透视”→“适度宽松透视”命令，设置艺术字的文本效果。调整艺术字到合适的位置，效果如图 5-20 所示。

（6）插入 3 个文本框，分别输入“谢”“谢”“欣赏”，字体设置华文行楷，字号 66 磅，字体颜色为“褐色，强调文字颜色 2，深色 50%”，调整位置，完成第 9 张幻灯片的制作，效果如图 5-21 所示。

图 5-20　添加艺术字后的效果

图 5-21　第 9 张幻灯片效果

任务 2 美化演示文稿“井冈山欢迎你”

情景描述

一个完整、专业、具有创新理念的演示文稿，必须在内容表现形式、外观布局、背景颜色和文字格式等方面都协调统一并彰显个性。在 PowerPoint 2010 中可通过创建模板的方法使演示文稿中的幻灯片具有统一的外观和格式并彰显自己的个性；可以通过系统提出的自定义动画功能及幻灯片切换效果让幻灯片中的内容及幻灯片在播放时“活”起来。

作品展示

很快小王完成了“井冈山欢迎你”演示文稿的美化处理，最终效果如图 5-22 所示。

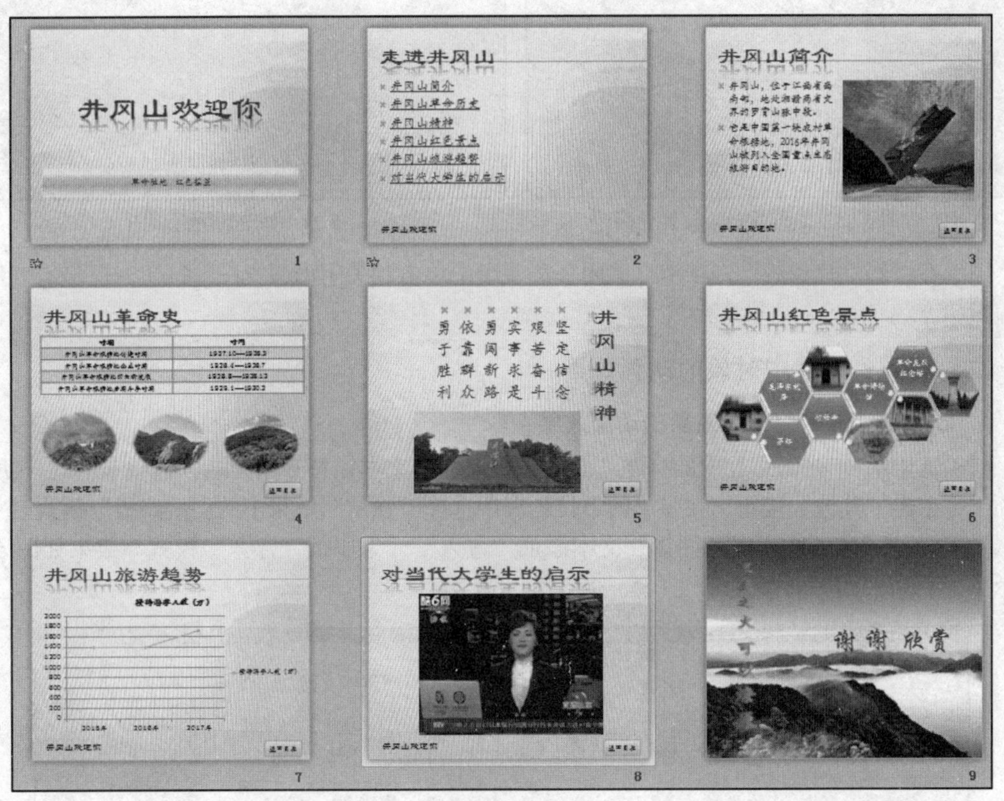

图 5-22 “井冈山欢迎你”演示文稿

任务要点

- 掌握母版的应用。
- 掌握超链接的插入和动作按钮的设置。
- 掌握为幻灯片设置动画效果及放映幻灯片的技术。
- 掌握 PowerPoint 2010 中演示文稿的打包方法。

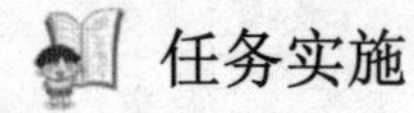

任务实施

一、修改幻灯片母版

（1）为“井冈山欢迎你”演示文稿创建母版背景。在“视图”选项卡的“母版视图”选项组中，单击“幻灯片母版”按钮，打开幻灯片母版设置界面，如图 5-23 所示。

（2）插入一个横排文本框，输入文字“井冈山欢迎你”，字体设置为华文隶书，字号 24 磅，移动到幻灯片的左下角，删除页眉页脚文字，效果如图 5-24 所示。

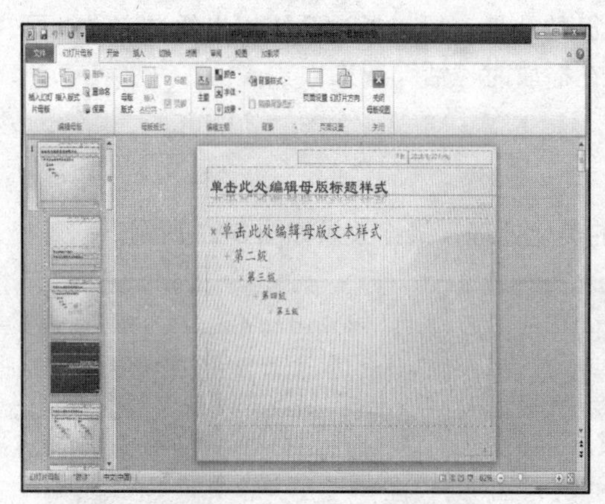

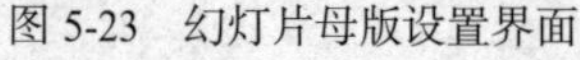
图 5-23　幻灯片母版设置界面

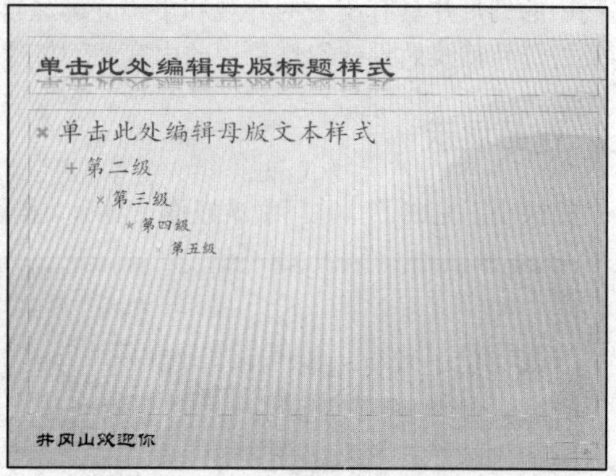

图 5-24　修改后的母版图

（3）在“幻灯片母版”选项卡“关闭”选项组中单击“关闭母版视图”按钮，退出幻灯片母版编辑状态。

二、设置幻灯片中对象的动画效果

1. 设置第 1 张幻灯片中对象的动画效果

（1）选中第 1 张幻灯片中的标题“井冈山欢迎你”文本，打开“动画”选项卡中的“动画”选项组，单击“其他”按钮，在弹出的下拉列表中选择“强调”效果下的“跷跷板”模式。

（2）为“革命圣地　红色摇篮”文本添加“进入”效果中的“浮入”模式。效果如图 5-25 所示。

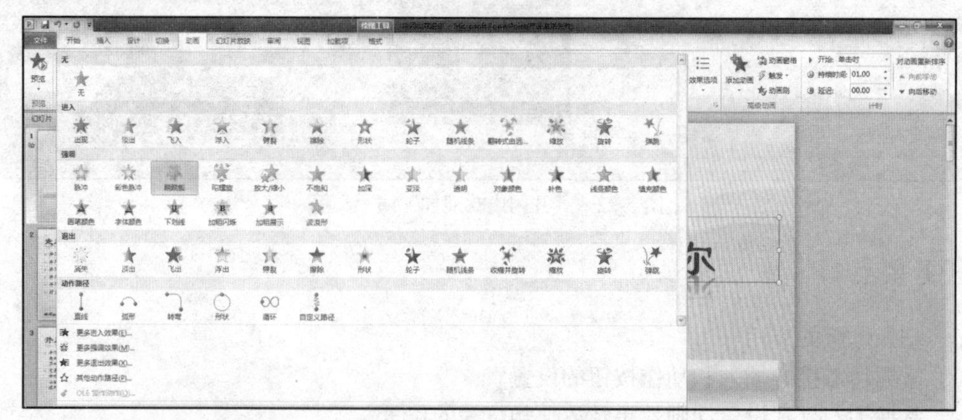

图 5-25　设置动画的效果图

2. 设置第 2 张幻灯片中对象的动画效果

（1）为标题“走进井冈山”设置“进入”效果中的“中央向左右展开劈裂”。选中标题“走进井冈山”，单击“动画”选项卡中的“动画”选项组，单击“其他”按钮，在弹出的下拉列表中选中“进入”效果下的“劈裂”模式。单击“动画”选项组中的“动画效果”选项按钮，在弹出的“效果选项”列表中，选择“中央向左右展开”选项。

（2）对文本设置“进入”效果中的“自顶部飞入”。选中文本，单击“动画”选项卡中的“动画”选项组，单击“其他”按钮，在弹出的下拉列表中选中“进入”效果下的“飞入”模式。单击“动画”选项组中的“动画效果”选项按钮，在弹出的“效果选项”列表中，选择“自顶部”选项。

3．依次对其他幻灯片中的对象添加相应动画效果

三、设置幻灯片切换效果

（1）在第 1 张幻灯片中选择“切换”选项卡，单击“切换到此幻灯片”选项组中的“其他”按钮，即可弹出“切换方案”列表，在其中选择“库”的切换方式。

（2）单击“计时”选项组中的“声音”下拉列表，从弹出的列表中选择“风铃”声音选项。

（3）单击“计时”选项组中的“持续时间”数字微调框，设置幻灯片的持续时间为 02.00。

（4）单击“计时”选项组中的“全部应用”按钮，将当前的幻灯片切换效果应用到整个演示文稿的所有幻灯片。（注：若不选择“全部应用”，则该设置只对当前幻灯片有效）。效果如图 5-26 所示。

图 5-26　设置切换方案后的效果图

四、插入超链接

给演示文稿的第 2 张幻灯片中的内容设置超链接，使文本“井冈山简介”链接到第 3 张幻灯片，文本“井冈山革命历史”链接到第 4 张幻灯片，以此类推。

（1）选中第 2 张幻灯片的文本“井冈山简介”，在“插入”选项卡中，单击“链接”选项组中的“超链接”按钮，打开“插入超链接”对话框，在“链接到”选项表中，选择“本文档中的位置”选项，然后在其右侧的“请选择本文档中的位置”列表中，选择幻灯片标题为“井冈山简介”的幻灯片（见图 5-27），单击“确定”按钮。

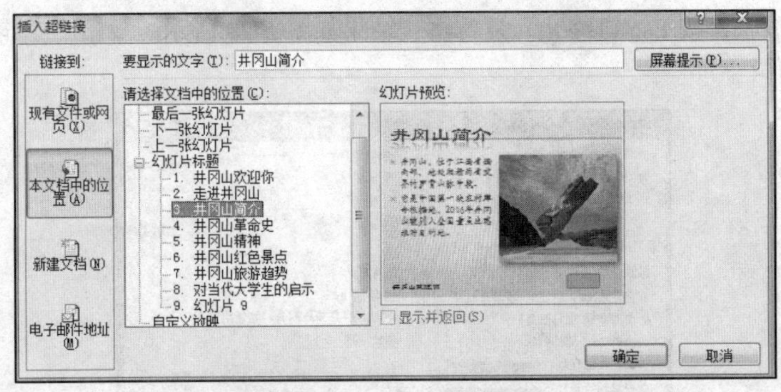

图 5-27　“插入超链接”对话框

（2）使用同样的方法将文本“井冈山革命历史”“井冈山精神”“井冈山红色景点”“井冈山旅游趋势”“对当代大学生的启示”链接到其对应的幻灯片。

五、添加自定义动作按钮

给演示文稿的第 3 ~ 8 张幻灯片都添加一个返回第 2 张幻灯片的按钮。

（1）选中第 3 张幻灯片，在“插入”选项卡的“插图”选项组中，单击“形状”按钮，在弹出的“形状”列表中，选择“矩形”里的“对角圆角矩形”图形。

（2）在幻灯片中绘制出大小适中的“对角圆角矩形”图形，将其移动到图片右下角的空白处，根据需要设置好形状填充颜色和形状轮廓颜色。

（3）选中图形，单击鼠标右键，在弹出的快捷菜单中执行“编辑文字”命令，为“对角圆角矩形”添加文字“返回目录”，字体设置为“华文行楷”，字号为 18 磅。

（4）选中“返回目录”对角圆角矩形按钮，在“插入”选项卡中，单击“链接”选项组中的“超链接”按钮，打开“插入超链接”对话框，在“链接到”选项表中，选择“本文档中的位置”选项，然后在其右侧的“请选择本文档中的位置”列表中，选择幻灯片标题为“走进井冈山”的幻灯片，单击“确定”按钮。效果如图 5-28 所示。

图 5-28　插入动作按钮后的效果图

（5）将对角圆角矩形复制，粘贴到第 4 ~ 8 张幻灯片相应的位置，完成幻灯片之间的相互切换。

六、设置演示文稿放映方式

（1）选择“幻灯片放映”选项卡，单击“设置”选项组中的“设置幻灯片放映”按钮，打开“设置放映方式”对话框。

（2）在“放映类型”选项组中选择“演讲者放映（全屏幕）”单选按钮，在“放映选项”选项中选择“循环放映，按 Esc 键终止”复选框，结果如图 5-29 所示。单击“确定”按钮，完成放映方式的设置操作。

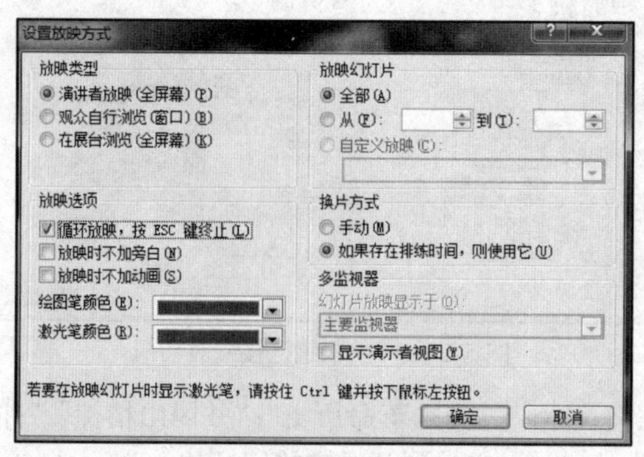

图 5-29　设置放映方式

项目六　Internet 应用

项目目标

- 能够通过 ADSL 拨号方式将计算机连接到 Internet 上。
- 能够通过局域网将计算机连接到 Internet 上。
- 能够设置 IP 地址和 DNS 地址。
- 能够上网浏览网页。
- 能够收发邮件。

任务 1　连接 Internet

情景描述

学院即将举行第十五届技能竞赛节，为便于资料的收集和信息的共享，现需要将筹备办公室的计算机连接到 Internet，办公室职员小王负责这项工作。

任务要点

- 能够通过 ADSL 拨号方式将计算机连接到 Internet。
- 能够通过局域网将计算机连接到 Internet。
- 能够设置 IP 地址和 DNS 地址。

任务实施

一、通过 ADSL 连接 Internet

1．将 ADSL 与计算机正确连接

将 ADSL 调制解调器取出，按照说明书，一端接到电话线，另一端接到计算机的网卡端口，再连通电源。

2．设置网络连接

（1）选择“开始”→“控制面板”命令，打开如图 6-1 所示的“控制面板”窗口。

（2）单击“网络和 Internet”选项，打开如图 6-2 所示的“网络和 Internet”窗口。

（3）选择“网络和共享中心”选项，打开如图 6-3 所示的“网络和共享中心”窗口。

（4）在“网络和共享中心”窗口中，单击“设置新的连接或网络”选项，打开如图 6-4 所示的“设置连接或网络”窗口。

图 6-1 “控制面板”窗口

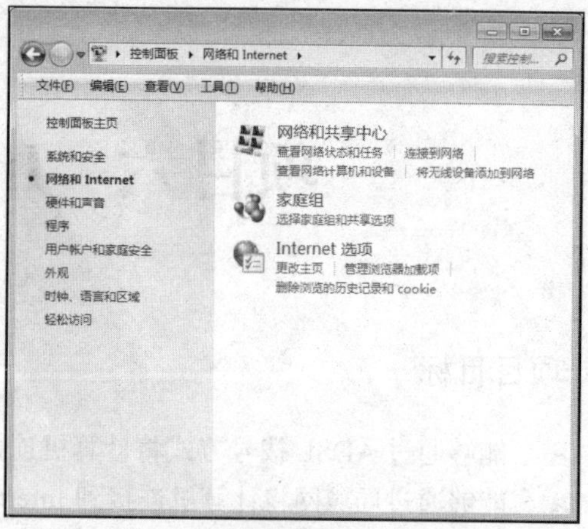

图 6-2 “网络和 Internet”窗口

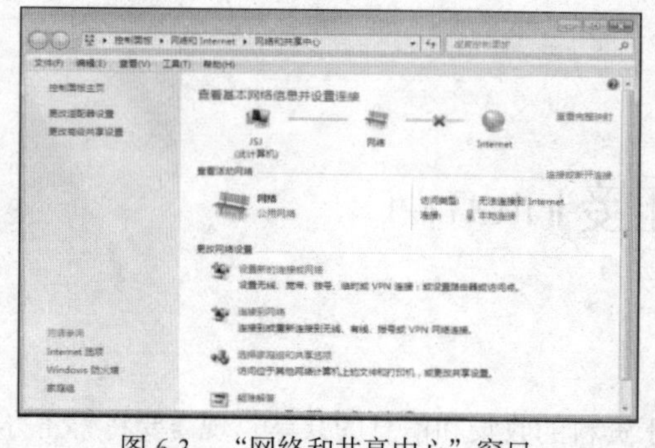

图 6-3 “网络和共享中心”窗口

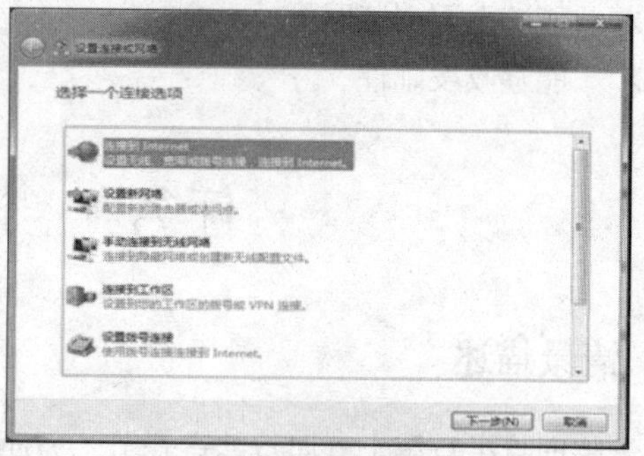

图 6-4 “设置连接或网络”窗口

（5）选择“连接到 Internet”，并单击“下一步”按钮，出现如图 6-5 所示的“输入您的 Internet 服务提供商（ISP）提供的信息”界面，在此处输入 ADSL“用户名”和“密码”，默认的连接名称为“宽带连接”。

（6）单击“连接”按钮，计算机将自动通过调制解调器与 Internet 服务接入商的服务器进行连接，如图 6-6 所示。

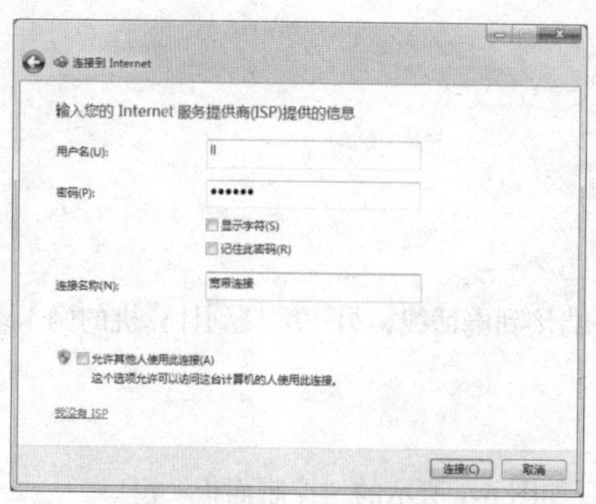

图 6-5 “ADSL 用户名和密码设置”对话框

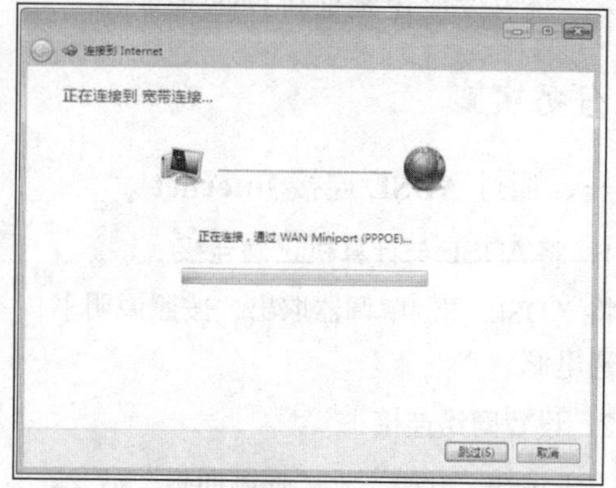

图 6-6 “正在连接到 宽带连接”对话框

（7）连通网络之后，将会出现如图 6-7 所示的“设置网络位置”窗口，要求选择当前计算机工作的网络位置。

（8）选择网络位置为“工作网络”之后，出现如图 6-8 所示窗口，“此计算机”“网络”和“Internet”3 个图标之间有线条进行联系，则表示网络连接成功。

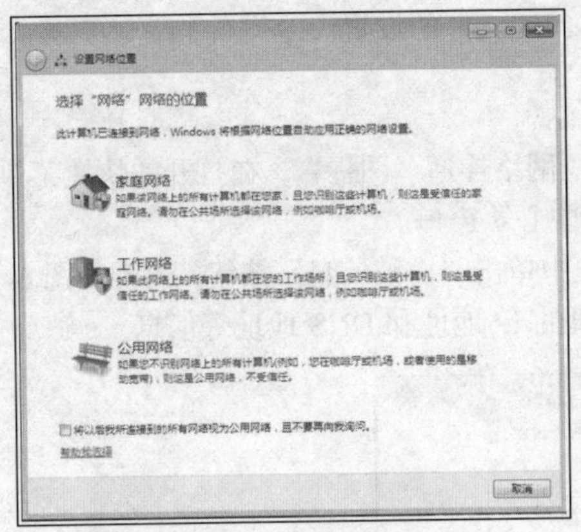

图 6-7 “设置网络位置”窗口

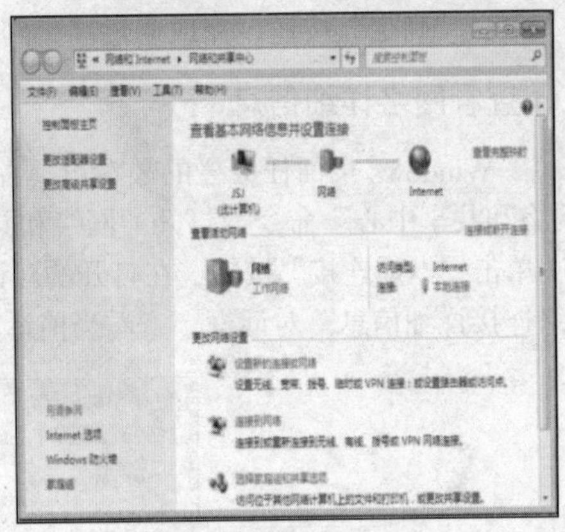

图 6-8 网络连通图

二、设置 IP 地址和 DNS 地址

（1）在 Windows 桌面上，右击“网络”图标，出现如图 6-9 所示的快捷菜单，选择“属性”命令，打开“网络和共享中心”窗口。

（2）在“网络和共享中心”窗口中，单击“查看活动网络”中的“本地连接”，出现如图 6-10 所示的“本地连接 状态”对话框。

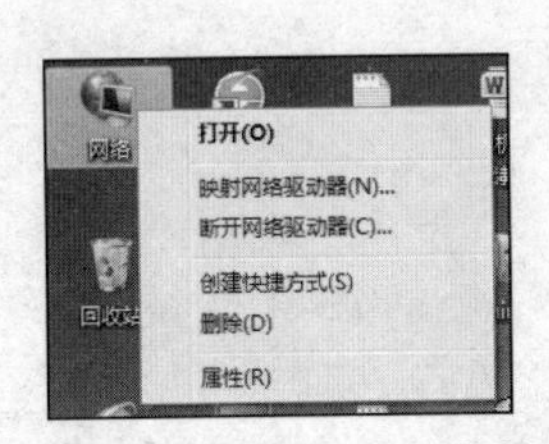

图 6-9 “网络”快捷菜单

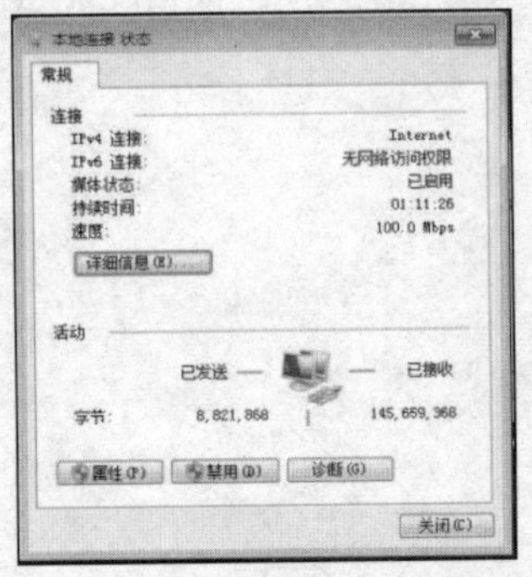

图 6-10 “本地连接 状态”对话框

（3）单击“属性”按钮，打开如图 6-11 所示的“本地连接 属性”对话框，此时会看到有“TCP/IPv6”和“TCP/IPv4”这两个 Internet 协议版本。此处选择“TCP/IPv4”（开通了 IPv6 的地区可以选择 IPv6）。

（4）单击“属性”按钮，在出现的如图 6-12 所示的“Internet 协议版本 4（TCP/IPv4）属性”对话框中，选择“自动获得 IP 地址”和“自动获得 DNS 服务器地址”单选按钮。

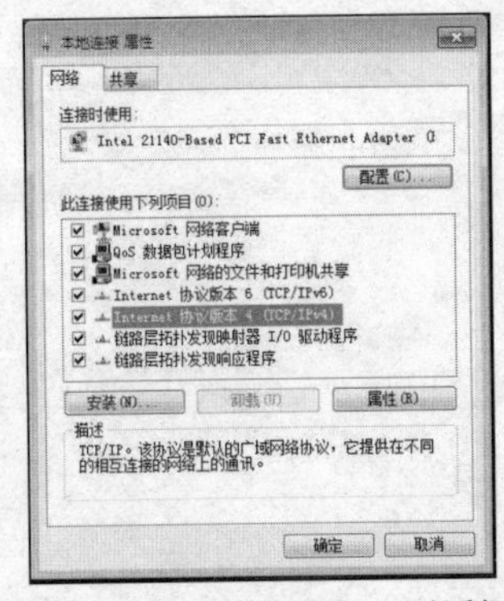

图 6-11 “本地连接 属性”对话框

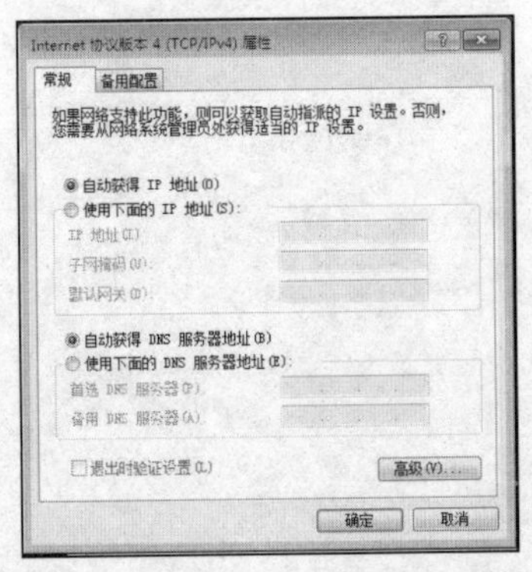

图 6-12 “Internet 协议版本 4（TCP/IPv4）属性”对话框

（5）单击“确定”按钮，完成通过局域网连接 Internet 的设置。

三、查看网络详细信息

（1）在 Windows 桌面任务栏的最右边，右击“网络连通”图标，在打开的快捷菜单中选择“打开网络和共享中心”命令，打开“网络和共享中心”窗口。

（2）单击“本地连接”按钮，在打开的对话框中单击“详细信息”按钮，出现如图 6-13 所示的“网络连接详细信息”对话框，查看当前计算机的 IP 地址和 DNS 地址等信息。

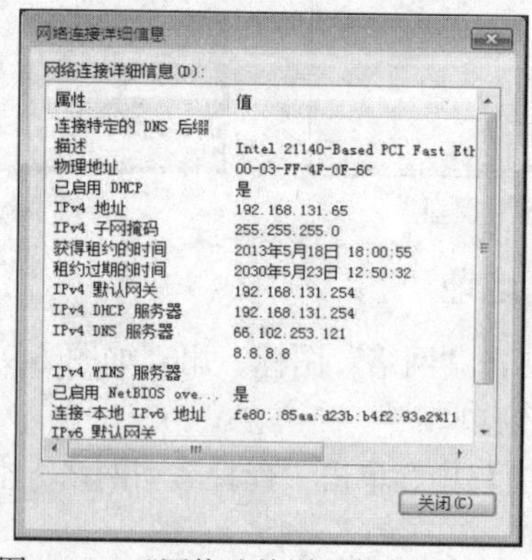

图 6-13 “网络连接详细信息”对话框

任务2 搜索与技能竞赛相关的信息

情景描述

网络连接成功后，小王需要使用浏览器上网搜索一些与技能竞赛相关的资料，并进行归纳整理。

任务要点

- 掌握在浏览器中保存资料的方法。
- 掌握搜索网页信息、音乐和视频的方法。
- 了解打开下载文件的方法。

任务实施

一、信息的浏览

1. 启动 IE 浏览器

单击任务栏的 IE 浏览器图标，打开如图 6-14 所示的 IE 浏览器窗口。或者单击“开始”→“所有程序”→“Internet Explorer”命令，打开 IE 浏览器。

2. 浏览网页：浏览新浪网站的网页

（1）在 IE 浏览器窗口的地址栏中输入网址 www.sina.com.cn。

（2）按 Enter 键，实现对新浪网站首页的浏览（见图 6-15）。

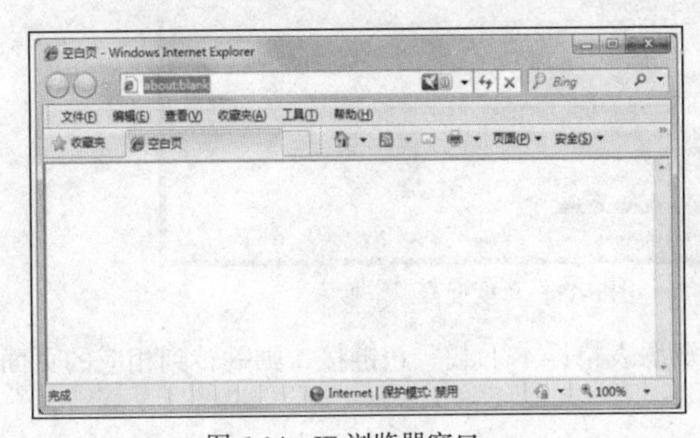

图 6-14 IE 浏览器窗口

图 6-15 用 IE 浏览器浏览“新浪”网站

（3）移动鼠标至有超链接的位置，光标变为“”状态，单击可自动实现页面之间的跳转。单击“读书”超链接，使浏览器窗口自动跳转到相应页面。

（4）如果要再次浏览已看过的页面，可以单击工具栏中的“后退”按钮或“前进”按钮实现。

3. 使用 IE 收藏夹：将新浪网的读书频道网页添加到收藏夹

（1）打开并访问要添加到收藏夹的新浪网的读书频道页面。

（2）单击工具栏中的“”按钮后选择“添加至收藏夹”命令，或右击页面，在弹出的快捷菜单中选择“添加到收藏夹”命令，弹出“添加收藏”对话框，单击“添加”按钮。

4. 设置 IE 浏览器的默认主页：将新浪网设置为 IE 浏览器的默认主页

（1）在 IE 浏览器窗口中，选择“工具”→“Internet 选项”命令，打开“Internet 选项”对话框。

（2）在“常规”选项卡中的“主页”文本框中输入新浪网站的网址“http://www.sina.com.cn”。

（3）单击“确定”按钮，将该网页设置为 IE 浏览器的默认主页。

5．查看最近访问过的网站：查看今天访问过的网站

（1）单击 IE 浏览器窗口的工具栏上的“☆”按钮，将在 IE 浏览器的左侧显示“历史记录”窗格。

（2）单击“历史记录”选项卡，再单击“今天”，则在其下方显示今天曾经访问过的网站，如图 6-16 所示。

6．使用搜索引擎：使用百度搜索引擎搜索“人力资源表格”

（1）在 IE 浏览器窗口的地址栏中输入“www.baidu.com”，按 Enter 键，打开“百度”网站主页。

（2）在百度主页的文本框中输入要搜索的关键字“人力资源表格”，单击“百度一下”按钮，出现如图 6-17 所示的搜索结果页面。

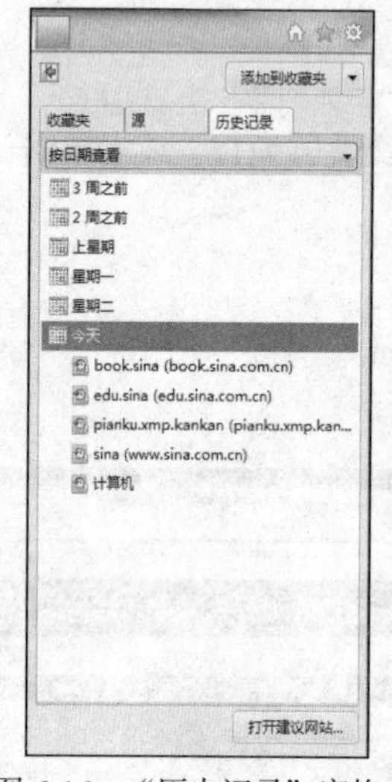

图 6-16　“历史记录”窗格

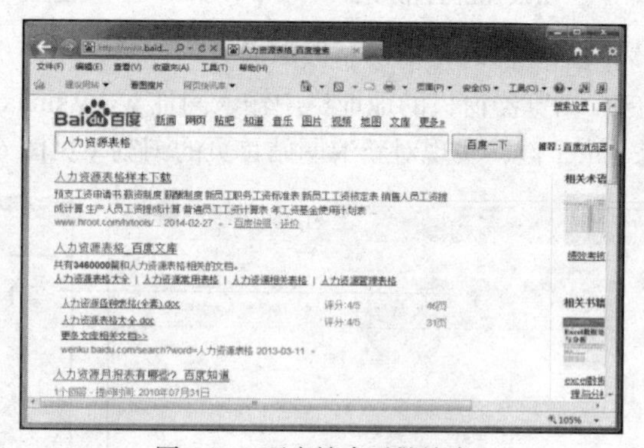

图 6-17　百度搜索引擎搜索

（3）在搜索结果页面列表中单击　“人力资源表格样本下载”超链接，则跳转到相应的页面（见图 6-18）。

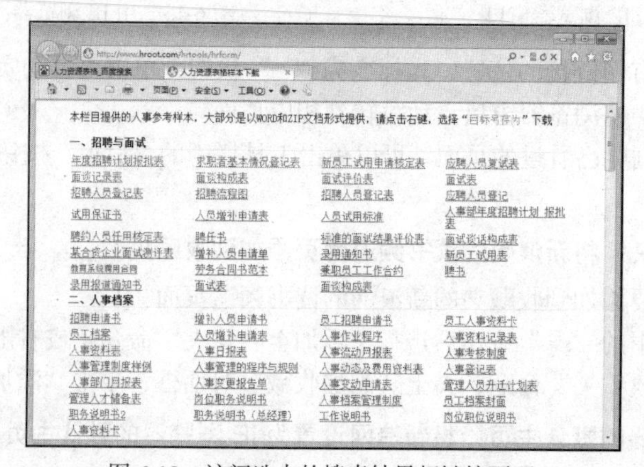

图 6-18　访问选中的搜索结果超链接页面

二、信息的获取

1. 网页的保存

（1）在浏览器窗口中单击工具栏上的“”按钮，在下拉列表中选择 “文件”→“另存为…”菜单命令（见图 6-19），弹出“保存网页”对话框。

（2）在“保存网页”窗口（见图 6-20）的“保存类型”下拉列表中选择网页保存的格式，如保存为“网页，全部（*.htm;*.html）”，系统就会自动将这个网页的所有内容下载并存储到本地硬盘，并将其中所带的图片和其他格式的文件存储到一个与文件名同名的文件夹中。

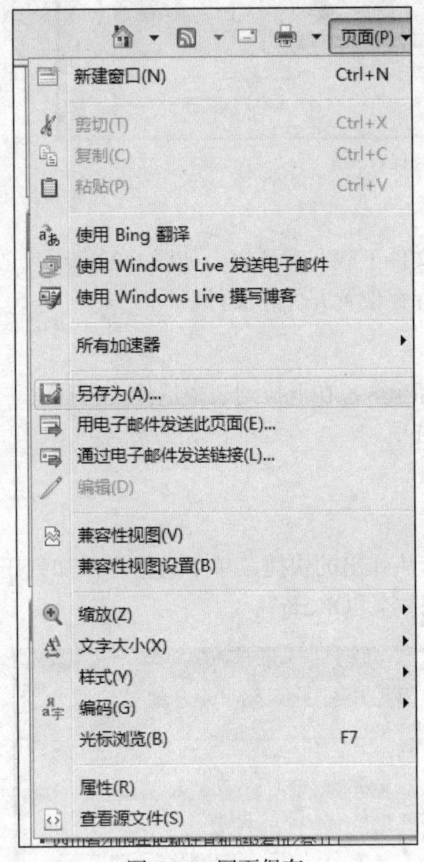

图 6-19　网页保存

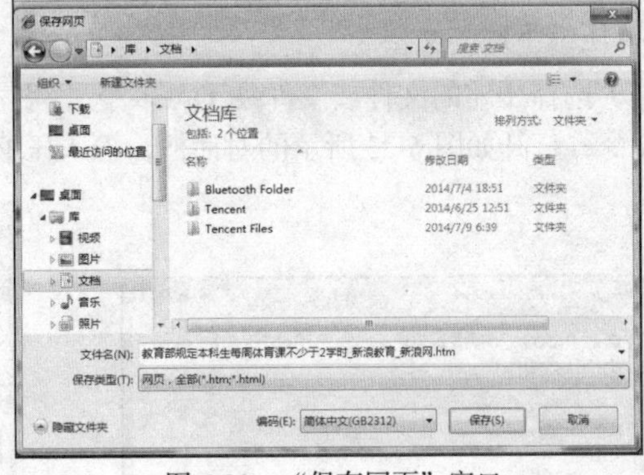

图 6-20　“保存网页”窗口

（3）选择保存文件的位置，输入保存的文件名。

（4）单击“保存”按钮，会出现保存进度窗口，当进度达到 100%时，完成保存操作。

2. 网页的文本保存

（1）选中网页的全部或部分内容后右击鼠标，在弹出的快捷菜单中选择“复制”命令，将所选内容放在 Windows 的剪贴板上。

（2）通过“粘贴”命令插入到 Windows 的其他应用程序中。打开“记事本”程序，右击鼠标，在弹出的快捷菜单中选择“粘贴”命令，用“Ctrl + S”快捷键保存。

3. 图片的保存

（1）右击要保存的图片，在弹出的快捷菜单中选择“图片另存为”命令，如图 6-21 所示。

（2）在弹出的“保存图片”对话框中，选择保存文件的位置，输入保存的文件名。

（3）单击“保存”按钮，保存图片至本地硬盘中。

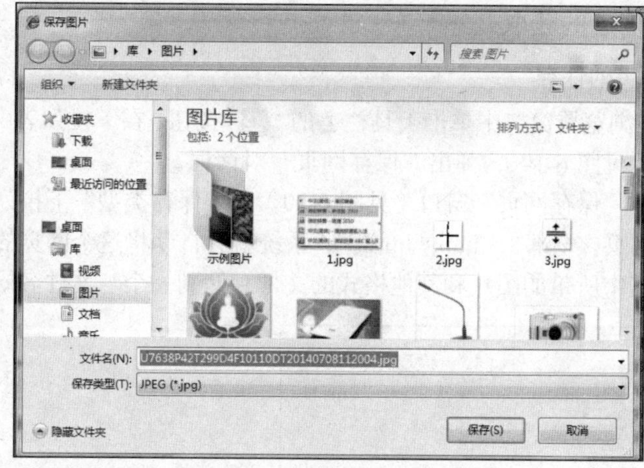

图 6-21　网页的图片保存

4．在某些网页中还提供直接下载文件的超链接

（1）在页面上单击要下载文件的超链接，弹出“文件下载”对话框，如图 6-22 所示。

（2）单击“保存”按钮，选择文件下载完成后的保存位置并保存文件。

5．打印网页内容

（1）在浏览器窗口中单击工具栏上的“打印”按钮，在下拉列表中选择“打印”。

（2）在弹出的“打印”对话框中设置所需的打印选项。

（3）单击“打印”按钮，即可完成页面内容的打印。

6．压缩下载的文档

（1）选择压缩的文件或文件夹（可多个），右击，从弹出的快捷菜单中选择“添加到压缩文件”命令，打开如图 6-23 所示的对话框，输入压缩文件名“OK.rar”。

图 6-22　“文件下载”对话框

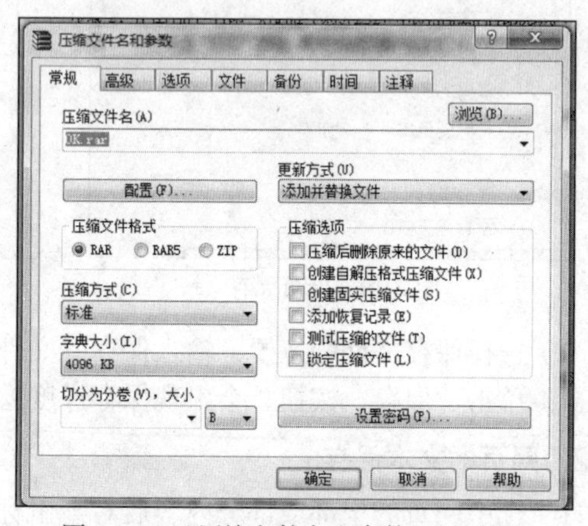

图 6-23　“压缩文件名和参数”对话框

（2）单击“确定”按钮，开始压缩文件。

（3）压缩完成后，会在当前文件夹中生成压缩文件包 OK.rar，其大小比原文件小得多。

7．清除历史记录与临时文件

（1）在 IE 浏览器窗口中，选择“工具”→“Internet 选项”命令，打开“Internet 选项”对话框。

（2）在“Internet 选项”对话框中单击“删除”按钮，弹出“删除浏览的历史记录”对话框。

（3）在“删除浏览的历史记录”对话框中，选择要删除的浏览记录类型，单击“删除”按钮。

任务 3 通过电子邮件即时沟通

情景描述

小王完成了资料的收集和整理工作，需要与筹备办公室的相关工作人员进行交流和沟通，通过电子邮件收发关于技能竞赛的资料。

任务要点

- 掌握收发电子邮件的方法。
- 在 Outlook 2010 中设置邮箱账号，收发电子邮件，管理电子邮件信息，删除电子邮件等。

任务实施

一、利用网易 126 邮箱发送电子邮件

1. 发送普通电子邮件

（1）打开 IE 浏览器，在地址栏输入“www.126.com”，打开网易 126 邮箱网站的主页。根据页面的提示，输入刚才注册成功的邮箱的用户名和密码。单击“登录”按钮，进入该电子邮箱（见图 6-24）。

（2）在电子邮箱中，单击左侧的“写信”按钮，显示如图 6-25 所示的页面，在“收件人”栏中输入收件人电子邮箱或在“通讯录”中单击鼠标进行选择（如果有多个收件人，则各收件人电子邮箱用分号间隔），在“主题”栏中输入“测试”，在“内容”文本框内输入信函内容。

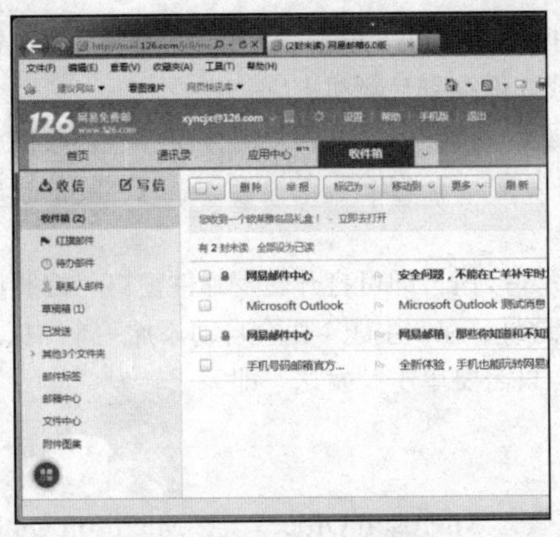

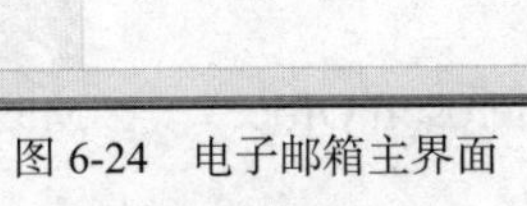

图 6-24 电子邮箱主界面

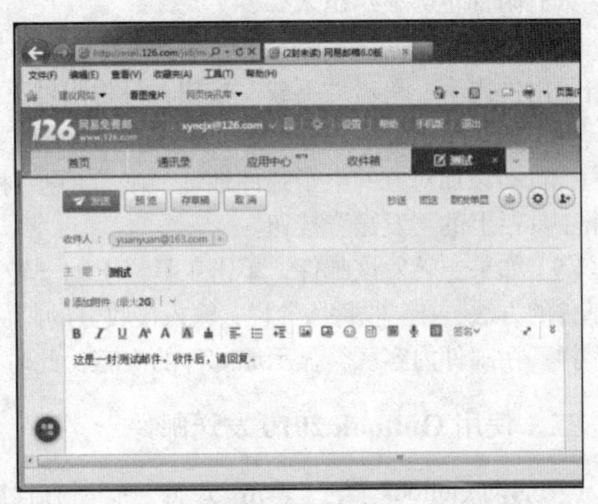

图 6-25 写邮件

（3）完成邮件内容的撰写后，单击“存草稿”按钮，将邮件保存在“草稿箱”中备份或以后进行修改。

（4）单击“发送”按钮发送邮件。

2. 发送带附件的电子邮件

一般来说，邮件的应用除了普通内容的发送之外，还有一种情况是通过邮件把本地的文件以

附件的形式传送到对方。

（1）完成普通邮件收发测试之后，再次单击“写信”按钮，输入收件人地址，输入主题“资料”，在下面的“内容”文本框中输入信件内容。

（2）单击如图6-26所示的“添加附件”选项，打开“选择要上载的文件”对话框，选择前面压缩的文件“OK.rar”。

（3）单击“打开”按钮，返回如图6-27所示的界面。将会看到需要传送的文件以附件形式保存，等待单击“发送”按钮后上传。此时，可以重复操作添加多个附件，或者删除待发送的附件。

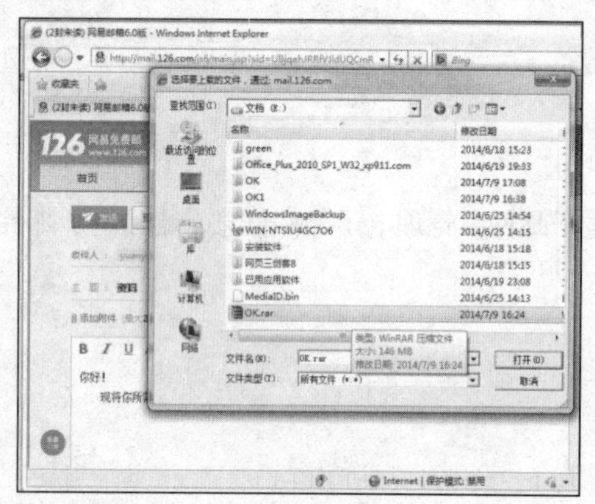

图6-26 “选择要上载的文件”对话框

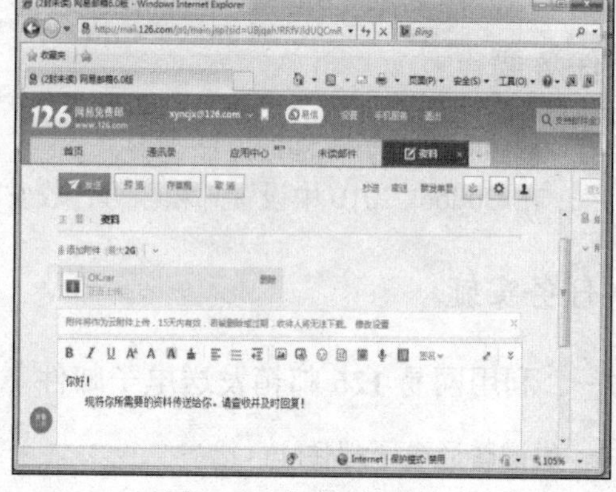

图6-27 完成添加附件

（4）单击“发送”按钮，完成带附件邮件的发送。

3．收取、回复、转发电子邮件

（1）在登录后的电子邮箱界面左侧单击“收信”按钮，显示收信界面。

（2）查看邮件列表，单击收件箱邮件列表中要阅读的邮件主题或发件人即可阅读邮件正文内容，如有附件也会显示出来。

（3）如果邮件包含附件，在邮件中将显示附件的名称、大小，单击“预览”或“打开”按钮，可查看附件内容，单击“下载”按钮，可将附件下载并保存到计算机上。

（4）如果想回复该邮件，则单击工具栏上的“回复”按钮，打开回复邮件窗口，在收件人地址栏会自动添加对方的电子邮件地址，在“主题”栏会有一个“Re:”的字样，输入回复信息后，单击工具栏上的“发送”按钮。

（5）如果想转发该邮件，单击工具栏上的“转发”按钮，即可打开转发邮件窗口。按照撰写新邮件的方法，在“收件人”栏，输入接收方的邮件地址，在“主题”栏会自动添加一个“Fw:”的字样。在邮件内容区会显示原邮件的内容，此时，只需要单击“发送”即完成转发。

二、使用 Outlook 2010 发送邮件

（1）启动 Outlook 程序。单击“开始”→“所有程序”→“Microsoft Office” →“Microsoft Outlook 2010”命令，启动 Outlook 2010 应用程序，如图6-28所示。

（2）单击“下一步”按钮，进入如图6-29所示的电子邮件账户配置界面，选择“是”单选按钮。

（3）单击“下一步”按钮，进行邮件账户的自动设置，在出现如图6-30所示的界面中输入“您的姓名”和“电子邮件地址”，作为发件人的基本信息。

默认情况下，Microsoft Outlook 2010 可以自动为用户进行电子邮箱服务器账户配置，如果选择“手动配置服务器设置或其他服务器类型”，将进入手动配置服务器界面。

（4）单击“下一步”按钮，等待几分钟之后，Outlook 2010 将会自动配置电子邮件服务器设置，如图 6-31 所示，单击“完成”按钮，完成设置，显示如图 6-32 所示的 Outlook 2010 主界面。

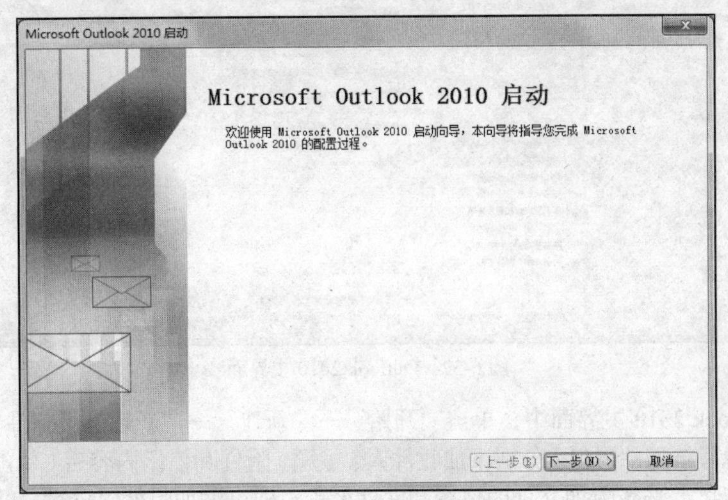

图 6-28 Outlook 2010 启动界面

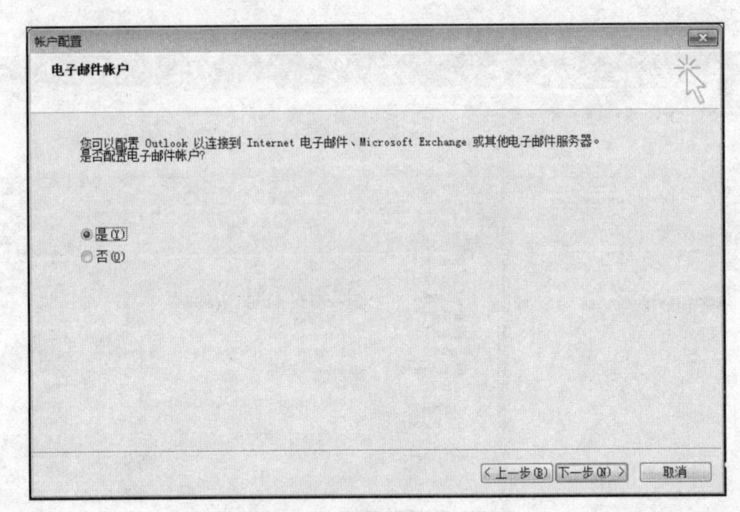

图 6-29 “账户配置”界面

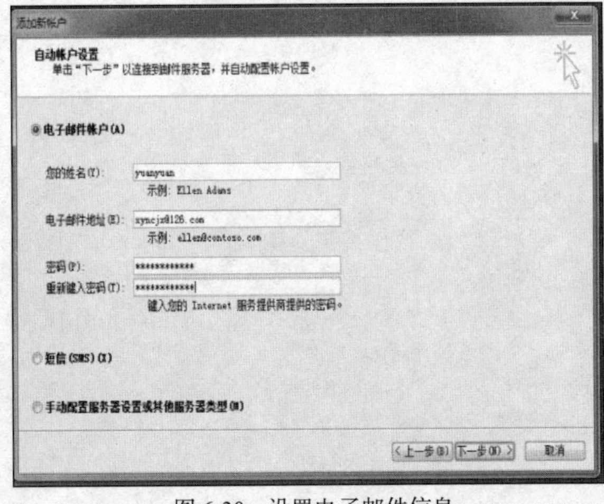

图 6-30 设置电子邮件信息

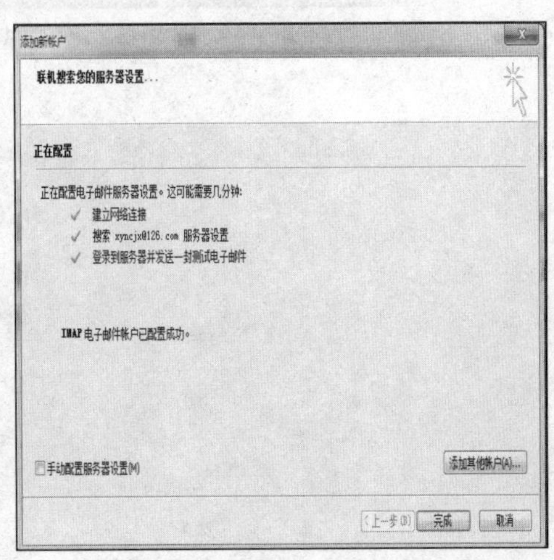

图 6-31 自动配置电子邮件服务器

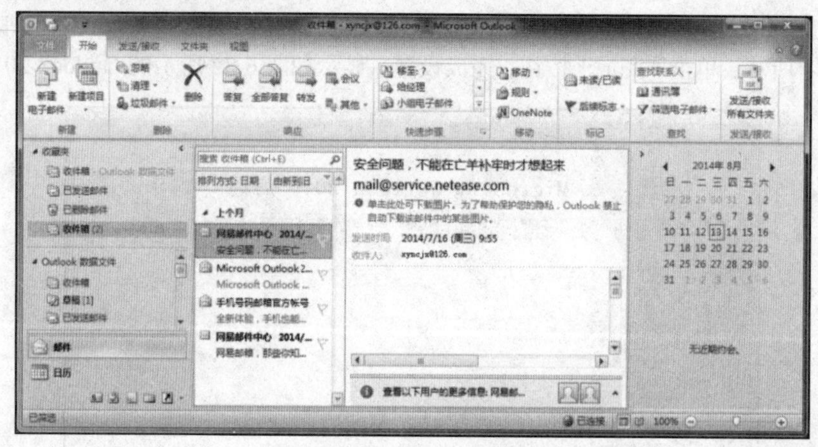

图 6-32　Outlook 2010 主界面

（5）在 Outlook 2010 主界面中，单击“开始”→“新建”→“新建电子邮件”按钮，显示如图 6-33 所示的撰写新邮件窗口。分别添加收件人、主题、附件和信函内容后（单击“邮件”→“添加”→“附加文件”，选择附加文件的位置和文件名称，即可添加附件），单击“发送”按钮，完成电子邮件的发送。

图 6-33　撰写新邮件窗口